Cepheid

세페이드

2F 화학 (상)

개정2판

★★★★★

세페이드 시리즈의 구성

이제 편안하게 과학공부를 즐길 수 있습니다.

1F
중등과학 기초
물리학 · 화학 (초5~중1)

2F
중등과학 완성
물 · 화 · 생 · 지 (중1~3)

3F
고등과학 Ⅰ
물 · 화 · 생 · 지 (중2~고3)

4F
고등과학 Ⅱ
물 · 화 · 생 · 지 (중3~고3)

5F
실전 문제 풀이
물 · 화 · 생 · 지 (중3~고3)

세페이드 모의고사

세페이드 고등 통합과학

세페이드 고등학교 물리학 Ⅰ

세페이드

2F 화학 (상)

개정2판

창의력과학의 대표 브랜드

과학 학습의 지평을 넓히다!

단계별 과학 학습

창의력과학 세페이드 시리즈!

Structure

단원별 내용 구성

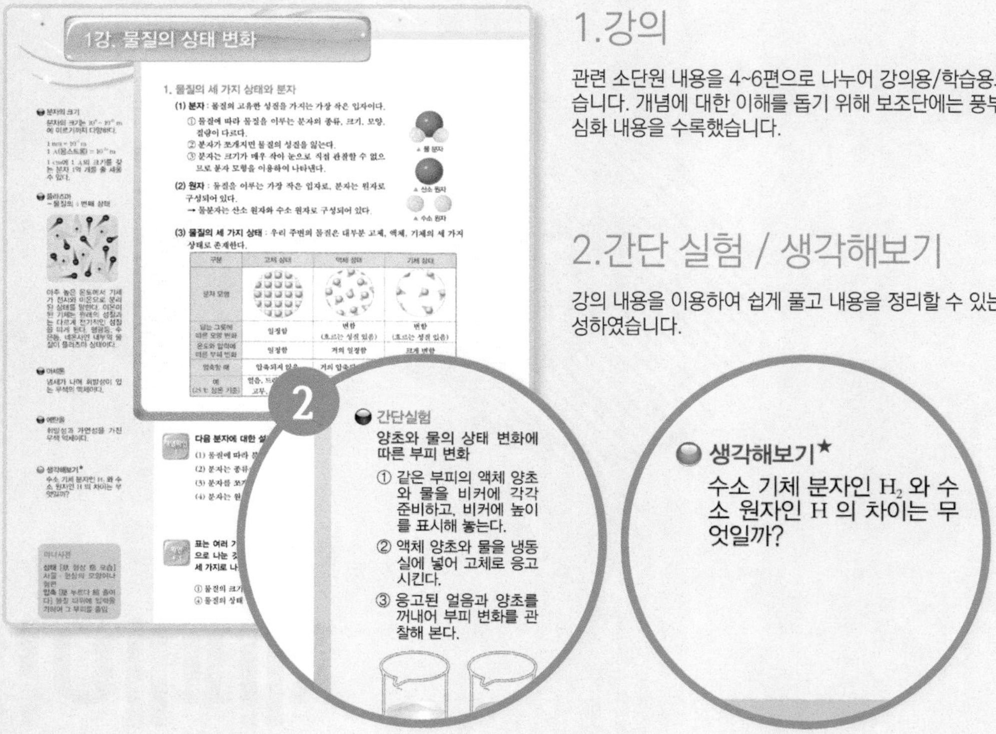

1.강의

관련 소단원 내용을 4~6편으로 나누어 강의용/학습용으로 구성했습니다. 개념에 대한 이해를 돕기 위해 보조단에는 풍부한 자료와 심화 내용을 수록했습니다.

2.간단 실험 / 생각해보기

강의 내용을 이용하여 쉽게 풀고 내용을 정리할 수 있는 문제로 구성하였습니다.

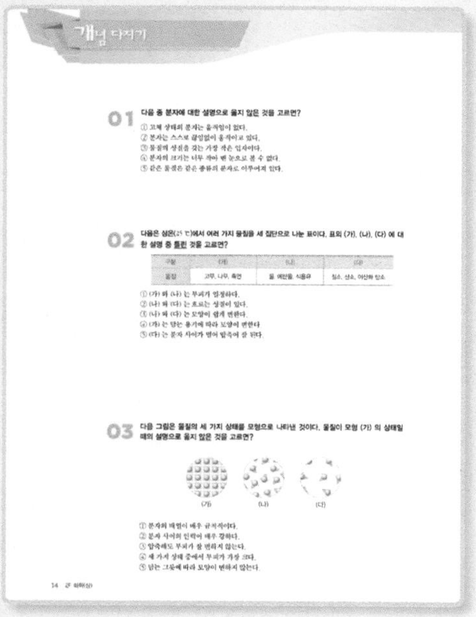

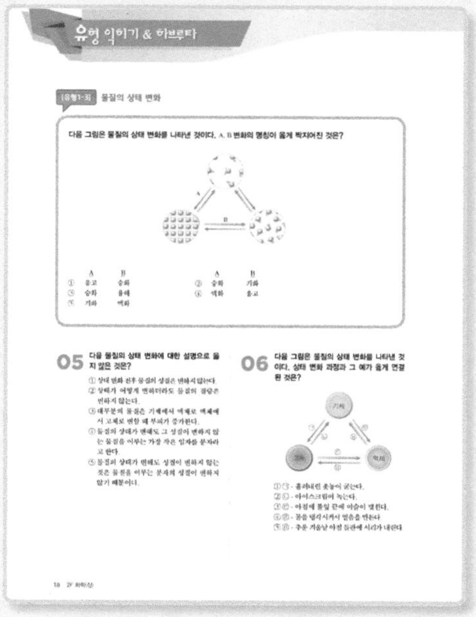

3.개념확인, 확인+, 개념다지기

강의 내용을 이용하여 쉽게 풀고 내용을 정리할 수 있는 문제로 구성하였습니다.

4. 유형 익히기 & 하브루타

관련 소단원 내용을 유형별로 나누어서 각 유형별로 대표 문제와 연습 문제를 제시하였습니다.

이론 - 유형 - 창의력 - 과제

단계별 학습으로 가장 효과적인 자기주도학습이 가능합니다. 새로운 문제에 도전해 보세요!

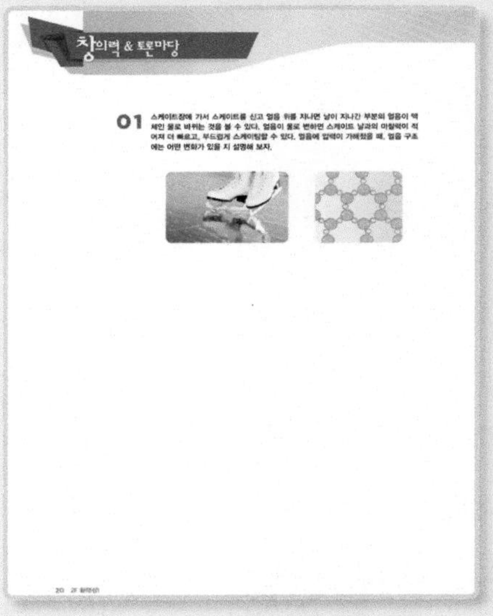

5.창의력 & 토론 마당

관련 소단원 내용에 관련된 창의력 문제를 풍부하게 제시하여 창의력을 향상시킴과 동시에 질문을 자연스럽게 이끌어 낼 수 있도록 하였고, 관련 주제에 대한 토론이 가능하도록 하였습니다.

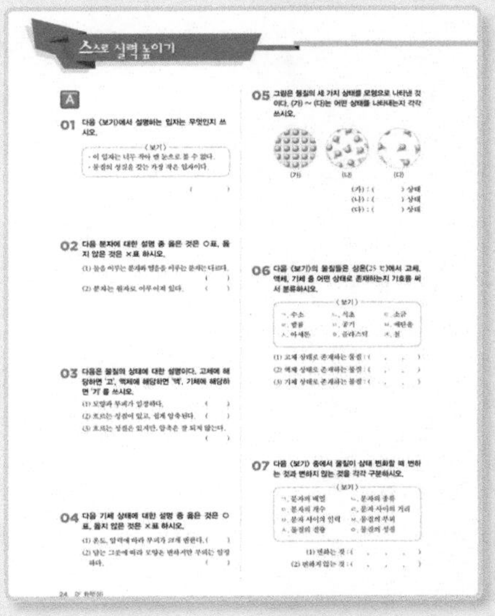

6.스스로 실력 높이기

학습한 내용에 대한 복습 문제를 오답문제와 같이 충분한 양을 제공하였습니다. 연장 학습이 가능할 것입니다.

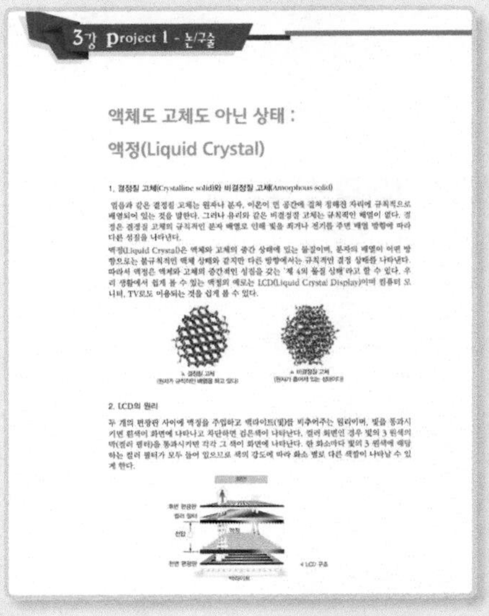

7.Project

대단원이 마무리될 때마다 충분한 읽기자료를 제공하여 서술형/논술형 문제에 답하도록 하였고, 단원의 주요 실험을 할 수 있도록 하였습니다. 융합형 문제가 같이 제시되므로 STEAM 활동이 가능할 것입니다.

CONTENTS | 목차

2F 화학(상)

2F 화학(하)

IV

V

VI

I

물질의 상태

물이 얼면 왜 부피가 증가하는 걸까?

1강. 물질의 상태 변화

1. 물질의 세 가지 상태와 분자

(1) 분자 : 물질의 고유한 성질을 가지는 가장 작은 입자이다.

① 물질에 따라 물질을 이루는 분자의 종류, 크기, 모양, 질량이 다르다.
② 분자가 쪼개지면 물질의 성질을 잃는다.
③ 분자는 크기가 매우 작아 눈으로 직접 관찰할 수 없으므로 분자 모형을 이용하여 나타낸다.

▲물 분자

▲산소 원자

▲수소 원자

(2) 원자 : 물질을 이루는 가장 작은 입자로, 분자는 원자로 구성되어 있다.

⇒ 물 분자는 산소 원자와 수소 원자로 구성되어 있다.

(3) 물질의 세 가지 상태 : 우리 주변의 물질은 대부분 고체, 액체, 기체의 세 가지 상태로 존재한다.

구분	고체 상태	액체 상태	기체 상태
분자 모형	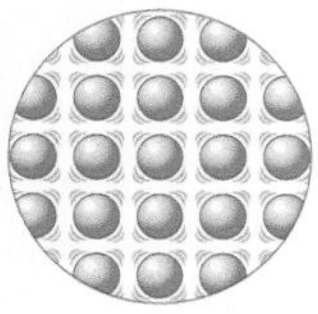	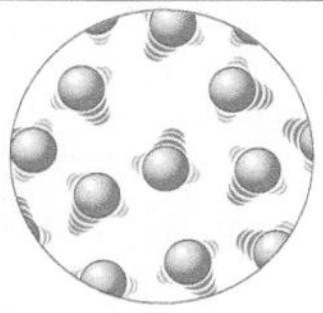	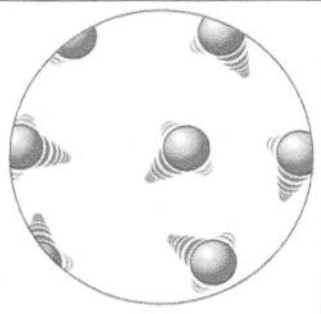
담는 그릇에 따른 모양 변화	일정함	변함 (흐르는 성질 있음)	변함 (흐르는 성질 있음)
온도와 압력에 따른 부피 변화	일정함	거의 일정함	크게 변함
압축할 때	압축되지 않음	거의 압축되지 않음	압축 잘 됨
예 (25 ℃ 상온 기준)	얼음, 드라이아이스, 고무, 흑연, 철 등	물, 식초, 식용유, 아세톤, 에탄올 등	수증기, 이산화 탄소, 공기, 산소, 질소 등

분자의 크기

분자의 크기는 10^{-9} ~ 10^{-10} m에 이르기까지 다양하다.

1 nm = 10^{-9} m
1 Å(옹스트롬) = 10^{-10} m

1 cm에 1 Å의 크기를 가지는 분자 1억 개를 줄세울 수 있다.

플라즈마 - 물질의 4 번째 상태

아주 높은 온도에서 기체가 전자와 이온으로 분리된 상태를 말한다. 이온이 된 기체는 원래의 성질과는 다르게 전기적인 성질을 띠게 된다. 형광등, 수은등, 네온사인 내부의 물질이 플라즈마 상태이다.

아세톤

냄새가 나며 휘발성이 있는 무색의 액체이다.

에탄올

휘발성과 가연성을 가진 무색 액체이다.

생각해보기★

수소 기체 분자인 H_2 와 수소 원자인 H 의 차이는 무엇일까?

미니사전

상태 [狀 형상 態 모습] 사물 · 현상의 모양이나 형편
압축 [壓 누르다 縮 줄이다] 물질 따위에 압력을 가하여 그 부피를 줄임

개념확인 1 다음 분자에 대한 설명 중 옳은 것은 ○표, 옳지 않은 것은 ×표 하시오.

(1) 물질에 따라 분자의 종류가 다르다. ( )
(2) 분자는 종류에 상관 없이 모양과 크기가 모두 같다. ( )
(3) 분자를 쪼개도 물질의 성질은 유지된다. ( )
(4) 분자는 원자로 구성되어 있다. ( )

확인 +1 표는 여러 가지 물질을 세 집단으로 나눈 것이다. 이 물질들을 세 가지로 나눈 기준을 고르면?

구분	(가)	(나)	(다)
물질	고무, 나무, 흑연	물, 에탄올 식용유	질소, 산소, 수증기

① 물질의 크기 ② 물질의 모양 ③ 물질의 부피
④ 물질의 상태 ⑤ 물질의 질량

2. 물질의 상태와 분자 운동

(1) 물질의 상태와 분자 운동 : 물질의 상태에 따라 분자 운동의 정도가 다르다.

구분	고체 상태	액체 상태	기체 상태
분자 모형	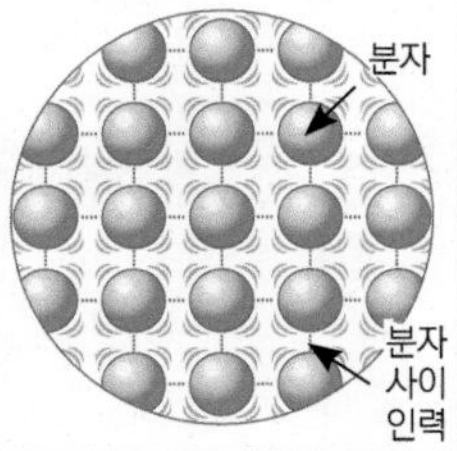	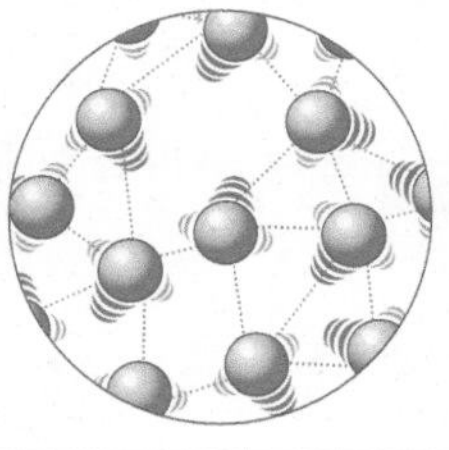	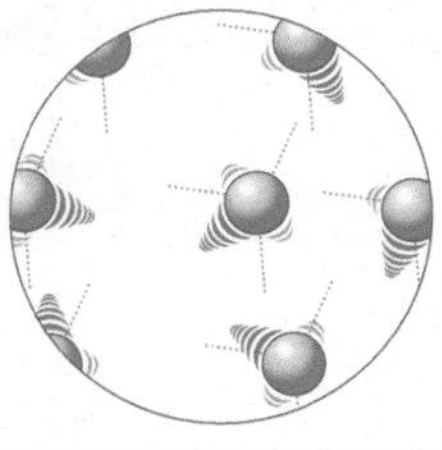
분자 배열	규칙	불규칙	매우 불규칙
분자 사이 거리	매우 가까움	비교적 가까움	매우 멂
분자 사이 인력	매우 강함	고체보다 약함	거의 없음
분자 운동	제자리에서 진동 운동	비교적 자유로운 운동 진동, 회전, 병진 운동	매우 활발한 운동 진동, 회전, 병진 운동

(2) 물질의 상태와 분자 운동의 종류

① 고체 상태 : 분자 사이의 거리가 매우 가까워 분자 사이 인력이 크게 작용하기 때문에 제자리에서 진동 운동만 한다.
② 액체 상태 : 분자 사이의 거리가 고체 상태일 때보다는 멀어 분자 사이 인력이 고체보다는 약하므로 진동, 회전, 병진 운동을 한다.
③ 기체 상태 : 분자 사이의 거리가 매우 멀어 분자 사이 인력이 거의 없으므로 진동, 회전, 병진 운동을 모두 하지만 병진 운동이 가장 활발하다.

분자 운동의 종류

① 진동 운동 : 고정된 위치에서 분자 내의 결합 길이가 멀어졌다 가까워졌다 하는 운동

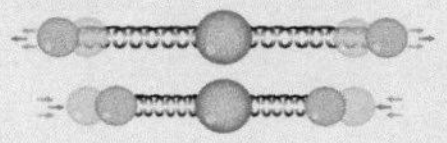

② 회전 운동 : 분자의 질량 중심이 이동하지 않고, 한 점을 중심으로 회전하는 운동

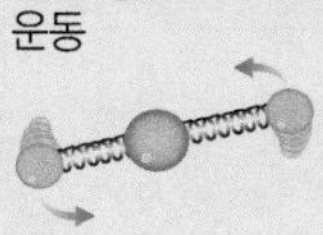

③ 병진 운동 : 분자가 한 위치에서 다른 위치로 회전하지 않고 이동하는 운동

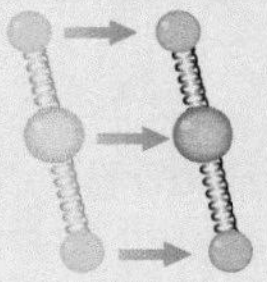

정답 및 해설 02쪽

개념확인 2 **다음 고체 상태에 대한 설명 중 옳은 것은 ○표, 옳지 않은 것은 ×표 하시오.**

(1) 분자의 배열이 매우 규칙적이다. ( )
(2) 분자 사이의 인력이 매우 강하다. ( )
(3) 분자 사이의 거리가 매우 가까워서 병진 운동이 가장 활발하다. ( )

확인 +2 **다음 그림은 물질의 세 가지 상태를 분자 모형으로 나타낸 것이다. 이에 대한 설명으로 옳은 것은?**

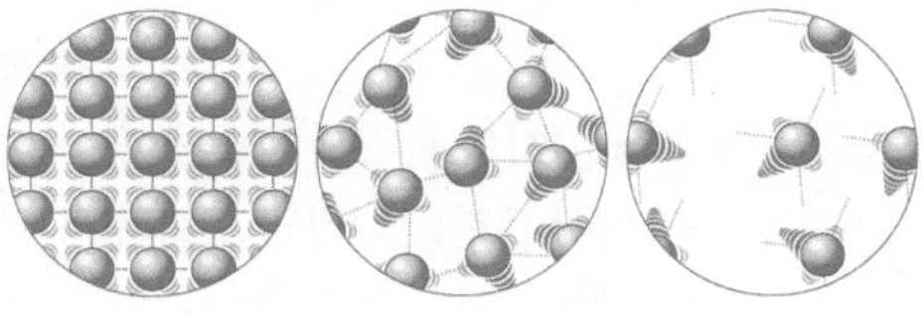

(가) (나) (다)

① (가)는 액체 상태의 분자 모형이다.
② (나)는 분자 사이 인력이 매우 강하다.
③ (다)는 온도와 압력에 따라 부피가 크게 변한다.
④ (가) ~ (다) 중 분자 운동이 가장 활발한 것은 (나)이다.
⑤ (가) ~ (다) 중 진동, 회전, 병진 운동을 모두 하는 것은 (가)와 (다)이다.

생각해보기★★

물 $1cm^3$를 증발시키면 수증기의 부피는 얼마나 될까?

미니사전

인력 [引 끌다 力 힘] 떨어져 있는 물체끼리 서로 끌어당기는 힘

진동 [振 떨다 動 움직이다] 하나의 기준값을 중심으로 서로 증감을 반복하는 주기운동

병진 [竝 나란히 進 나아가다] 평행 이동

상태 변화가 일어날 때
① 변하는 것 : 분자 배열, 분자 사이의 거리, 분자 간 인력 → 물질의 부피
② 변하지 않는 것 : 분자의 종류, 개수, 모양, 크기 → 물질의 질량, 성질

물리 변화와 화학 변화

물리 변화	물질 본래의 성질은 변하지 않고 상태, 크기, 모양만 변하는 현상 → 물질의 상태 변화
화학 변화	물질이 본래의 성질을 잃고 새로운 물질로 변화되는 현상 → 연소, 부식 등

수증기와 김
수증기의 일부가 작은 물방울로 액화되어 우리 눈에 하얗게 보이는 것이 김이다.

생각해보기★★★
휴대용 뷰테인 가스통을 버릴 때는 송곳으로 구멍을 뚫어서 버려야 한다. 이렇게 버려야 하는 이유를 생각해 보자.

미니사전
융해 [融 녹다 解 풀다] 고체에 열을 가했을 때 액체로 되는 현상
응고 [凝 얼다 固 굳다] 액체 따위가 엉겨서 뭉쳐 딱딱하게 굳어짐

3. 물질의 상태 변화

(1) 상태 변화 : 물질의 상태가 변하는 현상을 말한다.

① 물질의 상태는 온도나 압력에 의해 변하게 되며, 일상생활에서는 주로 온도에 의해 변한다.
② 물질의 상태가 변해도 물질을 이루는 분자는 변하지 않으므로 물질의 성질과 질량은 변하지 않는다.

(2) 상태 변화의 종류

구분	가열할 때 일어나는 상태 변화	냉각할 때 일어나는 상태 변화
물질의 상태 변화	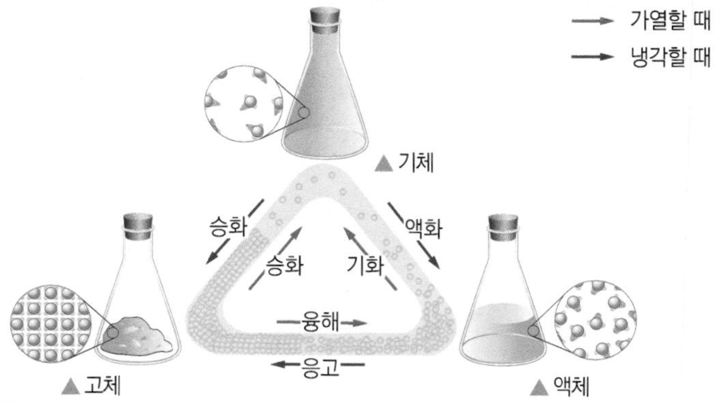	
상태 변화	융해, 기화, 승화(고체 → 기체)	응고, 액화, 승화(기체 → 고체)
분자 운동 변화	분자 운동이 활발해짐	분자 운동이 둔해짐
분자 배열 변화	불규칙적으로 됨	규칙적으로 됨
분자 사이의 거리 변화	분자 사이의 거리 멀어짐	분자 사이의 거리 가까워짐
분자 사이의 인력 변화	분자 사이의 인력이 약해짐	분자 사이의 인력이 강해짐
부피 변화	부피 증가(물은 예외)	부피 감소(물은 예외)

개념확인 3 **다음 글에서 빈칸에 들어갈 알맞은 말을 쓰시오.**

· 물질의 성질은 변하지 않고 상태만 변하는 현상을 ㉠(　　)라고 한다.
· ㉠(　　)를 일으키는 원인은 ㉡(　　)와 ㉢(　　)이지만 주요 원인은 ㉡(　　)이다.

㉠(　　　　) ㉡(　　　　) ㉢(　　　　)

확인 +3 **오른쪽 그림은 물질을 가열하거나 냉각할 때 일어나는 상태 변화를 나타낸 모형이다. 이 모형의 A ~ C 는 고체, 액체, 기체 중 어떤 상태인지 쓰시오.**

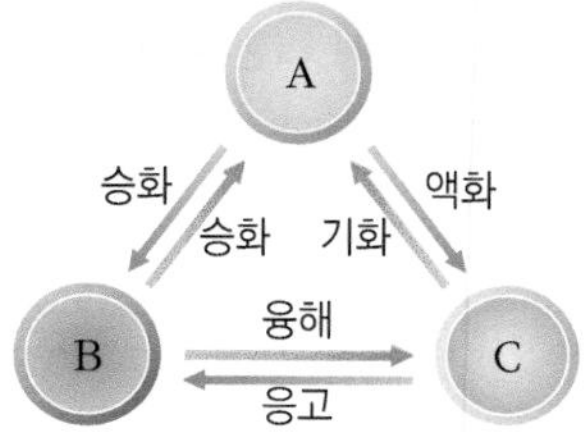

A : (　　　) 상태
B : (　　　) 상태
C : (　　　) 상태

4. 물의 상태 변화

(1) 물의 세 가지 상태 : 물은 고체 상태인 얼음, 액체 상태인 물, 기체 상태인 수증기의 형태로 존재한다.

구분	고체 상태 : 얼음	액체 상태 : 물	기체 상태 : 수증기
물 분자 모형	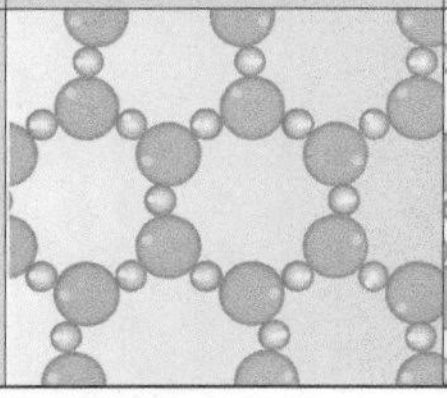	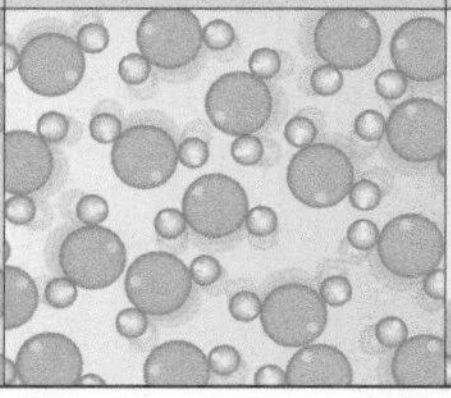	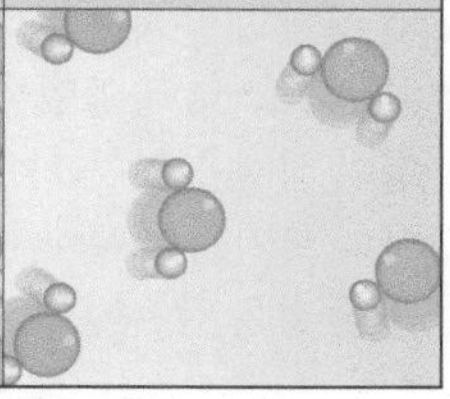

(2) 상태 변화시 물의 부피 변화

① 대부분의 물질의 부피 변화 : 고체 < 액체 ≪ 기체
물의 부피 변화 : 액체 < 고체 ≪ 기체

② 물은 액체(물)에서 고체(얼음)으로 응고될 때 부피가 증가한다.
⇒ 내부의 빈 공간이 많은 육각 구조로 분자들이 배열되기 때문

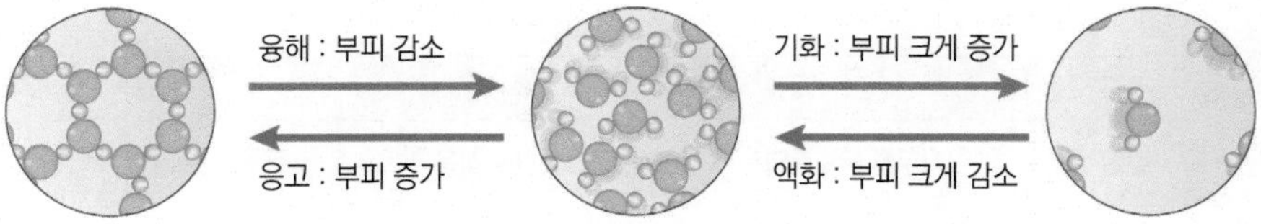

▲ 고체(얼음) ▲ 액체(물) ▲ 기체(수증기)

③ 물의 온도 변화에 따른 부피 변화 : 물은 4 ℃ 에서 가장 부피가 작다.

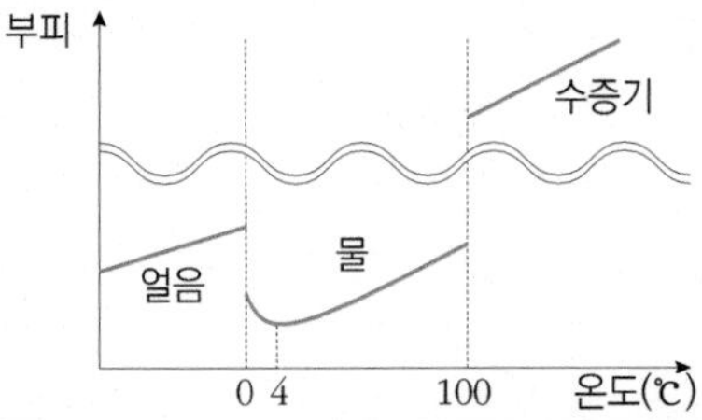

간단실험
양초와 물의 상태 변화에 따른 부피 변화

① 같은 부피의 액체 양초와 물을 비커에 각각 준비하고, 비커에 높이를 표시해 놓는다.
② 액체 양초와 물을 냉동실에 넣어 고체로 응고시킨다.
③ 응고된 얼음과 양초를 꺼내어 부피 변화를 관찰해 본다.

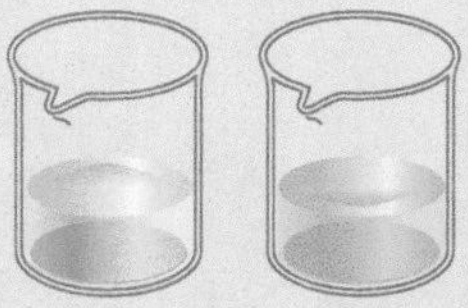
▲ 얼음 ▲ 양초

수소 결합
물 분자는 다른 물질과는 달리 수소 결합이라는 독특한 결합을 한다. 수소 결합은 2개의 물 분자 사이에서 수소와 산소 사이의 정전기적 인력 때문에 나타나는 분자 간 결합을 말한다. 특히 물에서 얼음으로 상태 변화할 때 매우 강한 수소 결합을 하면서 빈 공간이 많은 육각 구조를 이룬다. 이 빈공간으로 인해 부피가 증가하게 된다.

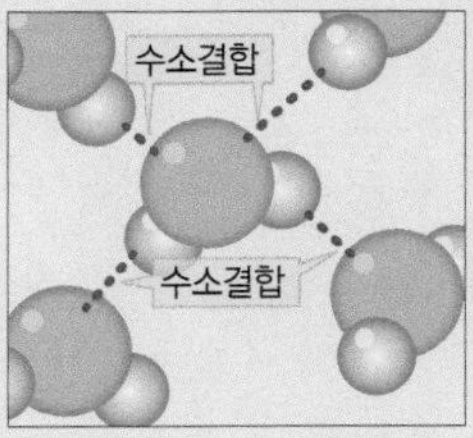

▲ 물 분자 사이의 수소 결합

정답 및 해설 02쪽

개념확인 4 **다음 물에 대한 설명 중 옳은 것은 ○표, 옳지 않은 것은 ×표 하시오.**

(1) 물은 다른 물질보다 더 강한 결합을 하므로 응고할 때 부피가 크게 감소한다. ( )
(2) 얼음은 빈 공간이 많은 육각 구조로 분자들이 배열되어 있다. ( )
(3) 물은 고체 상태일 때 가장 부피가 크다. ( )

확인+4 **그림은 얼음의 분자 배열을 나타낸 것이다. 물의 상태 변화에 대한 설명으로 옳은 것은?**

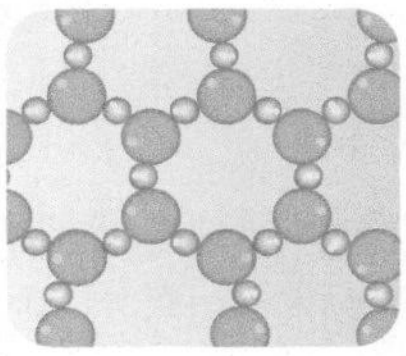

① 얼음이 물로 융해될 때, 부피는 더 작아진다.
② 물이 얼음으로 응고될 때, 분자 배열이 불규칙해진다.
③ 물이 얼음으로 응고될 때, 분자 사이 인력이 약해진다.
④ 물이 얼음으로 응고될 때, 부피가 더 작은 육각 구조로 분자들이 배열된다.
⑤ 얼음이 물로 융해될 때, 분자 사이 인력이 약해져서 빈 공간이 더 많아진다.

미니사전
상온 [常 항상 溫 따뜻하다] 일 년 동안의 기온을 평균한 온도

01 **다음 중 분자에 대한 설명으로 옳지 않은 것을 고르면?**

① 고체 상태의 분자는 움직임이 없다.
② 분자는 스스로 끊임없이 움직이고 있다.
③ 물질의 성질을 갖는 가장 작은 입자이다.
④ 분자의 크기는 너무 작아 맨 눈으로 볼 수 없다.
⑤ 같은 물질은 같은 종류의 분자로 이루어져 있다.

02 **다음은 상온(25 ℃)에서 여러 가지 물질을 세 집단으로 나눈 표이다. 표의 (가), (나), (다) 에 대한 설명 중 틀린 것을 고르면?**

구분	(가)	(나)	(다)
물질	고무, 나무, 흑연	물, 에탄올, 식용유	질소, 산소, 이산화 탄소

① (가) 와 (나) 는 부피가 일정하다.
② (나) 와 (다) 는 흐르는 성질이 있다.
③ (나) 와 (다) 는 모양이 쉽게 변한다.
④ (가) 는 담는 용기에 따라 모양이 변한다.
⑤ (다) 는 분자 사이가 멀어 압축이 잘 된다.

03 **다음 그림은 물질의 세 가지 상태를 모형으로 나타낸 것이다. 물질이 모형 (가) 의 상태일 때의 설명으로 옳지 않은 것을 고르면?**

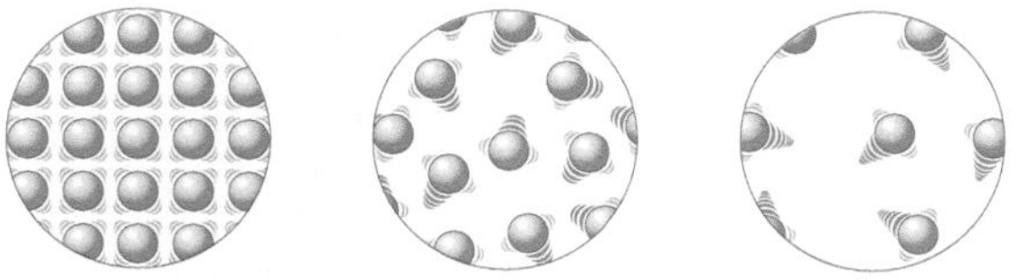

(가) (나) (다)

① 분자의 배열이 매우 규칙적이다.
② 분자 사이의 인력이 매우 강하다.
③ 압축해도 부피가 잘 변하지 않는다.
④ 세 가지 상태 중에서 부피가 가장 크다.
⑤ 담는 그릇에 따라 모양이 변하지 않는다.

정답 및 해설 02쪽

04 다음은 물질을 가열하거나 냉각할 때 일어나는 상태 변화를 나타낸 모형이다. 이 모형의 A 와 D 의 상태 변화 명칭이 바르게 짝지어진 것을 고르면?

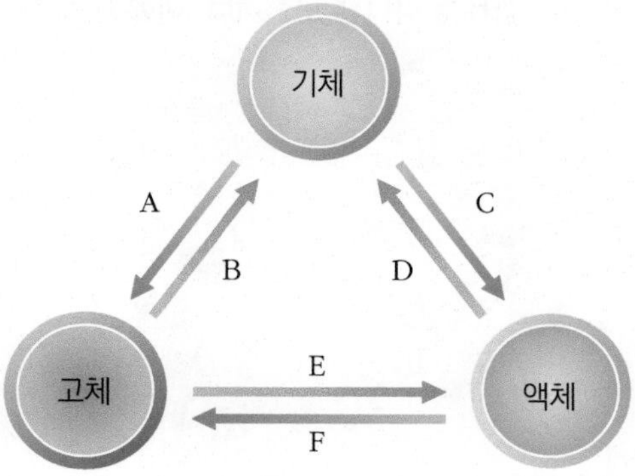

	A	D		A	D
①	응고	승화	②	승화	기화
③	승화	액화	④	액화	기화
⑤	기화	액화			

05 그림은 주전자에 물을 끓이고 있는 모습을 나타낸 것이다. 주전자 안쪽에서 일어나는 상태 변화 (가) 와 (나), (다) 에 해당하는 물의 상태를 바르게 짝지은 것을 고르면?

	(가)	(나)	(다)
①	액화	액체	액체
②	액화	액체	기체
③	기화	액체	액체
④	기화	기체	액체
⑤	기화	기체	기체

06 다음은 물의 상태 변화를 나타내는 모형이다. 물의 상태 변화에 대한 설명으로 옳지 않은 것은?

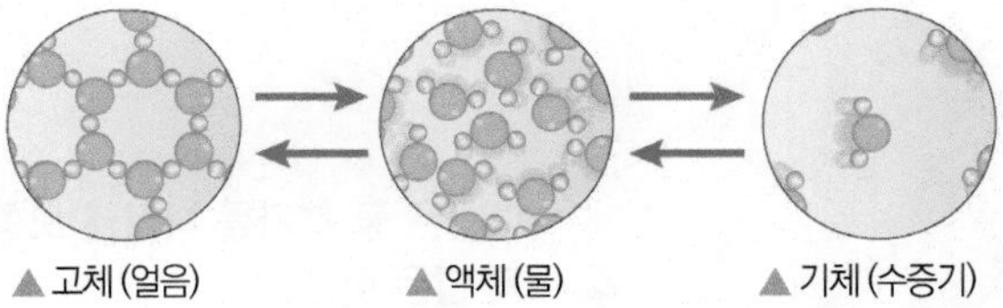

① 융해될 때는 부피가 감소한다.
② 응고될 때는 부피가 증가한다.
③ 물은 고체일 때 부피가 가장 크다.
④ 액화될 때는 부피가 크게 감소한다.
⑤ 기화될 때는 부피가 크게 증가한다.

유형 익히기 & 하브루타

[유형1-1] 물질의 세 가지 상태와 분자

다음 그림은 물질의 세 가지 상태를 나타낸 모형이다. 이에 대한 설명으로 옳은 것은?

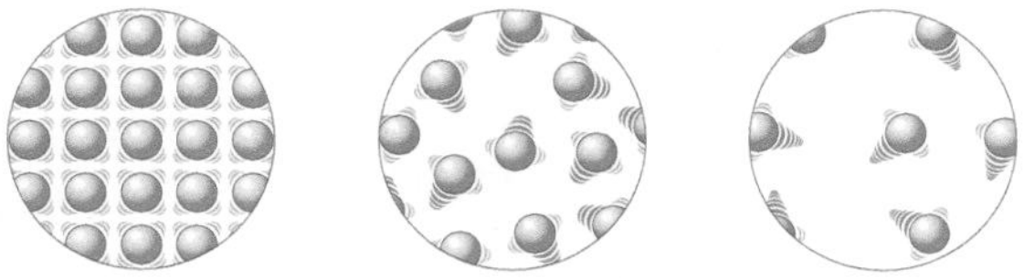

(가) (나) (다)

① (가) 상태의 물질을 압축하면 압축이 잘 된다.
② (나) 상태의 물질은 담는 그릇에 따라 모양이 변한다.
③ (나) 상태의 물질은 온도와 압력에 의해 부피가 크게 변한다.
④ (다) 상태의 물질은 흐르는 성질이 없다.
⑤ (가), (나), (다)는 모두 실제 분자의 모습을 나타낸 것이다.

Tip!

01 **다음 중 상온(25 ℃)에서 같은 상태의 물질로만 짝지어진 것은?**

① 고무, 아세톤, 물
② 우유, 에탄올, 안개
③ 암석, 밀가루, 식초
④ 소금, 식초, 산소
⑤ 드라이아이스, 이산화 탄소, 질소

02 **다음은 물 분자를 나타낸 모형이다. 분자에 대한 설명으로 옳지 <u>않은</u> 것은?**

① 원자로 구성되어 있다.
② 스스로 운동하지 못한다.
③ 크기가 매우 작아 눈으로 직접 관찰할 수 없다.
④ 물질의 고유한 성질을 가지는 가장 작은 입자이다.
⑤ 물질에 따라 물질을 이루는 분자의 종류가 다르다.

정답 및 해설 03쪽

[유형1-2] 물질의 상태와 분자 운동

다음 그림은 물질의 세 가지 상태를 모형으로 나타낸 것이다. 이에 대한 설명으로 옳은 것만을 있는 대로 고르시오. (2개)

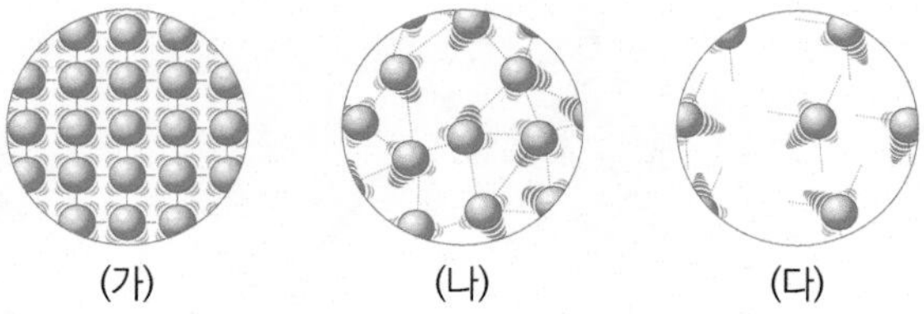

① (가)의 분자는 운동하지 않는다.
② (나)는 진동 운동만 한다.
③ (나)는 분자 사이 인력이 (다)보다 강하다.
④ (다)는 분자 사이 인력이 거의 없다.
⑤ (다)는 회전 운동, 병진 운동만 한다.

03

물질의 상태와 분자 운동에 대한 설명으로 옳은 것만을 〈보기〉에서 있는 대로 고른 것은?

〈 보기 〉

ㄱ. 고체 상태의 분자는 분자 사이의 인력이 크게 작용하므로 제자리에서 진동 운동만 한다.
ㄴ. 액체 상태의 분자는 분자 사이의 인력이 고체보다 강하므로 비교적 자유로운 운동을 한다.
ㄷ. 기체 상태의 분자는 분자 사이의 거리가 매우 멀기 때문에 활발하게 운동할 수 있다.

① ㄱ　② ㄱ, ㄴ　③ ㄱ, ㄷ　④ ㄴ, ㄷ　⑤ ㄱ, ㄴ, ㄷ

04

다음 그림은 물질의 세 가지 상태를 나타낸 모형이다. A ~ C 중 분자 사이의 인력이 가장 강한 것은 무엇인지 기호를 쓰시오.

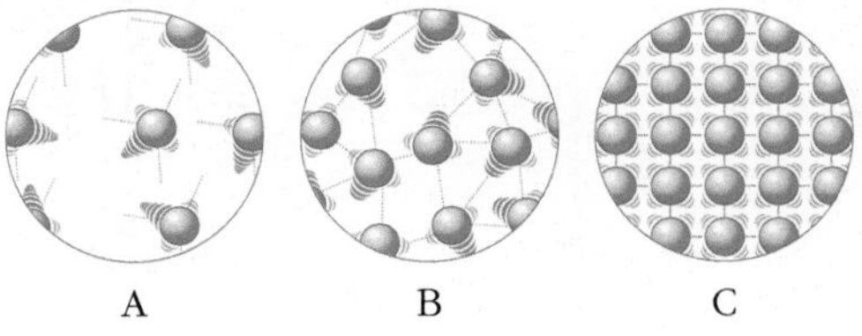

(　　　　)

Tip!

유형 익히기 & 하브루타

[유형1-3] 물질의 상태 변화

다음 그림은 물질의 상태 변화를 나타낸 것이다. A, B 변화의 명칭이 옳게 짝지어진 것은?

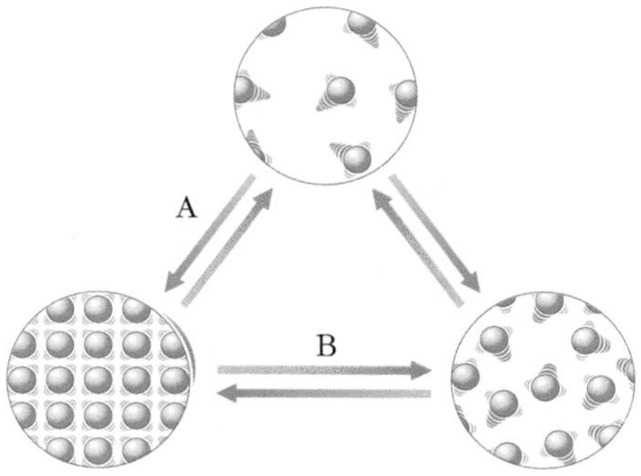

	A	B		A	B
①	응고	승화	②	승화	기화
③	승화	융해	④	액화	응고
⑤	기화	액화			

05 다음 물질의 상태 변화에 대한 설명으로 옳지 않은 것은?

① 상태 변화 전후 물질의 성질은 변하지 않는다.
② 상태가 어떻게 변하더라도 물질의 질량은 변하지 않는다.
③ 대부분의 물질은 기체에서 액체로, 액체에서 고체로 변할 때 각각 부피가 증가한다.
④ 물질의 상태가 변해도 그 성질이 변하지 않는 물질을 이루는 가장 작은 입자를 분자라고 한다.
⑤ 물질의 상태가 변해도 성질이 변하지 않는 것은 물질을 이루는 분자의 성질이 변하지 않기 때문이다.

06 다음 그림은 물질의 상태 변화를 나타낸 것이다. 상태 변화 과정과 그 예가 옳게 연결된 것은?

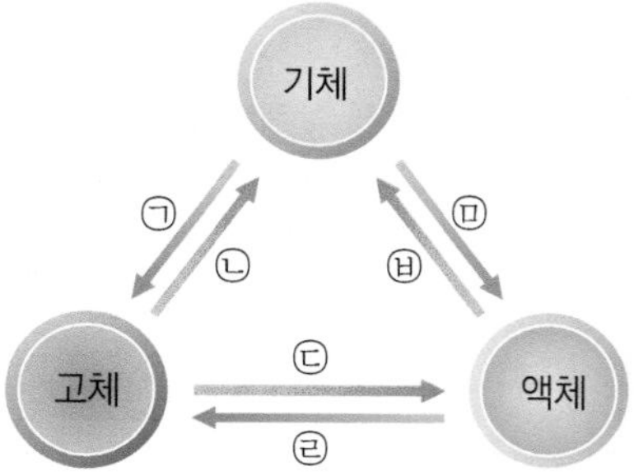

① ㉠ - 흘러내린 촛농이 굳는다.
② ㉡ - 아이스크림이 녹는다.
③ ㉢ - 아침에 풀잎 끝에 이슬이 맺힌다.
④ ㉣ - 물을 냉각시켜서 얼음을 만든다.
⑤ ㉤ - 추운 겨울날 아침 들판에 서리가 내린다.

정답 및 해설 03쪽

[유형1-4] 물의 상태 변화

비커에 물과 양초 액체를 각각 담아 냉동실에 넣어 얼리면 다음 그림과 같이 물은 가운데가 볼록한 얼음이 되고, 양초는 가운데가 움푹 들어간 고체가 된다. 이에 대한 설명으로 옳지 않은 것은?

▲ 얼음　　▲ 양초

① 물은 얼음으로 응고될 때 부피가 증가한다.
② 물이 얼음으로 되면서 분자의 개수가 증가했다.
③ 물이 얼음으로 응고되면서 분자 사이의 인력이 강해졌다.
④ 양초 액체는 고체가 되면서 분자 사이의 거리가 가까워졌다.
⑤ 양초 액체가 고체로 응고되면서 분자 사이의 인력이 강해졌다.

07

다음 그림은 얼음의 구조를 분자 모형으로 나타낸 것이다. 물의 상태 변화에 대한 설명으로 옳은 것은?

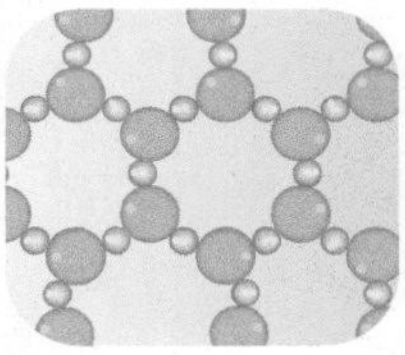

① 물이 얼음으로 응고될 때 질량이 커진다.
② 같은 양의 물보다 얼음의 부피가 더 크다.
③ 물이 응고될 때 분자 사이의 인력이 더 약해진다.
④ 얼음이 융해될 때 분자 사이의 거리가 더 멀어진다.
⑤ 얼음이 융해될 때 분자 사이에 빈 공간이 더 많아진다.

08

다음 그림은 물의 세 가지 상태인 얼음, 물, 수증기의 분자 모형과 상태 변화를 나타낸 것이다. 이 중 부피가 증가하는 상태 변화의 기호만을 있는 대로 쓰시오.

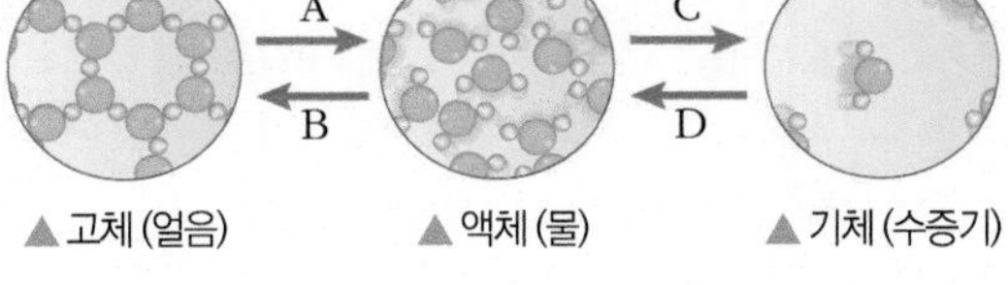

▲ 고체 (얼음)　▲ 액체 (물)　▲ 기체 (수증기)

(,)

Tip!

01 스케이트장에 가서 스케이트를 신고 얼음 위를 지나면 날이 지나간 부분의 얼음이 액체인 물로 바뀌는 것을 볼 수 있다. 얼음이 물로 변하면 스케이트 날과의 마찰력이 적어져 더 빠르고, 부드럽게 스케이팅할 수 있다. 얼음에 압력이 가해졌을 때, 얼음 구조에는 어떤 변화가 있을 지 설명해 보자.

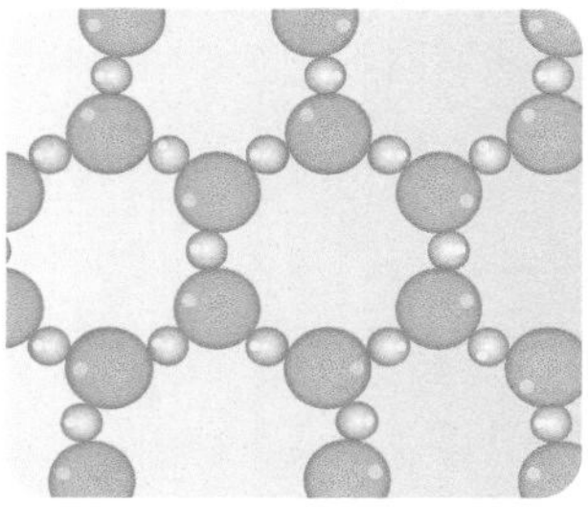

정답 및 해설 04쪽

02

밀도가 큰 물질은 밀도가 작은 물질 아래로 가라앉는다. 밀도란 질량을 부피로 나눈 값으로 같은 질량일 때 부피가 클수록 밀도는 작아진다.

$$밀도 = \frac{질량}{부피}$$

(1) 다음 그래프를 참고하여 4 ℃ 미만의 물과 4 ℃의 물이 있다면 4 ℃의 물은 같은 질량의 4 ℃ 미만의 물 위로 뜨는지, 아래로 가라앉는지 서술해 보자.

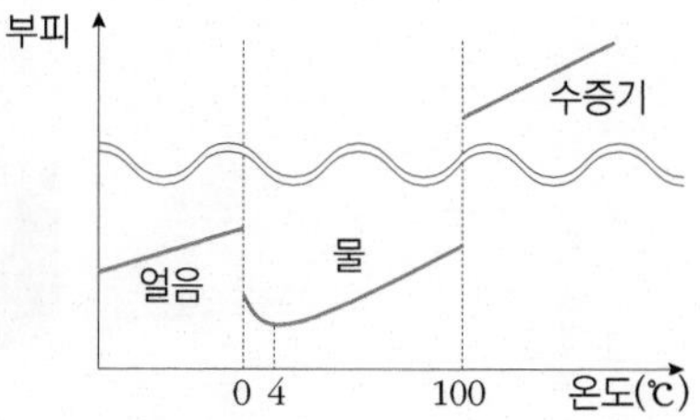

(2) 기온이 영하로 내려가는 겨울철에 얼음이 언 호수에서 물고기들이 살 수 있는 이유는 무엇일까?

03

다음 그림과 같이 물이 얼음으로 상태 변화할 때 내부에 빈 공간이 많은 육각 구조로 물 분자(H_2O)들이 배열된다.

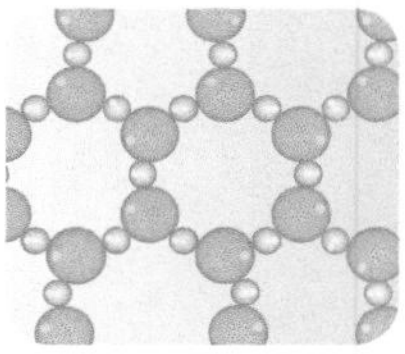

(1) 상온(15 ℃)의 물을 얼리면 투명한 물이 흰색의 불투명한 얼음으로 된다. 얼음이 흰색으로 보이는 것은 기체 때문이다. 왜 기체가 얼음에 갇혀 있을까?

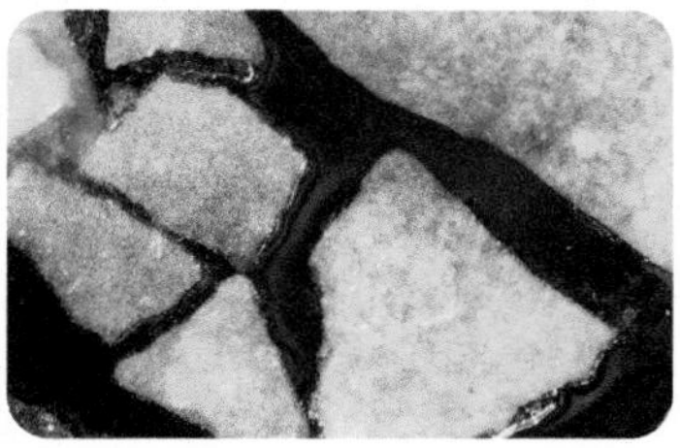

(2) 어떻게 하면 투명한 얼음을 만들 수 있을까? (단, 기체의 용해도는 액체의 온도가 높을수록 감소한다.)

정답 및 해설 04쪽

04

소리는 물체의 진동에 의해 발생하고, 매질(고체, 액체, 기체)을 진동시켜 전달된다. 분자의 운동 속도는 기체가 가장 빠른데, 매질에 따른 소리의 속력은 고체 > 액체 > 기체 순으로 빠르다. 그 이유가 무엇일까?

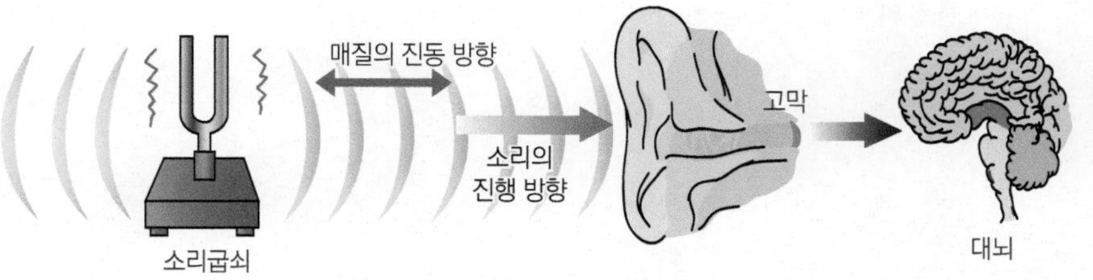

▲ 소리의 발생과 전달

A

01 다음 〈보기〉에서 설명하는 입자는 무엇인지 쓰시오.

〈 보기 〉
- 이 입자는 너무 작아 맨 눈으로 볼 수 없다.
- 물질의 성질을 갖는 가장 작은 입자이다.

( )

02 다음 분자에 대한 설명 중 옳은 것은 ○표, 옳지 않은 것은 ×표 하시오.

(1) 물을 이루는 분자와 얼음을 이루는 분자는 다르다. ( )

(2) 분자는 원자로 이루어져 있다. ( )

03 다음은 물질의 상태에 대한 설명이다. 고체에 해당하면 '고', 액체에 해당하면 '액', 기체에 해당하면 '기'를 쓰시오.

(1) 모양과 부피가 일정하다. ( )

(2) 흐르는 성질이 있고, 쉽게 압축된다. ( )

(3) 흐르는 성질은 있지만, 압축은 잘 되지 않는다. ( )

04 다음 기체 상태에 대한 설명 중 옳은 것은 ○표, 옳지 않은 것은 ×표 하시오.

(1) 온도, 압력에 따라 부피가 크게 변한다. ( )

(2) 담는 그릇에 따라 모양은 변하지만 부피는 일정하다. ( )

05 그림은 물질의 세 가지 상태를 모형으로 나타낸 것이다. (가) ~ (다)는 어떤 상태를 나타내는지 각각 쓰시오.

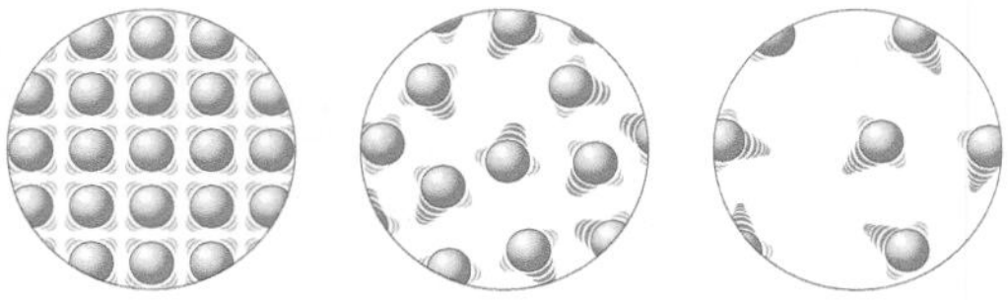

(가) (나) (다)

(가) : ( ) 상태
(나) : ( ) 상태
(다) : ( ) 상태

06 다음 〈보기〉의 물질들은 상온(25 ℃)에서 고체, 액체, 기체 중 어떤 상태로 존재하는지 기호를 써서 분류하시오.

〈 보기 〉

ㄱ. 수소	ㄴ. 식초	ㄷ. 소금
ㄹ. 헬륨	ㅁ. 공기	ㅂ. 에탄올
ㅅ. 아세톤	ㅇ. 플라스틱	ㅈ. 철

(1) 고체 상태로 존재하는 물질 : (, ,)

(2) 액체 상태로 존재하는 물질 : (, ,)

(3) 기체 상태로 존재하는 물질 : (, ,)

07 다음 〈보기〉 중에서 물질이 상태 변화할 때 변하는 것과 변하지 않는 것을 각각 구분하시오.

〈 보기 〉

ㄱ. 분자의 배열	ㄴ. 분자의 종류
ㄷ. 분자의 개수	ㄹ. 분자 사이의 거리
ㅁ. 분자 사이의 인력	ㅂ. 물질의 부피
ㅅ. 물질의 질량	ㅇ. 물질의 성질

(1) 변하는 것 : (, , ,)

(2) 변하지 않는 것 : (, , ,)

정답 및 해설 04쪽

[08~09] 다음 그림은 물질의 상태 변화를 나타낸 것이다. 다음 물음에 기호로 답하시오.

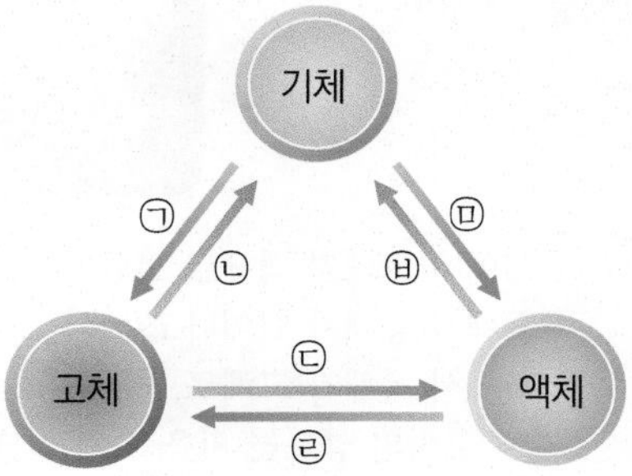

08 **분자 배열이 불규칙해지는 상태 변화를 모두 고르시오.**

( )

09 **분자 사이의 인력이 강해지는 상태 변화를 모두 고르시오.**

( )

10 **다음 물에 대한 설명 중 옳은 것은 ○표, 옳지 않은 것은 ×표 하시오.**

(1) 물은 응고될 때 부피가 감소한다. ( )

(2) 물은 액체일 때 부피가 가장 크다. ( )

B

11 **물질의 상태 변화를 일으키는 원인들을 바르게 짝지은 것은?**

① 부피, 압력 ② 온도, 압력
③ 온도, 질량 ④ 부피, 질량
⑤ 온도, 부피

12 **다음 그림은 물질의 세 가지 상태를 모형으로 나타낸 것이다. 상온(25 ℃)에서 모형 (가)의 상태로 존재하는 물질로만 묶인 것은?**

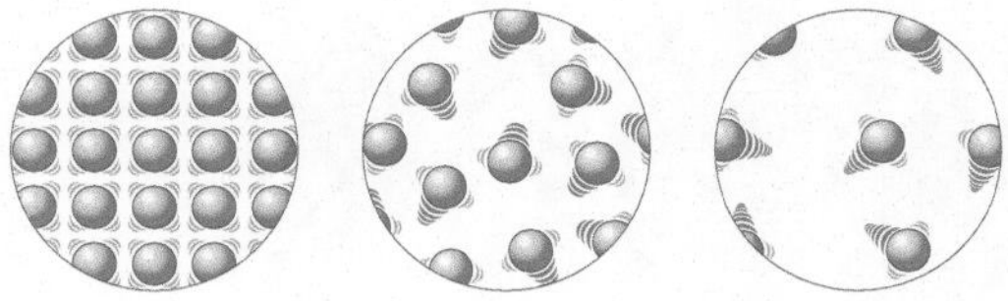

(가) (나) (다)

① 공기, 철 , 수은
② 수소, 헬륨, 뷰테인
③ 에탄올, 석유, 산소
④ 플라스틱, 구리, 나무
⑤ 식용유, 식초, 간장

13 **부피 100 mL 인 밀폐 용기 2 개에 액체와 기체가 각각 가득 담겨 있다. 부피 400 mL 인 밀폐 용기로 위의 액체와 기체를 각각 조심스럽게 옮겼을 때 부피는 어떻게 변하는지 다음의 설명 중 옳은 것을 고르면?**

① 모두 400mL 로 변한다.
② 액체만 400mL 로 변한다.
③ 기체만 400mL 로 변한다.
④ 액체, 기체 모두 100mL 로 변화 없다.
⑤ 액체, 기체 모두 200mL 로 부피가 배로 늘어난다.

14 **상태 변화가 일어날 때 부피가 감소하는 경우는?**

① 물이 얼어서 얼음이 된다.
② 아이스크림이 녹아 흘러내린다.
③ 목욕탕 거울에 물방울이 맺혀 흐른다.
④ 빨랫줄에 널어놓은 빨래가 모두 말랐다.
⑤ 풀잎에 맺힌 이슬이 한 낮이 되면 사라진다.

[15~17] 다음 그림은 물질의 상태 변화를 나타낸 것이다. 다음 물음에 답하시오.

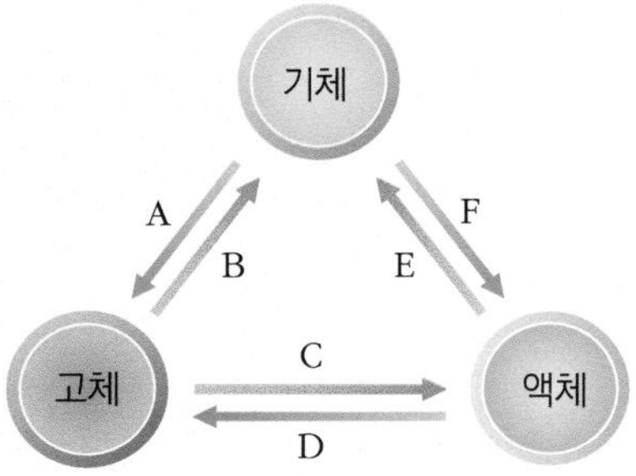

15

A 와 F 의 명칭이 옳게 짝지어진 것은?

	A	F
①	승화	액화
②	승화	기화
③	기화	액화
④	기화	응고
⑤	응고	융해

16

C 에 해당하는 상태 변화의 예로 옳은 것은?

① 추운 겨울 강물이 언다.
② 목욕탕 거울에 김이 서린다.
③ 손에 들고 있던 초콜릿이 녹는다.
④ 주전자의 물이 끓어 수증기가 된다.
⑤ 추운 겨울 유리창에 성에가 생긴다.

17

다음 밑줄 친 현상과 그에 해당하는 상태 변화의 기호를 바르게 짝지은 것을 고르면?

① 젖은 빨래가 마른다. - A
② 용암이 굳어 암석이 된다. - C
③ 드라이아이스의 크기가 작아진다. - B
④ 이른 아침 풀잎에 이슬이 맺힌다. - D
⑤ 콜라 속에 들어 있던 얼음이 녹는다. - F

18

그림은 양초가 타고 있는 모습이다. 이에 대한 다음 설명 중 옳지 않은 것을 고르면?

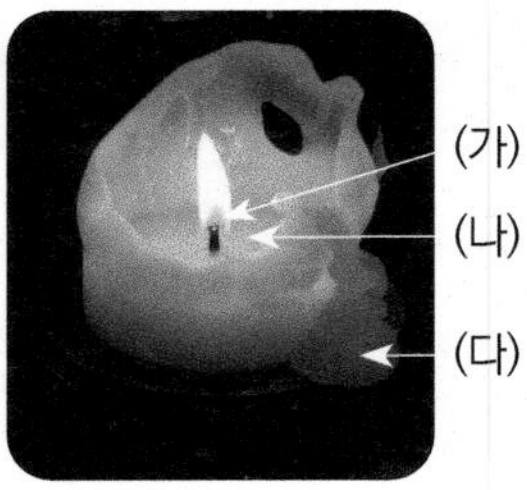

① (가)에서 고체가 액체로 변한다.
② (나)에서 융해가 일어나고 있다.
③ (다)에서 액체가 고체로 변한다.
④ 기체 상태의 양초는 처음 고체 상태의 양초와 성질이 같다.
⑤ 양초에 불이 붙기까지는 고체 → 액체 → 기체의 상태 변화가 일어난다.

19

물질의 상태가 변해도 항상 일정한 것만을 〈보기〉에서 있는 대로 고른 것은?

〈 보기 〉

ㄱ. 분자 배열　　ㄴ. 물질의 질량
ㄷ. 물질의 부피　　ㄹ. 물질의 성질
ㅁ. 분자 사이의 인력　　ㅂ. 분자 사이의 간격
ㅅ. 분자 수

① ㄱ, ㄴ, ㄷ　② ㄴ, ㄷ, ㄹ　③ ㄴ, ㄹ, ㅁ
④ ㄴ, ㄹ, ㅅ　⑤ ㄴ, ㅁ, ㅅ

20

다음 그림과 같이 드라이아이스 조각을 비닐팩에 넣고, 비닐팩을 묶어두면 드라이아이스 조각은 점점 작아지고 비닐팩은 부풀어 오른다. 이때 일어나는 변화에 대한 다음 설명 중 옳지 않은 것은?

① 전체 질량이 줄어든다.
② 분자 사이의 거리가 멀어진다.
③ 분자 사이의 인력이 약해진다.
④ 분자 배열이 불규칙적으로 변한다.
⑤ 고체에서 기체로의 상태 변화가 일어난다.

정답 및 해설 04쪽

C

21 **주전자에 물을 넣고 끓일 때, 우리가 흔히 김이라 부르는 것은 왜 생기는지 그 과정을 옳게 설명한 것은?**

① 물이 끓어 생긴 수증기이다.
② 물이 증발하여 수증기가 나온 것이다.
③ 물이 끓어 나온 수증기가 공기와 결합한 것이다.
④ 공기 중의 수증기가 물 속에 들어가서 생긴 것이다.
⑤ 물이 끓어서 나온 수증기가 다시 식어 물방울로 된 것이다.

22 **그림은 아이오딘이 들어 있는 시험관에 얼음이 든 시험관을 넣었더니 얼음이 든 시험관 아래에 어떤 알갱이들이 달라 붙은 모습을 나타낸 것이다. (가) ~ (다)의 상태와 A, B 에서 일어나고 있는 상태 변화를 잘못 연결한 것을 고르면?**

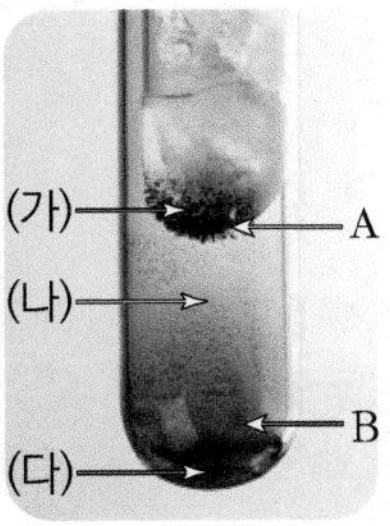

① (가) - 고체 ② (나) - 기체 ③ (다) - 고체
④ A - 승화 ⑤ B - 액화

23 **얼음, 물, 수증기에서 일어나는 상태 변화에 대한 설명으로 옳은 것은?**

① 얼음이 물로 되면 질량이 많이 감소한다.
② 물이 얼음이 되면 질량이 많이 증가한다.
③ 물이 수증기가 되면 분자 배열이 변한다.
④ 수증기가 물이 되면 부피가 크게 증가한다.
⑤ 수증기가 물이 되면 분자 사이의 간격이 더 멀어진다.

24 **다음 그림 (가)와 같이 비커에 물을 넣고 얼리면 가운데가 볼록하게 올라오지만, 그림 (나)와 같이 비커에 액체 상태인 양초를 식혀 굳히면 가운데가 오목하게 된다. 이에 대한 설명으로 옳은 것은?**

(가) (나)

① 물이 응고되면서 부피가 증가했다.
② 양초가 응고되면서 질량이 감소했다.
③ 물이 응고되면서 분자 사이 거리가 가까워졌다.
④ 양초가 응고되면서 분자 사이 거리가 멀어졌다.
⑤ 물은 응고될 때 분자 사이 인력이 감소했고, 양초는 응고될 때 분자 사이 인력이 증가했다.

25 **다음 그림은 물의 상태 변화를 나타낸 모형이다. 물 분자 모형에 대한 다음 설명 중 옳지 않은 것은?**

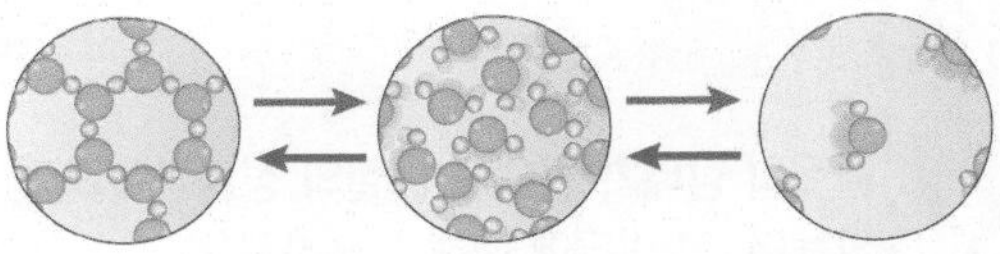

▲ 고체 (얼음) ▲ 액체 (물) ▲ 기체 (수증기)

① 실제의 물 분자 모습을 그대로 나타낸 것이다.
② 분자가 물질을 구성하고 있는 모습을 알 수 있다.
③ 상태가 변해도 분자의 모양이나 크기는 변하지 않는다.
④ 고체인 얼음의 분자 배열은 육각형 구조로 이루어져 있다.
⑤ 상태가 변하면 같은 크기의 공간 안에 들어 있는 분자 수가 달라진다.

26 아래 그림은 실험을 통해 상온에서 물의 질량 증가에 따른 물리량의 변화를 측정한 결과이다.

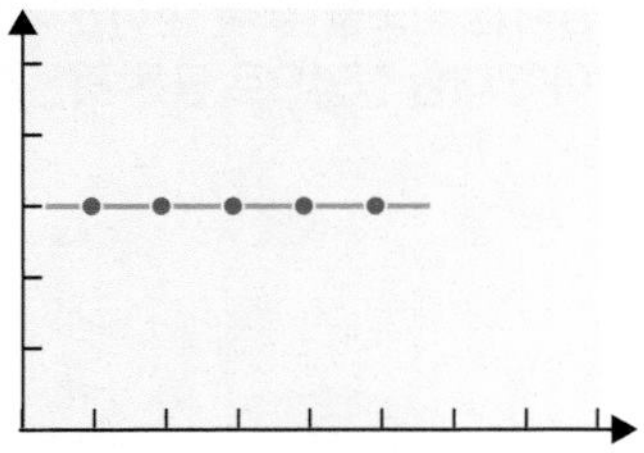

(가)

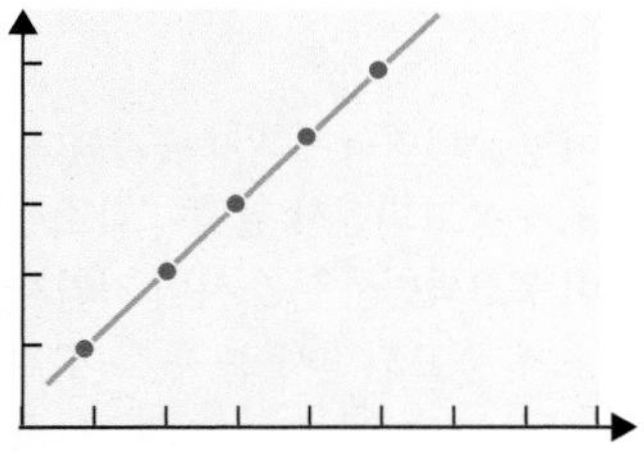

(나)

(가) 와 (나) 그래프의 Y 축에 해당하는 물리량을 알맞게 짝지은 것은?

	(가)	(나)
①	부피	질량
②	부피	밀도
③	밀도	분자수
④	밀도	온도
⑤	분자수	부피

27 물질의 상태가 변해도 물질의 성질과 질량은 변하지 않는다. 그 이유에 대해 서술하시오.

28 겨울철 장독대에 물을 가득 담아두면 장독대가 깨지는 상황이 자주 발생한다. 아래의 온도에 따른 물의 부피 그래프와 관련지어 이러한 상황이 발생하는 이유에 대해 서술하시오.

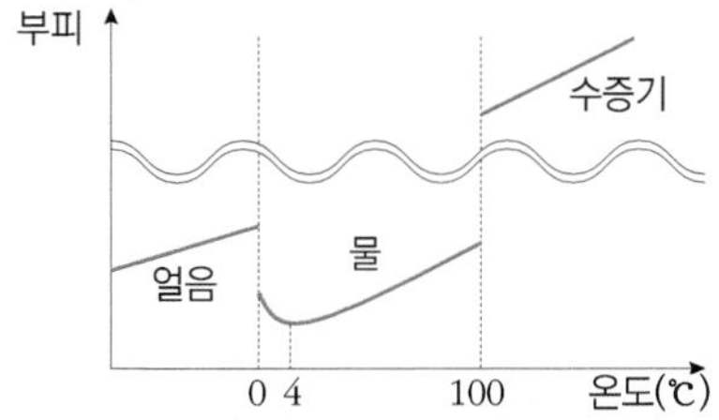

29 고체가 기체나 액체와 달리 일정한 모양을 이루고 있는 이유는 무엇인지 쓰시오.

정답 및 해설 04쪽

30 무쇠솥을 만들 때에는 녹인 쇳물을 거푸집에 부어 굳혀서 만든다. 그런데 거푸집은 만들려고 하는 솥의 크기보다 약간 더 크게 만든다고 한다. 그 이유에 대해 서술하시오.

창의력 서술

31 다음 〈보기〉 중 상태 변화가 일어나는 현상이 아닌 것의 기호를 쓰고, 그렇게 생각한 이유에 대해 서술하시오.

〈 보기 〉

㉠ 설탕이 물에 녹는다.
㉡ 철을 녹여 무쇠 솥을 만든다.
㉢ 욕실의 거울에 김이 서린다.
㉣ 아이스크림이 녹아 흘러 내린다.
㉤ 시간이 지날수록 어항의 물이 줄어든다.

32 그림 (가) 는 부피가 100 cm^3 인 얼음 조각을 4 ℃ 물에 넣었을 때의 모습이고, (나) 는 온도에 따른 물의 밀도를 나타낸 것이다.

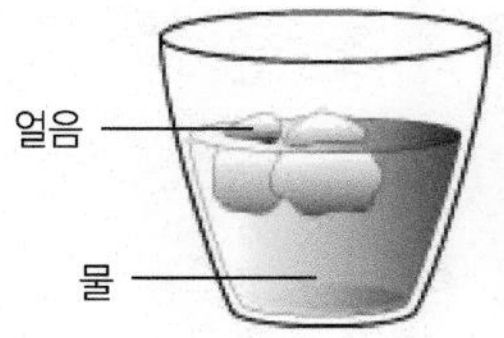

(가)

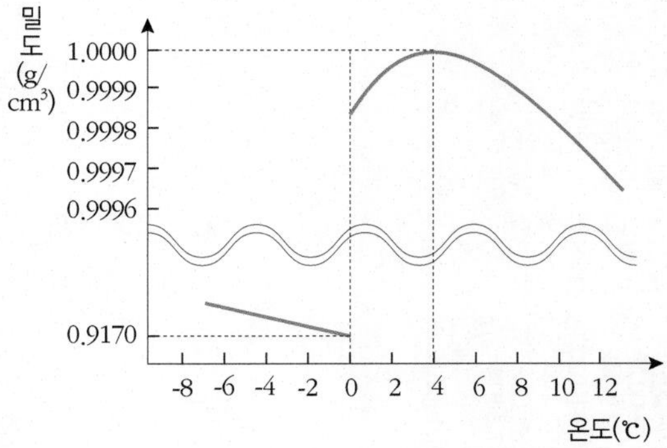

(나)

물에 잠겨 있는 얼음 부분의 질량(g)을 구하시오.

2강. 물질의 상태 변화와 열에너지

● 간단실험
〈온도 변화 측정〉

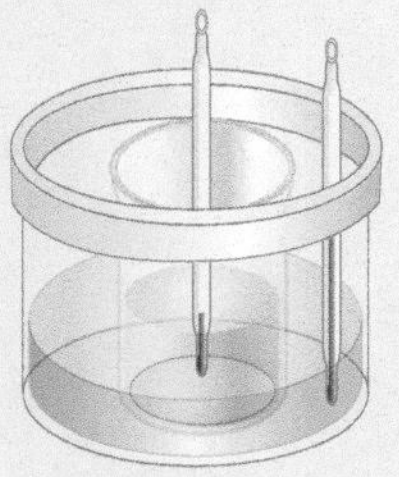

① 수조에 뜨거운 물을 넣고, 찬물이 들어 있는 비커를 수조 속에 넣는다.

② 온도계를 이용하여 각각의 온도를 시간에 따라 측정한 후 비교해 본다.

⇒ 결과 : 물의 양이 적은 비커의 온도는 빨리 올라가고, 물의 양이 많은 수조의 온도는 천천히 떨어져 일정 시간이 지나면 같은 온도가 된다.(열평형 상태)

● 온도 변환

· 절대 온도(K)
= 섭씨온도(℃) + 273

· 화씨 온도(℉)
= (섭씨 온도(℃)×$\frac{9}{5}$)+32

1. 온도와 열에너지

(1) 온도 : 물체의 차갑고 뜨거운 정도를 숫자로 표현한 것이다.

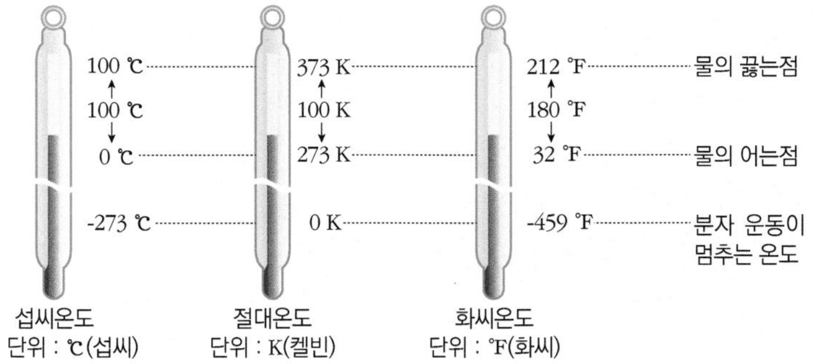

(2) 열에너지 : 물질의 온도를 변화시키거나 상태 변화를 일으키는 에너지이다.

① 두 물체를 접촉시킨 경우 열에너지의 이동 : 고온의 물체 → 저온의 물체

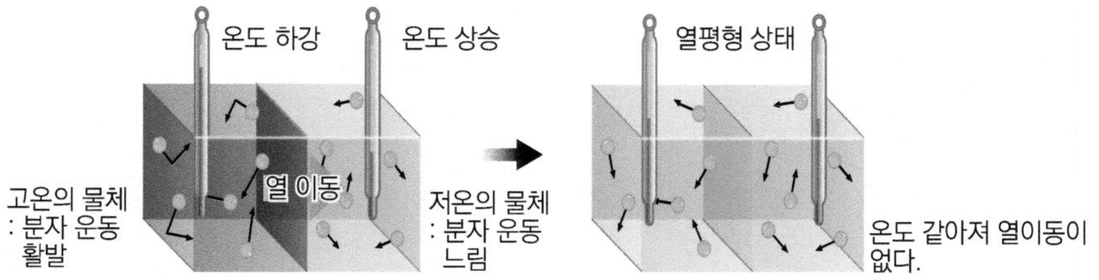

② 고온의 분자가 열에너지 방출 ⇒ 분자 운동 둔해짐 ⇒ 물질의 온도 하강

③ 저온의 분자가 열에너지 흡수 ⇒ 분자 운동 활발해짐 ⇒ 물질의 온도 상승

④ 열평형 상태 : 물체 사이의 온도가 같아져 더 이상 열에너지의 이동이 없는 상태

⑤ 두 물체가 같은 물질일 경우 : 열평형 상태에서 분자의 운동 속도가 같다.

● 생각해보기★
같은 물질인 경우 온도가 같으면 분자 운동 속도가 같을까? 물질이 다른 경우 온도가 같으면 분자 운동 속도가 같을까?

개념확인 1 **다음 온도와 열에너지에 대한 설명 중 옳은 것은 ○표, 옳지 않은 것은 ×표 하시오.**

(1) 물의 어는 온도를 0 으로 나타낸 온도는 섭씨온도이다. ( )

(2) 분자가 열에너지를 방출하면 분자 운동이 활발해진다. ( )

(3) 같은 물질로 이루어진 두 물체의 온도가 같아지면 분자 운동 속도도 같아진다. ( )

확인 +1 **열에너지에 대한 다음 설명 중 옳은 것은?**

① 열에너지는 물질의 온도나 상태를 변화시킨다.
② 물질이 열에너지를 흡수하면 물질의 분자 운동이 둔해진다.
③ 물질이 열에너지를 흡수하면 물질 주변의 온도는 올라간다.
④ 열에너지는 온도가 낮은 물질에서 온도가 높은 물질로 이동한다.
⑤ 열에너지를 흡수하면 물질의 분자 사이의 거리는 더욱 가까워진다.

2. 상태 변화와 열에너지 1

(1) 상태 변화와 열에너지 : 상태 변화 과정에서는 열이 흡수되거나 방출된다.

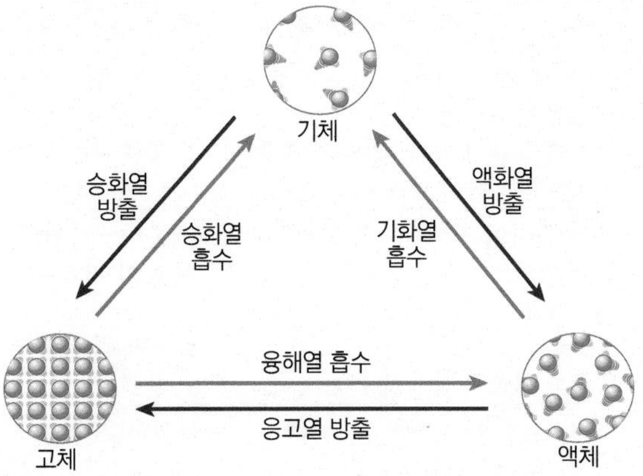

구분	열에너지 흡수	열에너지 방출
상태 변화	융해, 기화, 승화(고체 ⇒ 기체)	응고, 액화, 승화(기체 ⇒ 고체)
온도 변화	물질의 온도 상승 물질 주위의 온도 하강	물질의 온도 하강 물질 주위의 온도 상승

(2) 열에너지의 크기 : 같은 물질 , 같은 질량일 때

① 같은 상태에서는 온도가 높을수록 열에너지가 크다.

② 같은 온도에서는 고체보다 액체, 액체보다는 기체의 열에너지가 크다.

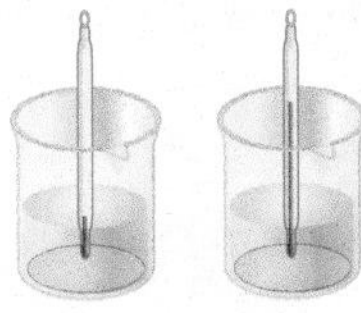

10 ℃의 물 < 50 ℃의 물

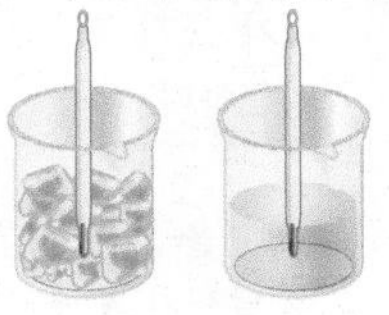

0 ℃의 얼음 < 0 ℃의 물

기화열과 액화열, 융해열과 응고열

같은 물질로 된 두 물체의 질량이 같다면 기화열과 액화열, 융해열과 응고열은 서로 같다.

⇒ 물의 기화열 539 cal/g (100 ℃)
물의 융해열 79.4 cal/g (0 ℃)

물질이 가지는 열에너지

물질은 자체적으로 열에너지를 갖는다. 열에너지가 증가하면 온도가 증가하거나 상태가 변하게 된다. 또한 물체의 온도가 같다면 질량이 큰 물체일수록 가지는 열에너지가 크다.

정답 및 해설 06쪽

개념확인 2 **다음 빈칸에 들어갈 알맞은 말을 쓰시오.**

열에너지를 흡수하는 상태 변화에는 융해, ㉠(　　　), 승화(고체 → 기체)가 있고, 열에너지를 방출하는 상태 변화에는 ㉡(　　　), 액화, 승화(기체 → 고체)가 있다.

㉠(　　　　　)　㉡(　　　　　)

확인 +2 **다음 〈보기〉에 주어진 물질들을 열에너지가 큰 것부터 순서대로 나열하시오.**

〈 보기 〉

ㄱ. 0 ℃의 얼음 100 g　ㄴ. 0 ℃의 물 100 g　ㄷ. 50 ℃의 물 100 g
ㄹ. 100 ℃의 물 100 g　ㅁ. 100 ℃의 수증기 100 g

(　　>　　>　　>　　>　　)

생각해보기★★

우주에 존재하는 물질 중 질량당 열에너지가 가장 작은 물질은 무엇일까?

3. 상태 변화와 열에너지 2

간단실험
〈알코올의 기화열 흡수〉
① 한 쪽 손에 알코올을 묻힌다.
② 알코올이 묻은 손과 알코올이 묻지 않은 손에 골고루 부채질을 하며 손등이 시원해지는 정도를 비교해 본다.

(1) 열에너지를 흡수하는 상태 변화와 우리 생활

구분	열에너지를 흡수 → 주위의 온도 낮아짐	
융해열 흡수	· 아이스박스에 얼음을 채우고 음식을 넣어 음식을 차갑게 보관한다. · 호수의 얼음이 녹을 때 열을 흡수하므로 그 주위는 다른 지역보다 기온이 낮다.	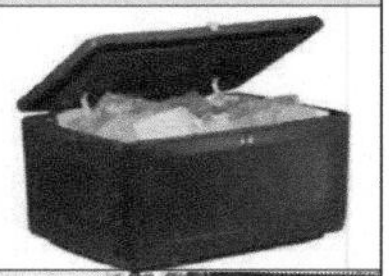
기화열 흡수	· 운동 후 땀이 기화하며 열을 흡수하므로 체온이 낮아진다. · 몸에 열이 날 때 물수건으로 몸을 닦으면 물이 기화되며 체온이 낮아진다. · 수영을 하고 물 밖으로 나오면 물이 기화되며 열을 흡수하므로 체온이 낮아진다.	
승화열 흡수	· 아이스크림을 포장할 때 드라이아이스를 아이스크림 주위에 놓으면 드라이아이스가 열을 흡수하여 아이스크림이 녹지 않는다.	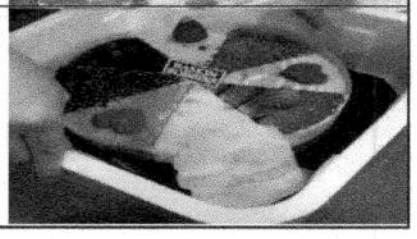

(2) 열에너지를 방출하는 상태 변화와 우리 생활

구분	열에너지를 방출 → 주위의 온도 높아짐	
응고열 방출	· 이글루 안에서 물을 뿌리면 물이 응고되며 열을 방출하기 때문에 따뜻해진다. · 날씨가 갑자기 추워졌을 때 냉해를 방지하기 위해 꽃눈에 물을 뿌린다.	
액화열 방출	· 목욕탕에서는 수증기가 액화되며 열을 방출하기 때문에 후텁지근하다. · 비가 오기 전에는 공기 중의 수증기가 액화되며 열을 방출하므로 날씨가 후텁지근하다.	
승화열 방출	· 눈이 올 때 수증기가 얼음으로 승화되어 열을 방출하므로 날씨가 포근하다.	

생각해보기★★★
아이스크림을 포장할 때 얼음이 아닌 드라이아이스를 사용하는 이유는 무엇일까?

개념확인 3 오른쪽 그림은 물질의 상태 변화 과정을 모형으로 나타낸 것이다.
A~F 중 열에너지를 흡수하는 상태 변화 과정만을 있는 대로 고르시오.

( )

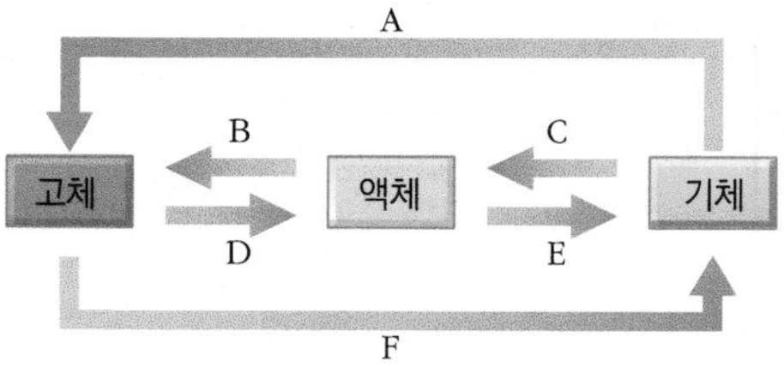

확인 +3 다음 중 기화열과 관련이 없는 현상을 고르면?

① 손등에 알코올을 바르면 시원해진다.
② 수영을 하고 물 밖으로 나오면 추워진다.
③ 더운 여름철 땀을 흘려 체온을 유지한다.
④ 몸에 열이 나면 물수건으로 몸을 닦아준다.
⑤ 얼음으로 채운 아이스박스에 음식을 넣어 차갑게 보관한다.

미니사전
냉해 [冷 차다 害 해하다] 이상 저온이나 일조량 부족으로 농작물이 얼어서 입는 피해

4. 상태 변화와 온도

(1) 물질의 가열 곡선과 냉각 곡선

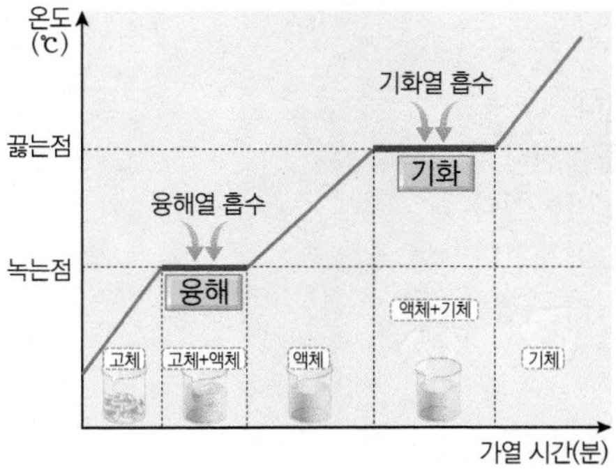

▲ 물질의 가열 곡선

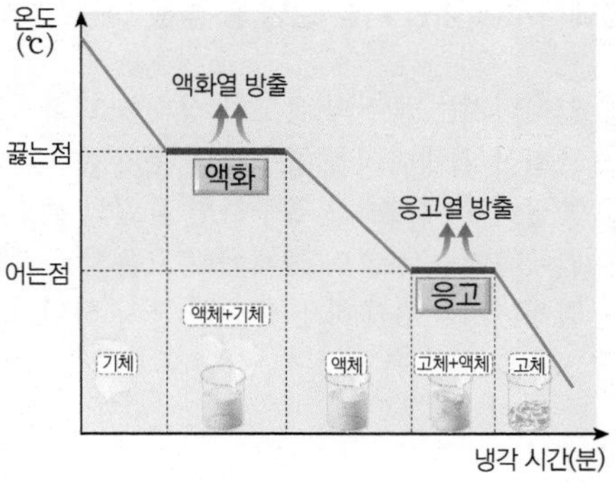

▲ 물질의 냉각 곡선

(2) 녹는점, 어는점, 끓는점에서의 상태 변화

구분	어는점	녹는점	끓는점
정의	상태 변화하는 동안 일정하게 유지되는 온도		
상태 변화	응고 (액체 → 고체)	융해 (고체 → 액체)	기화 (액체 → 기체)
열에너지 출입	열에너지 방출	열에너지 흡수	열에너지 흡수
물질의 상태	고체 + 액체	고체 + 액체	액체 + 기체
온도가 일정한 이유	물질을 냉각해도 물질이 상태 변화할 때 열에너지를 방출하기 때문	흡수한 열에너지가 물체의 온도를 높이는 데 쓰이지 않고 상태 변화하는데 모두 쓰이기 때문	

물질의 가열과 냉각

·가열 : 물질은 열에너지를 얻어(흡수하여) 온도가 높아진다.

·냉각 : 물질은 열에너지를 잃어(방출하여) 온도가 낮아진다.

녹는점(어는점), 끓는점과 분자 사이의 인력

녹는점(어는점), 끓는점이 높은 물질일수록 분자 사이의 인력이 큰 물질이다. 녹는점, 끓는점이 높다는 것은 분자 사이의 인력을 끊기 위해 많은 열에너지가 필요하다는 것이기 때문이다.

녹는점(어는점), 끓는점과 물질의 상태

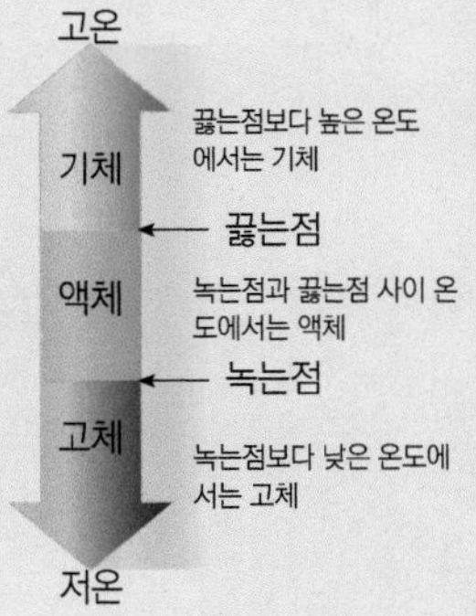

생각해보기★★★★

물의 녹는점은 0 ℃이고, 끓는점은 100 ℃이다. -10 ℃에도 물은 액체 상태로 존재할 수 있을까?

정답 및 해설 06쪽

개념확인 4 **다음 녹는점, 어는점, 끓는점에 대한 설명 중 옳은 것은 ○표, 옳지 않은 것은 ×표 하시오.**

(1) 녹는점은 물질이 융해되는 동안 일정하게 유지되는 온도이다. ( )

(2) 끓는점에서는 고체와 기체가 공존한다. ( )

(3) 어는점에서 물질은 융해열을 흡수한다. ( )

확인 +4 **다음 그래프는 얼음을 가열하면서 시간에 따른 온도 변화를 측정하여 그래프로 나타낸 것이다. 아래 그래프에서 상태가 변하는 구간의 기호를 모두 쓰시오.**

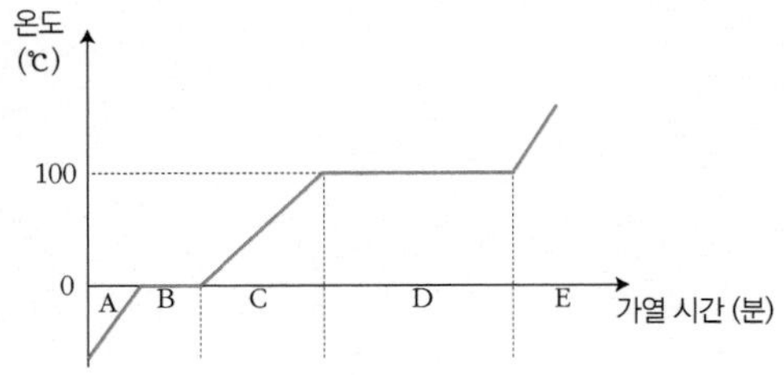

01
열에너지에 대한 다음 설명 중 옳은 것은?

① 열에너지는 물질의 온도나 상태를 변화시킨다.
② 물질이 열에너지를 흡수하면 분자 운동은 둔해진다.
③ 물질이 열에너지를 흡수하면 물질의 온도는 낮아진다.
④ 열에너지는 저온의 물체에서 고온의 물체로 이동한다.
⑤ 열에너지를 흡수하면 물질의 분자 사이의 거리는 좁아진다.

02
물의 세 가지 상태 중 분자들이 열에너지를 많이 가지고 있는 상태부터 순서대로 나열한 것은?

① 기체 〉 고체 〉 액체
② 기체 〉 액체 〉 고체
③ 액체 〉 기체 〉 고체
④ 액체 〉 고체 〉 기체
⑤ 고체 〉 기체 〉 액체

03
다음은 물질의 상태 변화를 나타낸 것이다. 이 그림에서 열의 출입이 바르게 연결되지 <u>않은</u> 것은?

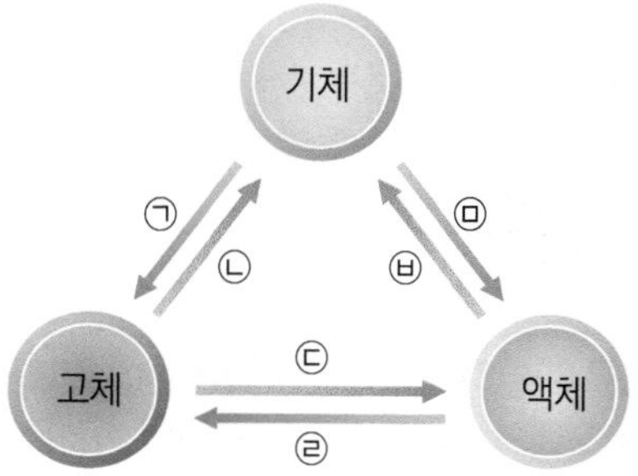

① ㉠ - 승화열이 방출된다.
② ㉡ - 승화열이 흡수된다.
③ ㉢ - 융해열이 흡수된다.
④ ㉣ - 응고열이 방출된다.
⑤ ㉥ - 액화열이 흡수된다.

정답 및 해설 07쪽

04 **다음 〈보기〉는 일상 생활에서 상태 변화가 일어날 때의 열의 출입을 이용하는 예들이다. 그 원리가 같은 것끼리 묶인 것은?**

〈 보기 〉

(가) 더운 여름 날 마당에 물을 뿌리면 시원해진다.
(나) 열이 심하게 나는 환자의 피부를 알코올로 닦아 체온을 낮춘다.
(다) 날씨가 추워지면 화초가 냉해를 입는 것을 막기 위해 화초에 물을 뿌린다.
(라) 무더운 여름철 뚜껑이 열려 있던 주스가 닫혀 있던 것보다 시원하다.
(마) 겨울철 과일 저장 창고에서 과일이 어는 것을 방지하기 위해 물그릇을 놓아둔다.

① (가), (나), (다)　② (가), (나), (라)　③ (나), (다), (라)
④ (나), (다), (마)　⑤ (다), (라), (마)

05 **다음의 상태 변화가 일어날 때 출입하는 공통된 열에너지의 종류를 〈보기〉에서 골라 기호를 쓰시오.**

·이글루 안에 물을 뿌려 이글루 안을 따뜻하게 한다
·겨울에 화초 주변에 물을 뿌려 화초가 얼지 않게 한다.

〈 보기 〉

ㄱ. 융해열 흡수　ㄴ. 액화열 방출　ㄷ. 응고열 방출

(　　　　　)

06 **오른쪽 그래프는 액체 물질의 가열 곡선이다. (나) 구간에서 온도가 올라가지 않는 이유를 가장 바르게 설명한 것은?**

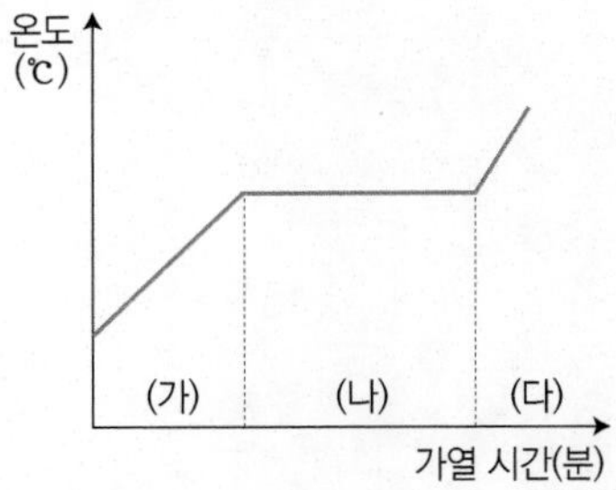

① 가열을 잠시 중단하였다.
② 융해 현상이 일어나고 있다.
③ 기체가 열을 흡수하고 있는 구간이다.
④ 열이 액체를 기체로 상태 변화시키는데 쓰이고 있다.
⑤ 액체가 열을 방출하면서 기체로 상태 변화를 하고 있다.

[유형2-1] 온도와 열에너지

다음 그림은 온도가 서로 다른 물체 사이에서 열이 이동하는 모습을 나타낸 것이다. 이에 대한 설명으로 옳은 것은?(단, (가)와 (나)는 같은 물질이다.)

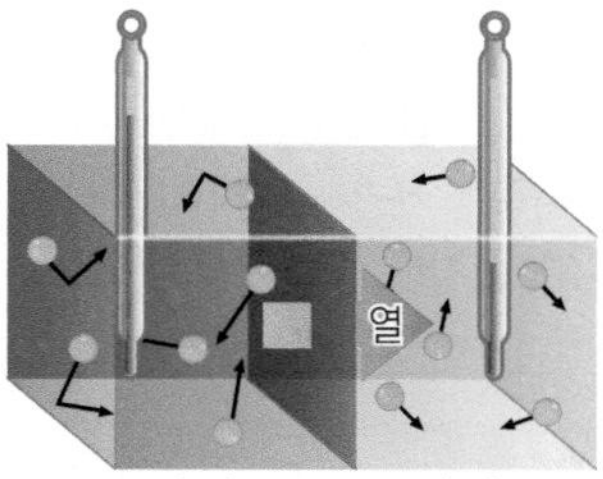

① (가)의 온도는 (나)의 온도보다 낮다.
② (가)의 분자 운동은 점점 더 활발해질 것이다.
③ (나)는 (가)로부터 열을 얻어 온도가 높아진다.
④ (나)의 분자 운동이 (가)의 분자 운동보다 활발하다.
⑤ 시간이 흐르면 (나)의 분자 운동이 (가)의 분자 운동보다 활발해진다.

Tip!

01

온도와 분자 운동에 대한 설명으로 옳지 <u>않은</u> 것은?

① 물질의 온도가 높아질수록 분자 운동은 활발해진다.
② 절대 온도가 1 K 증가하면 섭씨 온도는 273 ℃ 증가한다.
③ 물체의 차갑고 뜨거운 정도를 숫자로 표현한 것이 온도이다.
④ 섭씨 온도는 물이 어는 온도를 0 ℃, 물이 끓는 온도를 100 ℃로 한 온도이다.
⑤ 같은 물질로 된 두 물체를 접촉시킨 경우 열평형 상태에이르면 분자 운동 속도는 같아진다.

02

다음 그림과 같이 수조에 뜨거운 물을 넣고, 찬물이 들어 있는 비커를 수조 속에 넣어서 온도를 관찰했다. 이에 대한 설명으로 옳은 것은?

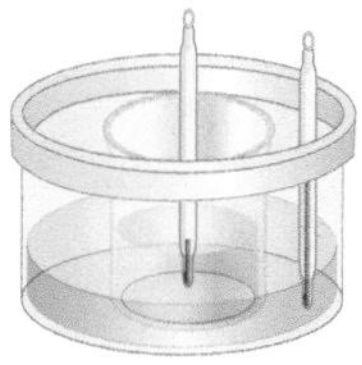

① 수조 속의 물은 열에너지를 흡수한다.
② 수조 속의 물 분자의 운동은 더 활발해진다.
③ 비커 속의 물 분자는 열을 흡수하여 분자 운동이 둔해진다.
④ 비커 속의 물은 열에너지를 흡수하지도 방출하지도 않는다.
⑤ 시간이 흐르면 수조 속의 물 분자와 비커 속의 물 분자 운동 속도가 같아진다.

정답 및 해설 07쪽

[유형2-2] 상태 변화와 열에너지 1

다음은 물질의 상태 변화를 나타낸 것이다. 물질의 열에너지가 커지고, 물질 주위의 온도가 낮아지는 상태 변화의 기호만를 있는 대로 쓰시오. (3개)

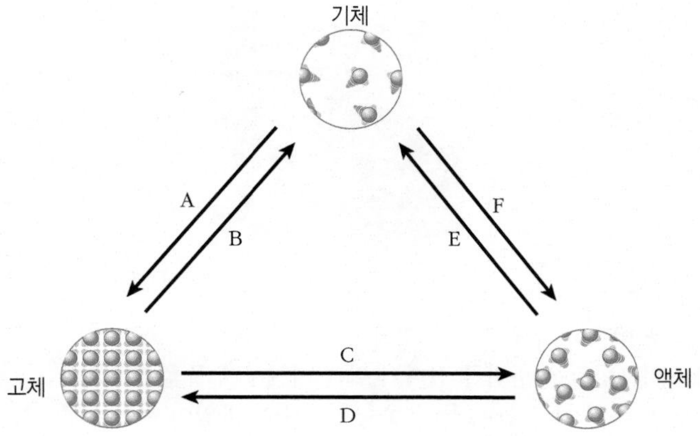

(, ,)

03

다음 〈보기〉의 상태 변화를 열에너지를 흡수하는 상태 변화와 열에너지를 방출하는 상태 변화로 구분하여 기호로 쓰시오.

〈 보기 〉

ㄱ. 융해	ㄴ. 액화	ㄷ. 승화(고체 → 기체)
ㄹ. 응고	ㅁ. 기화	ㅂ. 승화(기체 → 고체)

(1) 열에너지를 흡수하는 상태 변화 : (, ,)
(2) 열에너지를 방출하는 상태 변화 : (, ,)

Tip!

04

다음 〈보기〉에 주어진 물질 중 열에너지가 가장 작은 물질과 열에너지가 가장 큰 물질을 순서대로 바르게 짝지은 것은?

〈 보기 〉

ㄱ. 0 ℃의 얼음 100 g	ㄴ. 100 ℃의 물 100 g	ㄷ. 50 ℃의 물 100 g
ㄹ. 0 ℃의 물 100 g	ㅁ. 100 ℃의 수증기 100 g	

① ㄱ, ㄴ ② ㄱ, ㄹ ③ ㄴ, ㄷ ④ ㄴ, ㅁ ⑤ ㄱ, ㅁ

[유형2-3] 상태 변화와 열에너지 2

더운 여름에 수영을 하다가 물 밖으로 나오면 물기가 마르는 동안에는 시원하게 느껴진다. 이와 같은 상태 변화만를 〈보기〉에서 있는 대로 고른 것은?

〈 보기 〉

ㄱ. 무더운 여름날 마당에 물을 뿌리면 시원해진다.
ㄴ. 에스키모인들은 추위를 견디기 위해 이글루에 물을 뿌린다.
ㄷ. 겨울에 과일 창고 안에 물 그릇을 놓아두어 과일이 어는 것을 막는다.

① ㄱ　② ㄱ, ㄴ　③ ㄱ, ㄷ　④ ㄴ, ㄷ　⑤ ㄱ, ㄴ, ㄷ

Tip!

05 **주사기를 맞기 전에 소독용 알코올을 팔뚝에 문지르면 시원해지는 것을 느낄 수 있다. 이러한 현상의 원인을 바르게 설명한 것은?**

① 알코올이 기화하면서 열을 흡수하기 때문이다.
② 알코올이 액화되면서 열을 흡수하기 때문이다.
③ 알코올이 기화하면서 열을 방출하기 때문이다.
④ 알코올이 승화되면서 열을 방출하기 때문이다.
⑤ 알코올이 융해되면서 열을 방출하기 때문이다.

06 **다음 일상 생활 속의 상태 변화 중 열을 방출하는 상태 변화 과정으로 옳은 것은?**

① 초콜릿이 녹아 흘러내린다.
② 옷장 속의 방충제가 서서히 사라진다.
③ 더울 때 땀이 나서 증발되면 체온이 유지된다.
④ 아이스크림을 배달할 때 드라이아이스를 넣는다.
⑤ 이글루에서 잘 때 물을 바닥에 뿌리면 따뜻해진다.

정답 및 해설 07쪽

[유형2-4] 상태 변화와 온도

다음은 얼음을 가열하면서 시간에 따른 온도 변화를 측정하여 그래프로 나타낸 것이다. 그래프의 각 구간에 대한 다음 설명 중 옳은 것만을 있는 대로 고르시오. (2개)

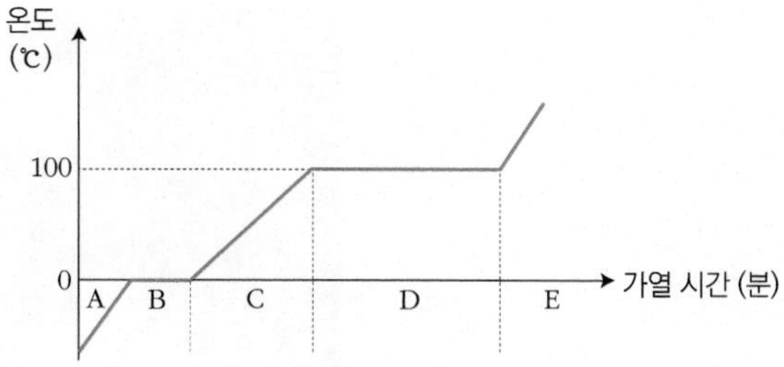

① A 구간에서 물질은 액체 상태이다.
② B 구간에서 분자 사이의 인력이 약해진다.
③ C 구간에서 물질은 열에너지를 방출한다.
④ D 구간에서 물질은 열에너지를 방출하지도 흡수하지도 않는다.
⑤ E 구간에서 물질이 갖는 열에너지가 가장 크다.

07

다음 그래프는 어떤 액체 물질을 냉각시키면서 시간에 따른 온도 변화를 측정하여 나타낸 것이다. 그래프에 대한 설명으로 옳지 않은 것은?

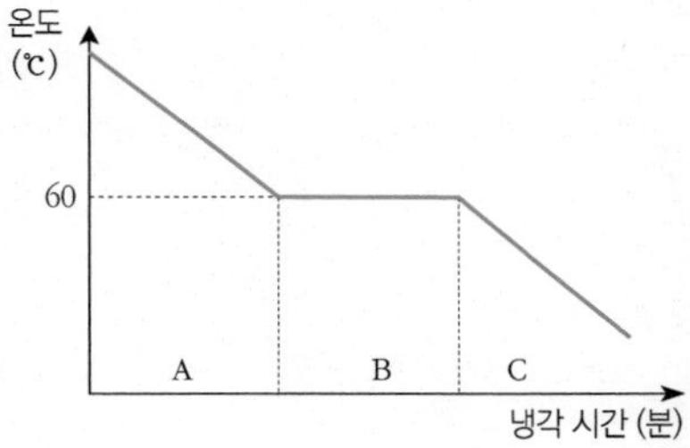

① B 구간에서 융해가 일어난다.
② 이 물질의 어는점은 60 ℃이다.
③ A 구간에서 이 물질은 액체이다.
④ B 구간의 온도는 물질마다 다르다.
⑤ A 구간에서는 C 구간보다 분자 운동이 활발하다.

08

다음 표는 여러 가지 물질의 녹는점과 끓는점을 나타낸 것이다. 상온(15 ℃)에서 〈보기〉와 같은 특징을 갖는 물질만을 있는 대로 고른 것은?

〈 보기 〉
- 부피가 거의 일정하고 쉽게 압축되지 않는다.
- 담는 그릇에 따라서 모양이 달라진다.

물질	녹는점(℃)	끓는점(℃)
A	-210	-180
B	800	1400
C	-110	80
D	0	100

① A, B ② A, C ③ B, C ④ B, D ⑤ C, D

Tip!

01 **물의 어는점은 0 ℃이다. 그러나 순수한 물을 천천히 냉각시키면 어는점인 0 ℃에서도 액체 상태인 물로 존재하기도 한다. 이러한 현상을 과냉각 현상이라고 하는데, 순수한 물은 -39 ℃까지 과냉각 상태를 유지할 수 있다고 한다. 물체의 상태가 변하기 위해서는 '핵'이라는 것이 필요한데, 이 '핵'은 먼지가 될 수도 있고, 외부 충격이 될 수도 있다. 따라서 외부 충격이 가해지면 과냉각된 물은 얼음으로 상태 변화한다.**

(1) 페트병에 -10 ℃의 과냉각된 물이 있다면 어떤 방법으로 얼음을 얼게 할 수 있을까?

(2) 비행기가 구름을 뚫고 지나가면 비가 내리기도 한다. 어떤 원리로 비행기에 의해 비가 내릴 수 있는 것일까?

정답 및 해설 08쪽

02

옛날부터 사막을 횡단하는 사람들은 양가죽 물통을 사용해 왔다. 양가죽 물통은 뜨거운 사막에서도 물을 시원하게 유지해 줄 수 있다. 양가죽 물통으로 물을 시원하게 보관할 수 있는 원리를 응용하여 다음 〈보기〉의 물건들로 페트병에 들어 있는 물을 시원하게 마실 수 있는 방법을 서술해 보자.

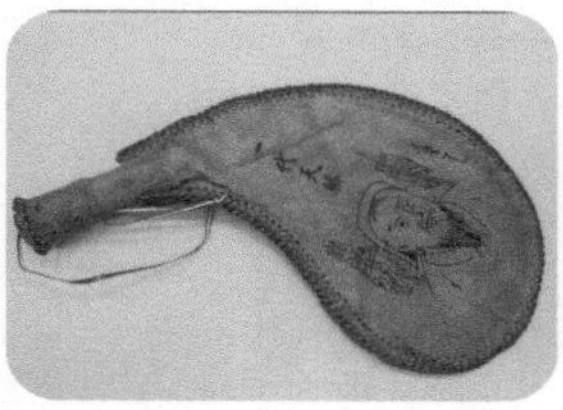

〈 보기 〉

페트병　　물　　접착 테이프　　가위　　수건

03

수영 후 물 밖으로 나오면 추워진다. 이것은 피부의 물이 기화하며 열을 빼앗아 체온이 낮아지기 때문인데, 이러한 현상은 상온(15 ℃)에서도 많이 일어난다. 물의 끓는점이 100 ℃ 임에도 불구하고, 어떻게 물 분자는 상온(15 ℃)에서 어떻게 기화할 수 있는지 설명해 보자.

04

우리가 일상 생활에서 많이 사용하는 뷰테인 가스에 들어 있는 뷰테인은 상온에서 기체 상태로 존재하지만 높은 압력을 가하면 액체 상태로 변한다. 따라서 뷰테인 가스통 내부 압력을 크게 하여 뷰테인을 기체보다 부피가 작은 액체 상태로 저장한다. 그리고 우리가 이를 사용할 때에는 압력이 낮아져 다시 기체 상태가 되도록 해서 뷰테인 기체를 연소시킨다.

뷰테인 가스를 오랫동안 사용하면 뷰테인 가스통 입구 주변에 물방울이 맺혀 있는 것을 볼 수 있다. 물방울이 생기는 이유는 무엇일까?

정답 및 해설 09쪽

05 **다음은 알코올 온도계를 이용하여 차가운 물과 따뜻한 물의 온도를 재는 모습을 나타낸 그림이다.**

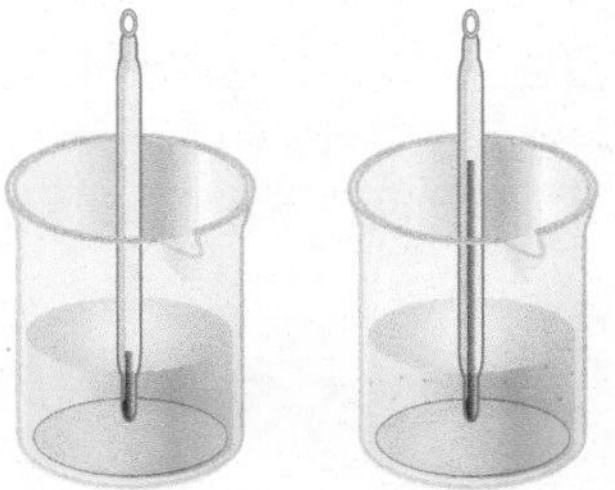

(1) 온도계 속 붉은 물감을 들인 액체로 물의 온도를 측정할 수 있는 원리에 대하여 서술하시오.

(2) 알코올의 끓는점은 78 ℃, 어는점은 −117 ℃이다. 알코올 온도계를 사용할 경우 주의해야하는 점을 생각해 보자.

A

01 다음 (   ) 안에 알맞은 말을 고르시오.

(1) 물질의 열에너지는 온도가 (㉠높을수록 , ㉡낮을수록) 크다.

(2) 열에너지는 온도가 (㉢높은 , ㉣낮은) 물질에서 온도가 (㉤높은 , ㉥낮은) 물질로 이동한다.

02 다음 〈보기〉에서 설명하는 에너지는 무엇인지 쓰시오.

〈 보기 〉

물질의 온도를 변화시키거나 상태 변화를 일으키는 에너지이다.

(   )

03 다음은 섭씨 온도와 절대 온도를 비교한 표이다. ㉠과 ㉡에 들어갈 알맞은 숫자를 쓰시오.

섭씨온도	절대온도
㉠	273K
50 ℃	㉡

㉠ : (   ) ℃
㉡ : (   ) K

04 다음 그림과 같이 온도가 다른 두 물체를 접촉시킨 경우에 대한 설명 중 옳은 것은 ○표, 옳지 않은 것은 ×표 하시오.

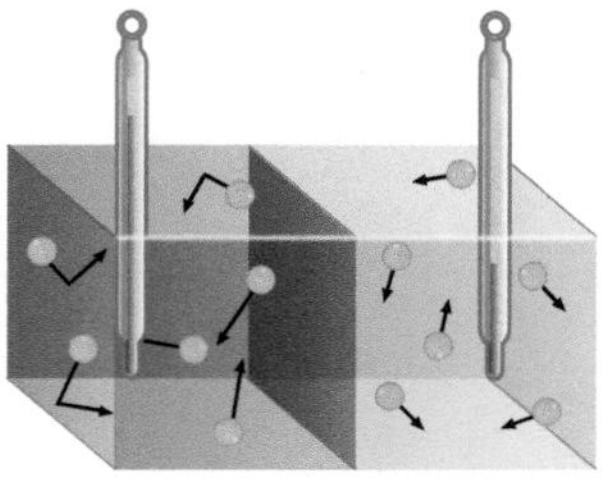

(1) 열에너지는 항상 저온의 물체에서 고온의 물체로 이동한다. (   )

(2) 시간이 흐르면 두 물체의 온도가 같아지는 열평형 상태에 도달한다. (   )

[05~06] 다음은 물질의 상태 변화를 나타낸 것이다. 물음에 답하시오.

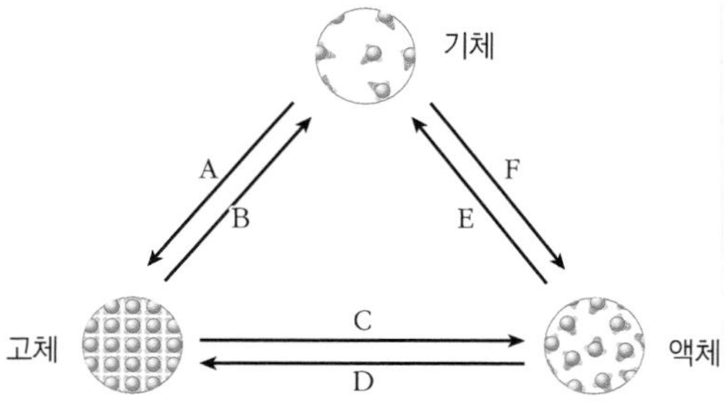

05 A ~ F 중 열을 흡수하는 상태 변화는?(3개)

(,   ,   )

06 A ~ F 중 무더운 여름날 마당에 물을 뿌리면 시원해지는 것과 관련이 있는 상태 변화는?

(   )

정답 및 해설 09쪽

[07~10] 다음은 어떤 고체 물질을 가열 후 냉각시킬 때 온도 변화 그래프이다. 그래프를 보고 물음에 답하시오.

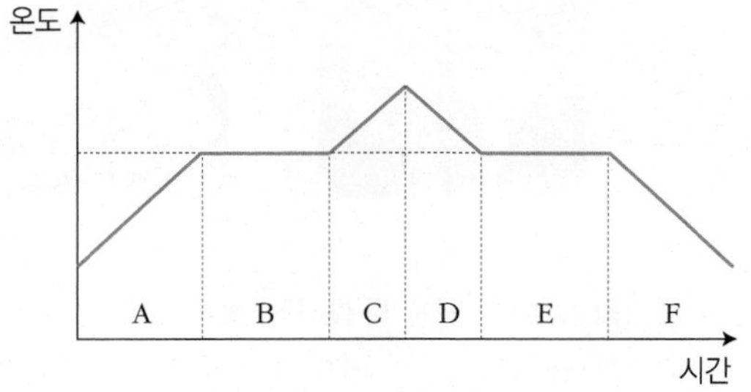

07 A ~ F 구간 중 상태 변화가 일어나는 구간을 모두 고르시오.

(,)

08 C 구간에서 물질은 고체, 액체, 기체 상태 중 어떤 상태로 존재하는지 쓰시오.

( ) 상태

09 B 구간과 E 구간 중 분자 사이의 인력이 약해지는 구간은?

( )

10 열에너지를 흡수하는 구간은?

(, ,)

B

11 다음 그림은 같은 물질로 이루어진 두 물체의 분자 운동을 나타낸 모형이다. 이에 대한 설명으로 옳지 않은 것은?

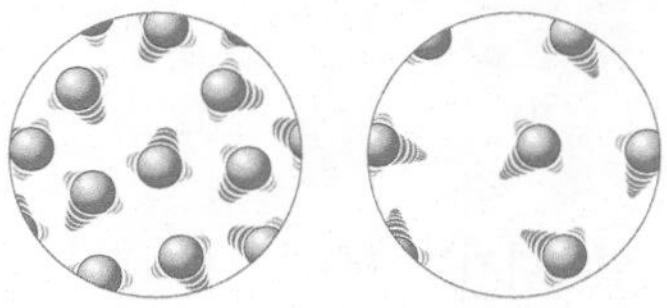

① (가)는 (나)보다 온도가 낮다.
② (나)는 (가)보다 분자 운동이 활발하다.
③ (가)의 상태가 액체라면 (나)의 상태는 고체이다.
④ 0 K에서는 (가)와 (나) 모두 분자 운동을 멈춘다.
⑤ (나)의 온도가 (가)와 동일해지면 (가)와 (나)의 분자 운동 속도가 서로 같아진다.

12 열에너지에 대한 다음 〈보기〉의 설명 중 옳은 것만을 있는 대로 고른 것은?

〈 보기 〉

ㄱ. 물질을 가열하면 물질의 열에너지가 증가한다.
ㄴ. 물질의 상태에 따른 열에너지의 크기는 고체 < 액체 < 기체 순으로 크다.
ㄷ. 물질이 열에너지를 흡수하거나 방출하면 항상 상태 변화가 일어난다.

① ㄱ ② ㄴ ③ ㄷ
④ ㄱ, ㄴ ⑤ ㄴ, ㄷ

13 다음 물질 중 열에너지를 가장 많이 가지고 있는 것은?

① -10 ℃의 얼음 10 g ② 0 ℃의 얼음 10 g
③ 0 ℃의 물 10 g ④ 100 ℃의 물 10 g
⑤ 100 ℃의 수증기 10 g

14 그림은 물질의 세 가지 상태를 모형으로 나타낸 것이다. 같은 물질로 이루어진 (가) ~ (다)의 질량이 모두 같을 때, 이에 대한 설명으로 옳지 않은 것은?

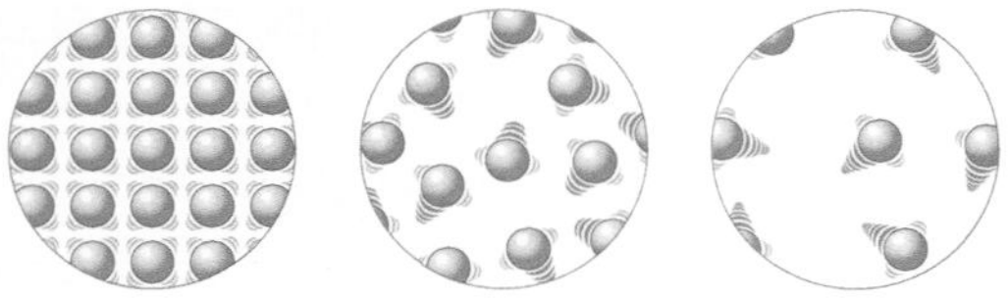
(가) (나) (다)

① 열에너지는 (다)가 (나)보다 크다.
② 열에너지의 크기는 (가)가 제일 작다.
③ (나)에서 (다)로 변할 때 외부로 열을 방출한다.
④ 나프탈렌은 (가)에서 (다)로 변하면서 열을 흡수한다.
⑤ (가)에서 (나)로 변할 때 물질 주위의 온도는 낮아진다.

[15~16] 다음은 물질의 상태 변화를 모형으로 나타낸 것이다.

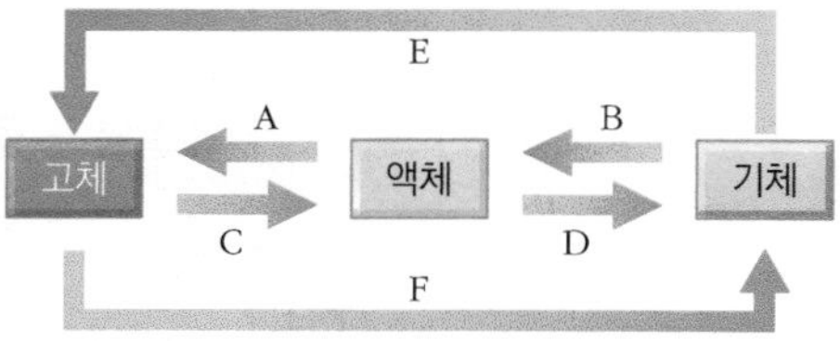

15 열에너지를 흡수하는 과정을 바르게 짝지은 것은?

① A, B, C ② A, C, F ③ A, D, F
④ C, D, F ⑤ D, E, F

16 다음에서 일어나는 현상과 상태 변화를 바르게 짝지은 것이 아닌 것은?

① A - 에스키모인들은 이글루에 물을 뿌려 집안을 따뜻하게 한다.
② B - 비가 오기 전에는 날씨가 후덥지근하다.
③ C - 얼음 위에 생선을 올려놓으면 생선을 오래 보관할 수 있다.
④ D - 분무식 살충제를 뿌리고 나면 살충제 통이 차갑다.
⑤ E - 드라이아이스가 든 용기 내의 아이스크림이 녹지 않는다.

17 다음 그림 (가)는 추운 날 생긴 입김이고, (나)는 드라이아이스 주변에 생긴 안개이다. (가)와 (나)에 대한 다음 설명 중 옳지 않은 것은?

(가)

(나)

① (가)에서 열을 방출하는 상태 변화가 일어난다.
② (나)에서 드라이아이스 고체는 열을 방출한다.
③ (가)의 입김은 날숨의 수증기가 액화한 것이다.
④ (나)의 안개는 드라이아이스의 승화열 흡수로 생긴 것이다.
⑤ (가)의 입김이 생길 때와 (나)의 안개가 생길 때는 열을 방출한다.

[18~19] 다음은 고체 상태인 어떤 물질의 가열·냉각 곡선을 나타낸 것이다. 그래프를 보고 물음에 답하시오.

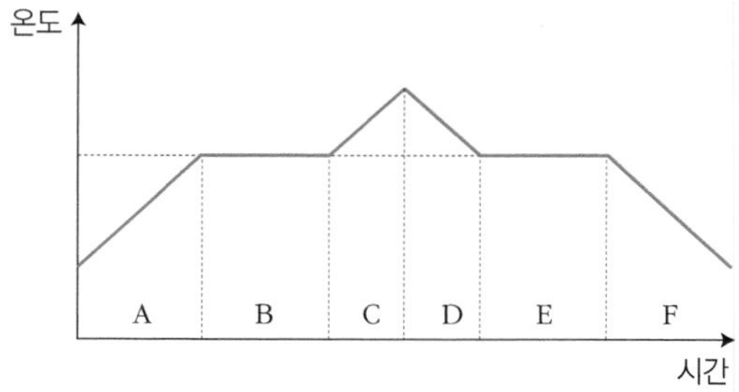

18 위 그래프에 대한 설명으로 옳은 것은?

① A 구간에서는 상태 변화가 일어난다.
② B 구간에서는 열에너지를 방출한다.
③ C 구간에서는 이 물질의 상태가 변한다.
④ D 구간에서의 온도를 어는점이라고 한다.
⑤ E 구간에서는 응고열을 방출한다.

19 A ~ F의 각 구간과 이 물질의 상태를 잘못 연결한 것은?

	구간	물질의 상태
①	A	고체
②	B	고체 + 액체
③	C	액체
④	D	기체
⑤	E	고체 + 액체

정답 및 해설 09쪽

20 다음 표는 여러 가지 물질의 녹는점과 끓는점이다. 상온(15 ℃)에서 고체로 존재하는 물질만을 있는 대로 고른 것은?

물질	녹는점(℃)	끓는점(℃)
A	-114	-78
B	114	184
C	-78	-33
D	0	100
E	-188	-42

① A　② B　③ E
④ A, E　⑤ B, D

C

21 다음 표는 1 기압에서 몇 가지 물질의 녹는점과 끓는점을 나타낸 것이다. 이에 대한 설명으로 옳지 않은 것은? (단, 상온은 15 ℃이다.)

물질	녹는점(℃)	끓는점(℃)
(가)	-210	-196
(나)	0	100
(다)	10.5	298.9

① 물질 (가)는 0 ℃에서 기체 상태이다.
② 물질 (나)는 상온에서 액체 상태이다.
③ 물질 (다)는 100 ℃에서 액체 상태이다.
④ 분자 사이의 인력이 가장 큰 물질은 (나)이다.
⑤ 상온에서 (나)와 (다)는 같은 상태로 존재한다.

22 다음 글은 냉장고의 원리를 설명한 것이다. 빈칸에 들어갈 말이 순서대로 바르게 연결된 것은?

냉장고의 전기 모터로 압축기를 작동시키면 기체 상태의 냉매가 압축되어 열을 방출하면서 (　　)된다. 액체 상태가 된 냉매는 냉장고의 증발기에서 (　　) 하면서 주변의 열을 빼앗아 온도를 낮추게 된다.

① 융해, 응고　② 응고, 융해
③ 액화, 기화　④ 기화, 액화
⑤ 승화, 승화

23 다음과 같이 열에너지를 가해 주었을 때 일어나는 상태 변화를 알아보기 위해 비커 속에 물을 넣고 얼음이 담긴 시계접시를 올려 놓은 후, 알코올 램프로 가열하는 실험을 하였다. 다음 중 (가) ~ (다) 에 대한 설명으로 옳지 않은 것은?

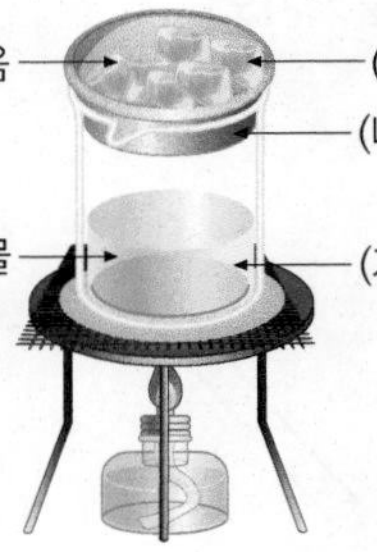

	구분	(가)	(나)	(다)
①	상태 변화	기화	액화	융해
②	열에너지	흡수	방출	흡수
③	물질의 부피	증가	감소	증가
④	분자 운동	활발해짐	둔해짐	활발해짐
⑤	분자 사이 인력	감소	증가	감소

[24~25] 다음 그림은 프로페인, 암모니아, 물, 에탄올이 각각 액체 상태로 존재하는 온도 구간을 나타낸 것이다. 물음에 답하시오.

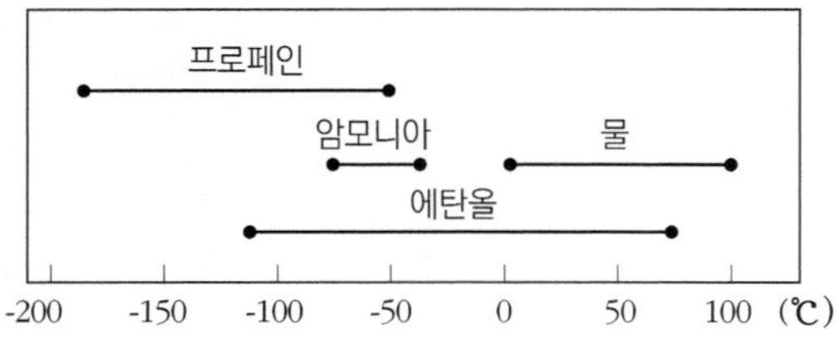

24 끓는점과 녹는점의 온도 차이가 가장 큰 물질은?

( )

25 -40 ℃에서 분자 사이의 거리가 가장 먼 상태로 존재하는 물질은?

( )

26 다음은 물질의 상태 변화를 나타낸 것이다. A ~ F 중 에스키모인들이 추위를 견디기 위해 이글루에 물을 뿌리는 것과 관련이 있는 상태 변화는 어떤 것인지 기호를 쓰고, 추위를 견디기 위해 이글루에 물을 뿌리는 이유를 쓰시오.

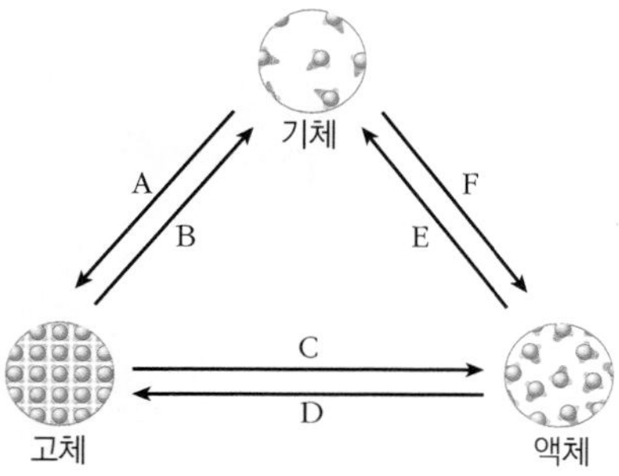

27 다음 그래프는 어떤 액체 물질을 냉각시키면서 시간에 따른 온도 변화를 측정하여 나타낸 것이다. 이 그래프의 B 구간에서 온도가 일정한 이유를 서술하시오.

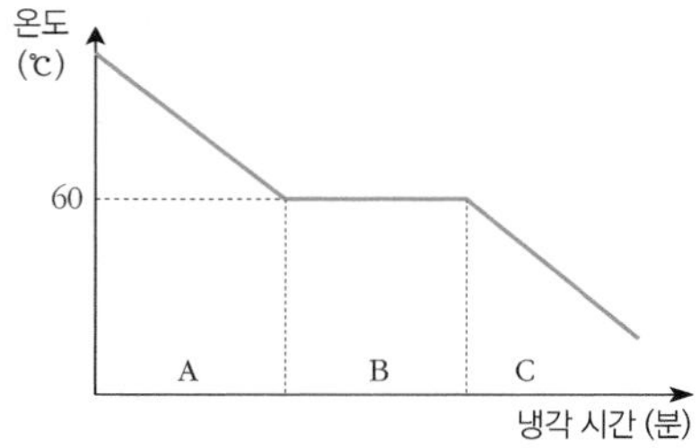

28 건조하고 더운 날씨에서 생활하던 고대 이집트인들은 다음과 같은 방법으로 시원한 물을 얻었다고 한다. 이러한 현상이 일어나는 이유를 서술하시오.

> 고대 이집트인들은 흙으로 그릇을 빚어 굽지 않고 사용했다. 이렇게 만든 그릇에는 매우 작은 구멍이 많이 나 있어서 흙 그릇에 물을 가득 채워두면 이 구멍으로 물이 조금씩 새어 나온다. 여기에 부채질을 하면 어느 정도 시간이 지난 후 물이 시원해진다.

정답 및 해설 09쪽

29 다음 그림과 같이 같은 질량의 0 ℃의 얼음과 0 ℃의 물이 있다. 이들의 열에너지의 크기를 비교하고, 그렇게 생각하는 이유를 쓰시오.

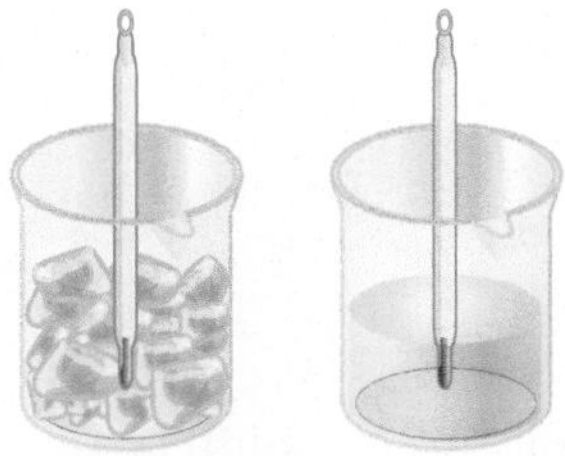

▲0℃의 얼음　▲0℃의 물

30 다음 그림은 온도가 서로 다른 물체 사이에서 열이 이동하는 모습을 나타낸 것이다. (가)와 (나)의 분자 운동을 비교하고, 시간이 흐르면 각각의 분자 운동이 어떻게 변하게 되는지 서술하시오. (단, (가)와 (나)는 같은 물질이고, (가)가 (나)보다 고온이다.)

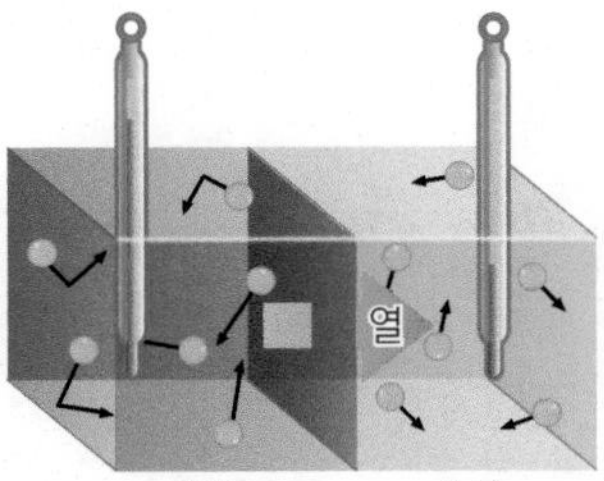

(가)　(나)

창의력 서술

31 다음은 라바 램프(Lava Lamp)에 대한 설명이다.

> 라바 램프(Lave Lamp)는 1950년대 영국인 에드워드 크레이븐 워커에 의해 처음 발명되었다. 이것은 병 안에 투명한 액체와 왁스가 담겨 있는데, 전구를 켜면 전구의 열을 받은 왁스가 병의 위쪽으로 상승했다가 다시 내려오고를 반복한다. 이것이 마치 용암의 움직임과 비슷하기 때문에 라바 램프라는 이름이 붙었다.
>
> 

라바 램프의 왁스가 상승하는 이유를 쓰시오.

32 다음 그림은 늦가을에 내린 서리의 모습이다.

서리가 내린 아침은 추운데, 서리가 내린 날은 오히려 따뜻하다. 왜 그런지 이유를 서술하시오.

액체도 고체도 아닌 상태 : 액정(Liquid Crystal)

1. 결정질 고체(Crystalline solid)와 비결정질 고체(Amorphous solid)

얼음과 같은 결정질 고체는 원자나 분자, 이온이 먼 공간에 걸쳐 정해진 자리에 규칙적으로 배열되어 있는 것을 말한다. 그러나 유리와 같은 비결정질 고체는 규칙적인 배열이 없다. 결정은 결정질 고체의 규칙적인 분자 배열로 인해 빛을 쬐거나 전기를 통하면 배열 방향에 따라 다른 성질을 나타낸다.

액정(Liquid Crystal)은 액체와 고체의 중간 상태에 있는 물질이며, 분자의 배열이 어떤 방향으로는 불규칙적인 액체 상태와 같지만 다른 방향에서는 규칙적인 결정 상태를 나타낸다. 따라서 액정은 액체와 고체의 중간적인 성질을 가지는 '제 4의 물질 상태'라고 할 수 있다.
우리 생활에서 쉽게 볼 수 있는 액정의 예로는 LCD(Liquid Crystal Display)이며 컴퓨터 모니터, TV로도 이용되는 것을 쉽게 볼 수 있다.

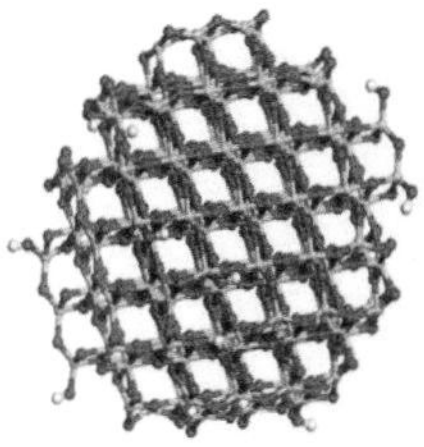
▲ 결정질 고체
(원자가 규칙적인 배열을 하고 있다)

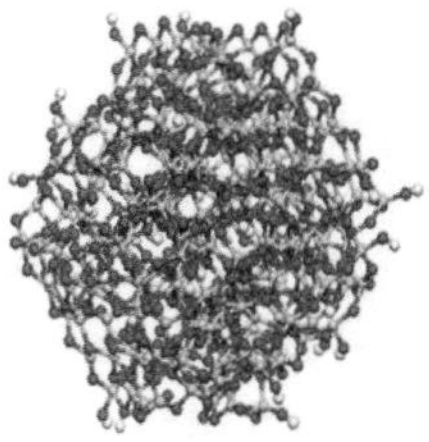
▲ 비결정질 고체
(원자가 흩어져 있는 상태이다)

2. LCD의 원리

두 개의 편광판 사이에 액정을 주입하고 백라이트(빛)를 비추어주는 원리이며, 빛을 통과시키면 흰색이 화면에 나타나고 차단하면 검은색이 나타난다. 컬러 화면인 경우 빛의 3 원색의 막(컬러 필터)을 통과시키면 각각 그 색이 화면에 나타난다. 한 화소마다 빛의 3 원색에 해당하는 컬러 필터가 모두 들어 있으므로 색의 강도에 따라 화소 별로 다른 색깔이 나타날 수 있게 한다.

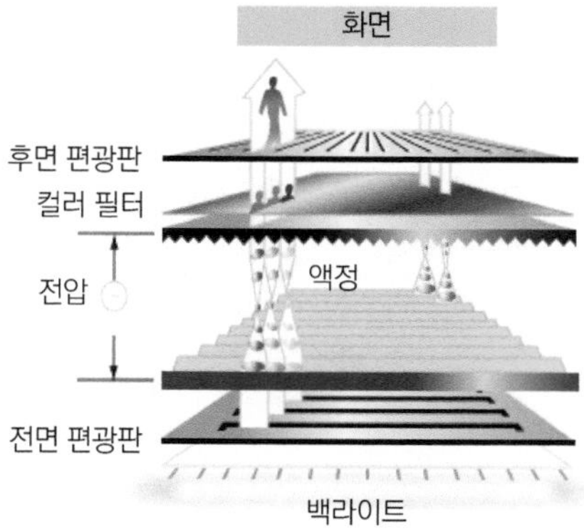

◀ LCD 구조

정답 및 해설 11쪽

3. 써모트로픽 액정(Thermotropic Liquid Crystal)

써모트로픽 액정은 가열 시 녹는점에서 액정 상태를 나타내며, 두 가지 흔한 구조에는 네마틱(nematic)과 스멕틱(smectic)이 있다. 네마틱 구조는 가늘고 긴 막대 모양 분자가 장축 방향을 일정하게 하여 불규칙적으로 배열된 상태로서, 정연한 층상 구조를 가지지 않는다. 스멕틱 구조는 가늘고 긴 막대 모양의 분자의 장축이 모두 평행하게 배열되어 널빤지 모양을 이룬 뒤, 이 판이 장축 방향으로 여러 겹이 쌓여 층상 구조를 이룬 것이다.

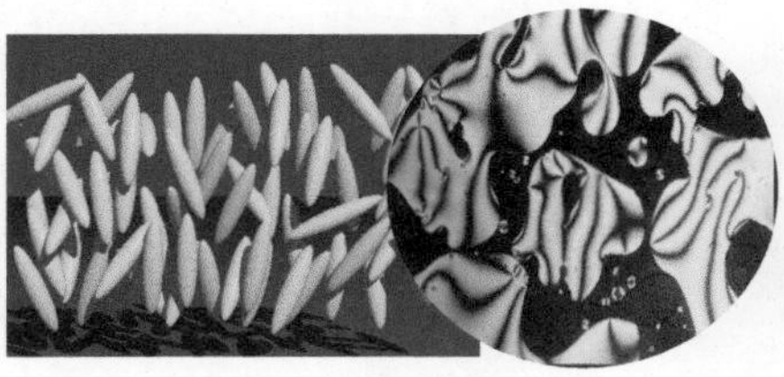

▲ 네마틱
(결정이 따로 행동,
분자 방향이 일정)

▲ 스멕틱
(결정이 층을 이룸,
분자 방향이 일정하지 않음)

써모트로픽 액정은 과학 기술 및 의약 분야에서 널리 활용되고 있다. 우리 주위에서 많이 사용되는 계산기나 전자 시계의 흑백 디스플레이는 이 액정의 성질을 이용한 것이다. 그 중에서 콜레스테릭(cholesteric) 액정이 있다. 콜레스테릭 액정은 온도에 따라 색상이 변하기 때문에 의료기관에서 인체의 온도를 정밀하게 측정하는데 사용된다. 국부 감염이나 암세포는 조직의 온도를 상승시키므로, 온도 차이에 민감한 콜레스테릭 액정의 색 변화가 의사에게 감염여부나 암덩어리의 존재 여부를 알려줄 수 있다.

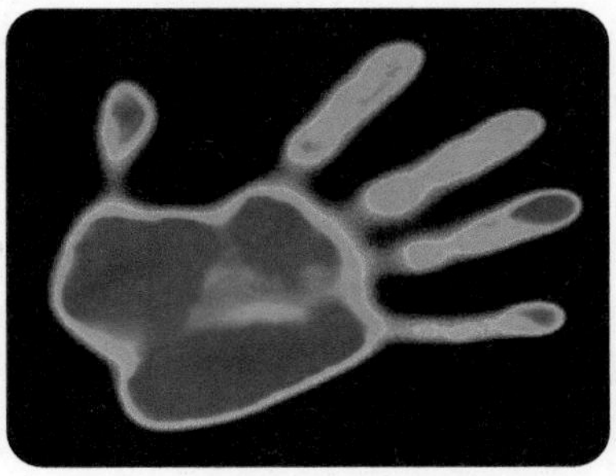

◀ 콜레스테릭(Cholesteric) 액정을 이용한 사진. 빨간색은 높은 온도, 파란색은 낮은 온도를 나타냄.

Q1 **유리를 장시간 동안 세워 놓으면 녹아내리듯이 모양이 변하는 것을 볼 수 있다. 이 현상이 나타나는 이유를 추리해 보시오.**

Q2 **LCD 모니터는 두 장의 유리판 사이에 액정을 주입하여 빛을 통과시켜 주는 원리로 만들었다. LCD에는 네마틱, 스멕틱, 콜레스테릭 액정 중에서 어떤 액정이 적합할까? 그 이유도 생각하여 서술하시오.**

Project 1 - 탐구

[탐구-1] 아이오딘 승화 실험

준비물 둥근 바닥 플라스크, 비커, 알코올 램프, 삼발이, 얼음 조각, 물, 아이오딘

탐구 과정

① 아이오딘이 들어 있는 비커와 얼음물이 들어 있는 둥근 바닥 플라스크를 준비한다.

② 아이오딘이 들어 있는 비커 위에 얼음물이 들어 있는 둥근 바닥 플라스크를 올려 놓는다.

③ 알코올 램프로 비커를 서서히 가열한다.

④ 비커 안의 아이오딘의 상태 변화와 플라스크의 얼음의 상태 변화를 관찰한다.

탐구 결과

① 비커 안 아이오딘의 상태 변화

고 체 ➡ ㉠(　　　　) ➡ ㉡(　　　　)

㉢[　　] 　　　　 ㉣[　　]

② 얼음의 상태 변화

고 체 ➡ (　　　　)

정답 및 해설 11쪽

탐구 문제

1. 이 실험의 목적이 무엇인지 쓰시오.

2. 실험에서 생성된 보라색 기체와 플라스크 밑 부분에 달라붙은 길죽한 결정은 무엇인가? 그리고 이 결정은 알코올 램프의 불을 껐을 때 어떻게 변화하는가?

3. 아이오딘과 같은 상태 변화를 일으키는 물질을 쓰시오.

4. 아이오딘 승화 실험에 대한 질문에 답하시오.

(1) 아이오딘이 고체에서 기체로 승화되었을 때 분자 운동은 어떻게 변할까?

(2) 아이오딘이 승화되었다는 것을 확인할 수 있는 방법에는 무엇이 있을까?

5. 비커 안의 아이오딘이 고체에서 액체를 거치지 않고 기체로 되는 이유를 서술하시오.

Project 1 - 탐구

[탐구-2] 물이 응고될 때의 온도

준비물 비커, 시험관, 온도계, 집게, 물, 고무마개, 얼음, 소금

탐구 과정

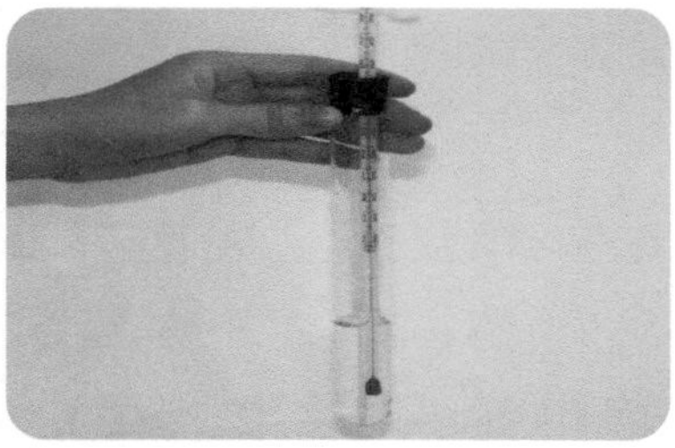

① 시험관에 물 5 mL를 넣고 온도계를 꽂은 고무마개로 입구를 막는다.

② 시험관을 얼음이 담긴 비커에 넣고 고정한다.

③ 얼음에 소금을 넣는다.

④ 시험관 안의 물의 상태를 관찰하면서 1분 간격으로 온도를 측정한다.

실험 결과

(1) 물의 상태를 관찰하면서 1 분 간격으로 측정한 온도를 다음의 표에 기록하시오.

시간(분)	1	2	3	4	5	6	7	8	9	10
온도(℃)										

(2) 위의 표에 나타난 온도 변화를 다음의 그래프에 나타내시오.

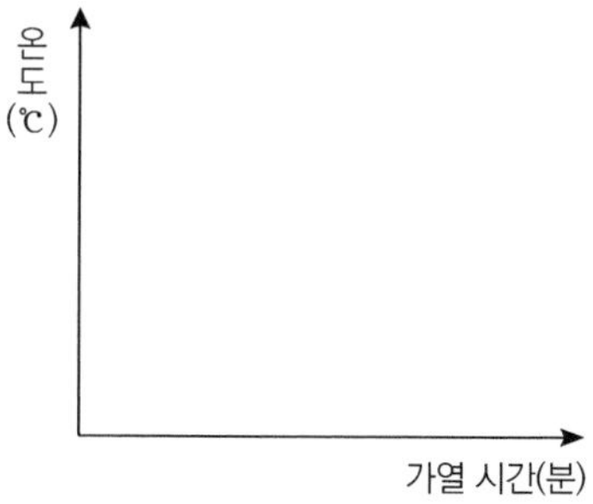

정답 및 해설 11쪽

탐구 문제

1. 얼음이 담긴 비커에 소금을 넣어 주는 이유는 무엇인가?

2. 액체의 온도를 측정할 때에는 온도계가 시험관 바닥에 닿지 않도록 해야 한다. 그 이유는 무엇인가?

3. 실험 결과 (2) 번의 그래프에서 온도가 일정한 구간이 나타난다. 그 구간에서 온도가 일정해지는 이유와 그 때 일어나는 변화에 대하여 서술하시오.

4. 두 개의 컵에 같은 양의 35°C의 찬물과 100°C의 뜨거운 물을 각각 담고 냉동실에 넣었더니 찬물보다 뜨거운 물이 더 빨리 얼었다. 그 이유는 무엇인지 서술하시오.

Ⅱ 분자 운동과 기체

기체의 온도와 압력이 동시에 증가하면 부피는 어찌될까?

4강. 분자의 운동

1. 분자 운동

(1) 분자 운동 : 물질을 이루는 분자들은 정지해 있지 않고 스스로 끊임없이 운동한다. 이러한 분자들의 운동을 분자 운동이라고 한다.

① 분자 운동의 증거 : 증발, 확산 등

② 분자 운동의 빠르기

온도	상태	분자량
높을수록 빠르다	고체 < 액체 < 기체 순으로 빠르다	작을수록 빠르다

(2) 브라운 운동 : 액체나 기체 속에서 작은 입자들이 불규칙하게 운동하는 현상으로 액체나 기체의 분자 운동 때문에 나타난다. 로버트 브라운이 발견하였다.

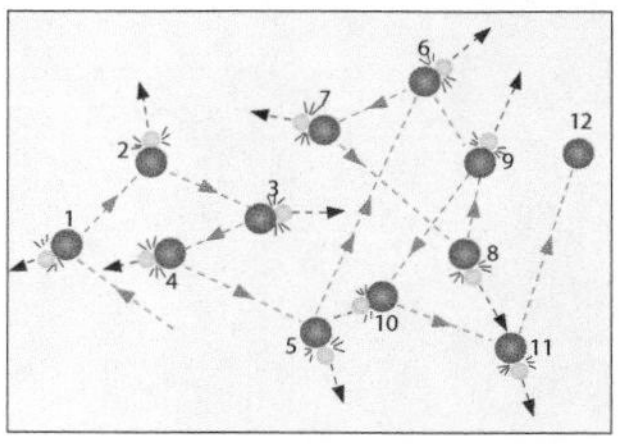

분자들이 움직이면서 다른 분자들과 충돌하거나 벽면에 부딪혀 방향이 바뀌면서 움직임이 불규칙해진다. 이러한 분자들이 작은 입자에 충돌하면서 브라운 운동이 나타난다.

〈브라운 운동의 예〉

① 햇빛으로 본 먼지가 불규칙하게 움직인다.
⇒ 공기 분자와 먼지의 충돌

② 수면 위의 꽃가루가 불규칙하게 움직인다.
⇒ 물 분자와 꽃가루의 충돌

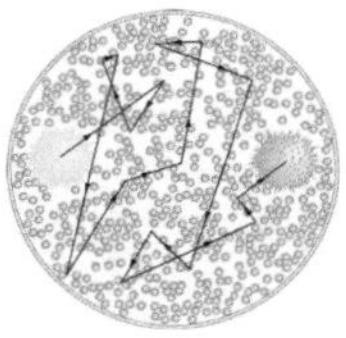

▲ 물 위에서 꽃가루의 브라운 운동

개념확인 1 **다음 빈칸에 알맞은 말을 써 넣으시오.**

분자가 스스로 운동한다는 것은 ㉠(　　　), ㉡(　　　)을 보고 확인할 수 있다.

확인 +1 **다음 중 분자 운동에 대한 설명으로 옳은 것은?**

① 분자는 앞으로 곧게 나아가는 운동만 한다.
② 분자의 질량이 클수록 움직임이 활발하다.
③ 온도가 높을수록 분자 운동 속도가 빨라진다.
④ 분자는 외부에서 열이 가해질 때만 움직인다.
⑤ 분자 운동의 빠르기는 분자의 종류와 무관하다.

분자 운동의 종류

① 병진 운동
다른 위치로 불규칙하게 평행 이동하는 운동

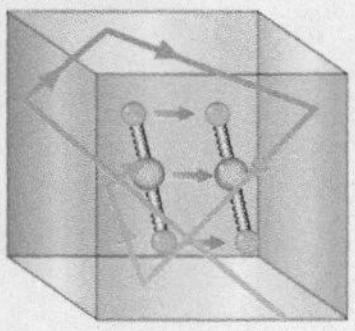

② 회전 운동
팽이처럼 한 정점 주위를 원을 그리며 회전하는 운동

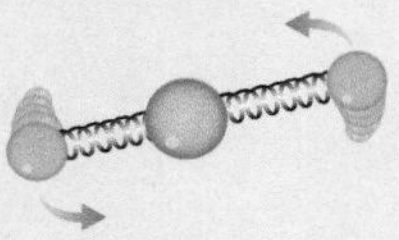

③ 진동 운동
분자를 이루는 원자들의 떨림이 일어나는 운동

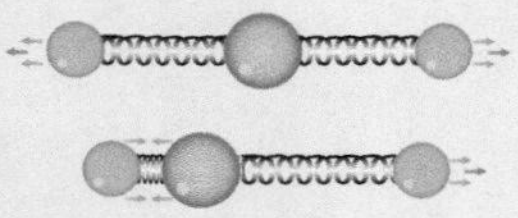

브라운 운동의 예

▲ 햇빛에 비친 먼지 입자의 움직임

미니사전
충돌 [衝 찌르다 突 갑자기] 움직이는 두 물체가 접촉하는 순간에 서로의 압력으로 움직임의 상태가 변하는 일

2. 분자 운동의 증거 1 - 확산

(1) 확산 : 물질을 이루는 분자들이 스스로 운동하여 다른 물질 속으로 퍼져 나가는 현상이다.

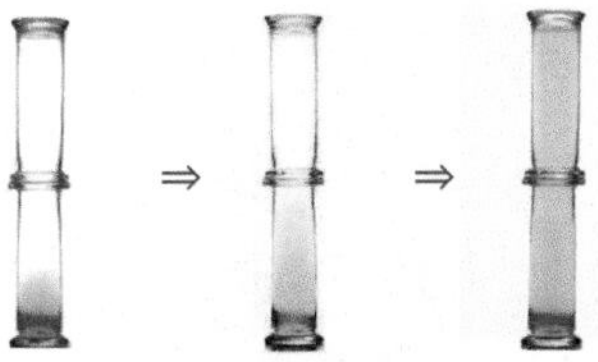

▲ 브로민(기체)의 확산

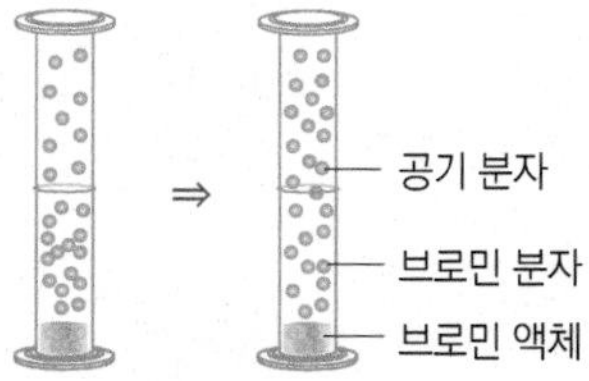

▲ 브로민의 확산 모형

(2) 확산이 일어나는 방향 : 농도가 높은 쪽에서 낮은 쪽으로 퍼져 나간다.

(3) 확산 속도의 빠르기 : 확산은 분자의 움직임이 활발할 때 잘 일어난다.

온도	분자량	물질의 상태	매질
높을 때 > 낮을 때	작을 때 > 클 때	기체 > 액체 > 고체	진공 > 기체 > 액체

(4) 생활 속의 확산 현상

기체 속에서의 확산	액체 속에서의 확산
	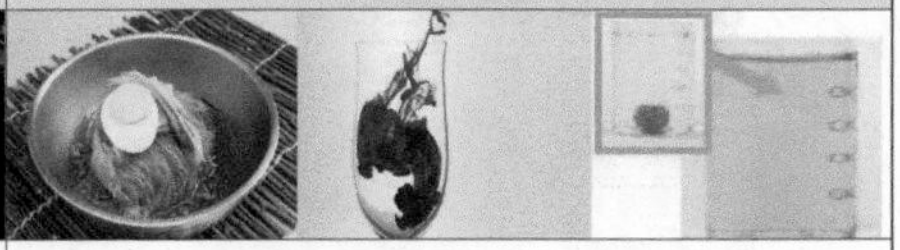
· 꽃향기가 방 전체로 퍼진다. · 고기 굽는 냄새가 멀리에서도 난다. · 마약탐지견은 냄새로 마약을 찾아낸다. · 모기향 연기가 방 전체로 퍼져 나간다.	· 냉면 위에 식초를 떨어뜨리면 냉면 전체에서 신맛이 난다. · 잉크를 물에 떨어뜨리면 물 전체로 퍼진다. · 각설탕을 물에 넣으면 물 전체에서 단맛이 난다.

간단실험

〈암모니아의 확산〉

① 암모니아가 담긴 시험관 위에 pH 시험지를 가져다 댄다.

② pH 시험지의 색 변화를 관찰한다.

기체 분자의 확산과 분출

· 확산

기체 분자가 스스로 운동하여 다른 기체 속으로 퍼져 나가는 현상

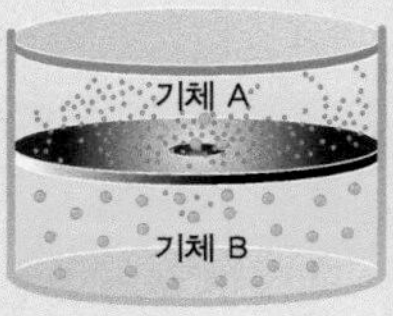

· 분출

기체가 분자 운동에 의해 작은 구멍을 통해 기압이 더 낮은 곳으로 빠져 나가는 현상

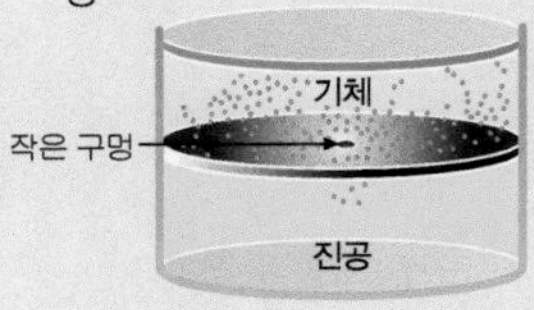

정답 및 해설 12쪽

개념확인 2 **확산에 대한 설명으로 옳지 않은 것은?**

① 분자 운동에 의해 나타나는 현상이다.
② 분자가 작고 가벼울수록 확산 속도가 빠르다.
③ 온도가 높을수록 분자 운동이 활발해져 확산 속도가 빠르다
④ 물질의 상태가 고체 > 액체 > 기체 순으로 확산 속도가 빠르다.
⑤ 진공 속에서는 진행을 방해하는 물질이 없어 확산 속도가 빠르다.

확인 +2 **오른쪽 그림은 물에 떨어뜨린 잉크가 물 전체로 퍼져 나가는 모습을 나타낸 것이다. 잉크가 더 빨리 퍼져 나갈 수 있는 방법만을 있는 대로 고르시오. (2개)**

① 물의 온도를 낮게 한다.
② 물의 온도를 높게 한다.
③ 물 대신 소금물을 사용한다.
④ 온도가 낮은 잉크를 넣어 준다.
⑤ 온도가 높은 잉크를 넣어 준다.

3. 분자 운동의 증거 2 - 증발

(1) 증발 : 액체 상태의 분자 일부가 액체 표면에서 떨어져 나와 기체 상태로 변하여 공기 중으로 날아가는 현상이다.

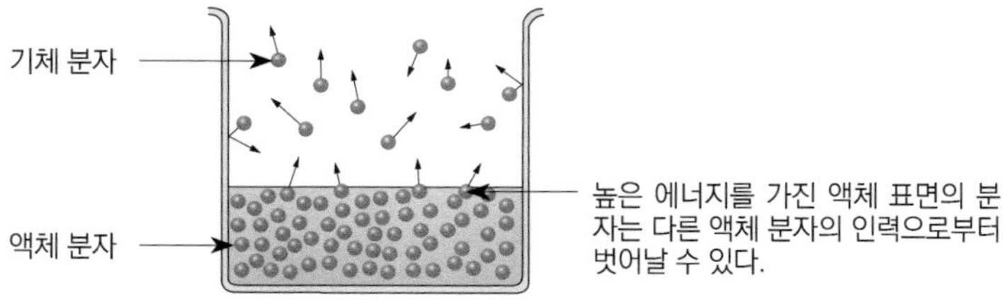

(2) 증발의 빠르기 비교

온도	습도	바람	표면적	분자 사이의 인력
높을 때>낮을 때	낮을 때>높을 때	강할 때>약할 때	넓을 때>좁을 때	약할 때>강할 때

여름>겨울	맑은 날>비오는 날	바람 강한 날>바람이 없는 날	공기와 넓게 접촉>공기와 좁게 접촉	인력이 약한 아세톤이 물보다 빨리 증발한다

(3) 생활 속의 증발 현상

- 고추를 햇빛에 널어 두면 마른다.
- 젖은 머리 카락의 물이 마른다.
- 오랜 가뭄으로 땅이 갈라진다.
- 풀잎에 맺힌 이슬이 한낮이 되면 사라진다.
- 젖은 빨래가 마른다.
- 비온 뒤 젖어 있던 운동장이 마른다.
- 청소 후 교실 바닥에 남아 있던 물이 사라진다.

분자의 평균 운동 속도
분자가 같은 곳에 있더라도 운동 속도가 더 빠른 것도 있고, 더 느린 것도 있다. 분자의 운동 속도를 말할 때는 평균 운동 속도를 말한다.

생각해보기★
더 큰 운동 에너지를 가지는 분자가 표면에서 액체로부터 달아나는 것을 증발이라고 한다. 그렇다면 기체 중에 운동 에너지가 작은 분자는 액체에 다시 잡혀 액체로 변할 수도 있을까?

개념확인 3

다음 〈보기〉의 현상에서 공통으로 일어나는 분자 운동의 종류를 쓰시오.

〈 보기 〉

- 오랜 가뭄으로 논 바닥이 갈라졌다.
- 머리를 감고 말려주지 않아도 머리카락의 물이 저절로 마른다.

확인 +3

다음 괄호 안에 알맞은 말을 써 넣으시오.

증발은 온도가 ㉠(　　　)수록, 습도가 ㉡(　　　)수록, 표면적이 ㉢(　　　)수록, 바람이 강하게 불수록 잘 일어난다.

4. 증발과 끓음

(1) 증발 : 온도와 무관하게 액체 표면에서 일어나는 기화 현상이다.

(2) 끓음 : 끓는점 이상의 온도에서 액체 전체적으로 일어나는 기화 현상이다.

(3) 증발과 끓음의 비교

	증발	끓음
모형	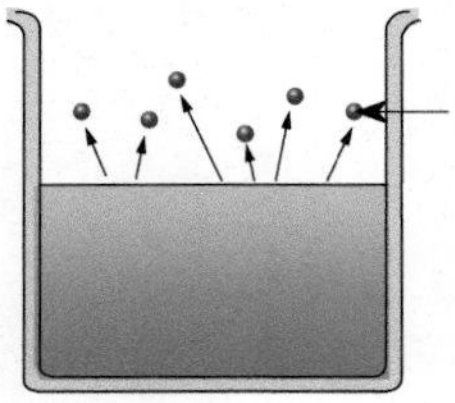	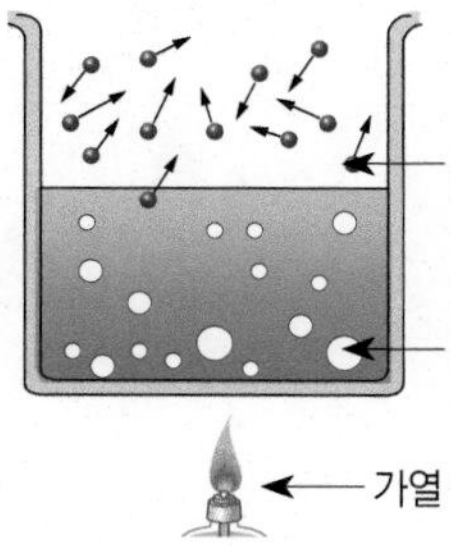
발생 장소	액체 표면	액체 전체 (표면 + 내부)
기포 생성	액체 내부에 기포가 생성되지 않는다.	액체 내부에 기포가 생성된다.
온도	모든 온도	끓는점(액체가 끓기 시작하는 온도) 이상의 온도
기화 속도	천천히 일어난다.	급격하게 일어난다.
원인	에너지가 큰 분자가 액체 표면에서 공기 중으로 날아간다.	액체 내부의 분자가 외부의 열을 얻어서 액체 내부에서 기화(기포 생성)한다.

정답 및 해설 12쪽

개념확인 4

증발과 끓음 현상에서 공통으로 나타나는 물질의 상태 변화를 쓰시오.

( )

확인 +4

다음 증발에 대한 설명으로 옳은 것은 ○표, 옳지 않은 것은 ×표 하시오.

(1) 증발은 기화 현상이다. ( )

(2) 증발은 온도가 높을 때에만 일어난다. ( )

(3) 분자 사이의 인력이 작을수록 잘 일어난다. ( )

(4) 증발은 끓는점과 마찬가지로 액체 내부에서도 일어난다. ( )

생각해보기★★

주사기에 따뜻한 물을 넣고 주사기 끝을 막은 후 피스톤을 뒤로 당기면 물의 내부에서 기포가 생긴다. 이것도 끓는 것일까?

01 **다음 〈보기〉 중 분자 운동에 대한 설명으로 옳은 것만을 있는대로 고른 것은?**

〈 보기 〉
ㄱ. 분자는 모든 방향으로 움직인다.
ㄴ. 분자는 외부에서 열이 가해질 때만 움직인다.
ㄷ. 온도가 높을수록 분자의 움직임이 활발해진다.

① ㄱ ② ㄱ, ㄴ ③ ㄱ, ㄷ
④ ㄴ, ㄷ ⑤ ㄱ, ㄴ, ㄷ

02 **다음은 분자 운동으로 일어나는 여러 현상들을 나타낸 것이다. 나머지와 분자 운동의 종류가 다른 하나는?**

① 물에 커피를 넣으면 저절로 녹는다.
② 종이를 태우니 연기가 사방으로 퍼진다.
③ 제과점 옆을 지나면 빵 굽는 냄새가 난다.
④ 염전에 바닷물을 가두어 놓고 소금을 얻는다.
⑤ 한 쪽에 꽂아 놓은 꽃의 향기가 방 전체로 퍼진다.

03 **다음 그림과 같이 유리 막대에 페놀프탈레인을 몇 방울 떨어뜨린 솜을 세 단계로 끼우고 암모니아수가 담긴 유리병에 올려놓았더니 시간이 지나면서 솜의 색깔이 붉게 변했다. 실험에 대한 설명으로 옳은 것만을 있는 대로 고르시오. (2개)**

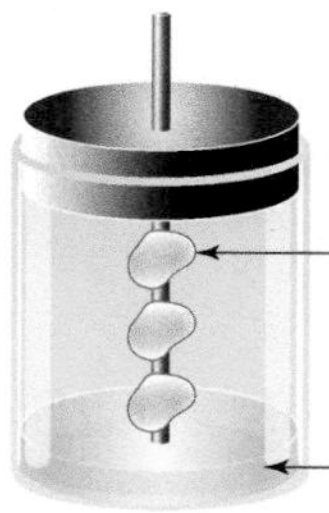

① 윗쪽의 솜부터 붉게 변한다.
② 분자 운동은 윗쪽으로만 일어난다.
③ 페놀프탈레인의 확산과 관계가 있다.
④ 암모니아수에서 증발한 암모니아가 확산한다.
⑤ 외부에서 가하는 열이 없어도 분자는 스스로 운동한다는 증거가 된다.

정답 및 해설 12쪽

04 **다음 중 증발이 잘 일어나는 조건으로 옳지 <u>않은</u> 것은?**

① 바람이 강할수록　② 온도가 높을수록　③ 습도가 높을수록
④ 표면적이 넓을수록　⑤ 분자 사이의 인력이 작을수록

05 **다음 〈보기〉 중 증발 현상과 관련 있는 것만을 있는 대로 골라 기호로 쓰시오.**

〈 보기 〉

ㄱ. 가뭄

ㄴ. 곶감

ㄷ. 물의 끓음

ㄹ. 냉면의 식초

06 **그림은 증발 가습기의 한 종류로, 나무를 얇게 잘라 여러 겹을 겹치지 않게 구부려 만들어 놓은 것으로 아랫 부분을 물에 담가 사용한다. 나무를 얇게 여러 겹 사용하는 것은 증발이 잘 되는 조건 중 어떤 조건을 활용한 것인가?**

① 온도가 높을수록 잘 일어난다.
② 습도가 낮을수록 잘 일어난다.
③ 표면적이 넓을수록 잘 일어난다.
④ 바람이 강하게 불수록 잘 일어난다.
⑤ 분자 간의 인력이 작을수록 잘 일어난다.

유형 익히기 & 하브루타

[유형4-1] 분자운동

다음의 현상이 일어나는 공통적인 원인은?

·젖은 빨래를 널어 두면 마른다. ·각설탕을 물에 넣으면 녹아서 보이지 않는다. ·방의 한쪽에 향수병을 놓아두면 방 전체에 향이 퍼진다.

① 분자의 크기가 작아지기 때문이다.
② 분자가 공기 중에서 없어지기 때문이다.
③ 분자가 다른 종류의 분자로 바뀌기 때문이다.
④ 분자가 스스로 움직이면서 운동하기 때문이다.
⑤ 온도가 높아져 분자 운동이 둔해지기 때문이다.

Tip!

01 **분자 운동에 대해 옳은 것만을 있는 대로 고르시오. (2개)**

① 분자는 스스로 움직인다.
② 분자는 가벼워서 윗쪽으로 올라간다.
③ 온도가 높을수록 분자 운동이 둔해진다.
④ 증발과 확산은 분자가 움직인다는 증거이다.
⑤ 물질의 상태가 기체일 때보다 고체일 때 분자의 움직임이 활발하다.

02 **다음 〈보기〉의 현상 중 분자가 외부의 자극 없이 스스로 움직이는 것과 관계있는 것만을 있는 대로 고른 것은?**

〈 보기 〉

ㄱ. 헬륨 풍선이 하늘 위로 날아 오른다.
ㄴ. 난로를 피우면 방 안 전체가 따뜻해진다.
ㄷ. 잉크를 물에 떨어뜨리면 물 전체로 퍼진다.

① ㄱ　　② ㄴ　　③ ㄷ
④ ㄱ, ㄴ　　⑤ ㄴ, ㄷ

정답 및 해설 12쪽

[유형4-2] 확산

오른쪽 그림은 확산 현상에 의해 굴뚝에서 나온 연기가 멀리 퍼져 나가는 모습을 나타낸 것이다. 확산 현상에 대한 설명으로 옳은 것만을 〈보기〉에서 있는 대로 골라 기호로 쓰시오.

〈 보기 〉

ㄱ. 온도가 높으면 확산이 잘 안 된다.
ㄴ. 진공 상태에서는 확산이 일어나지 않는다.
ㄷ. 물보다 수증기의 확산 속도가 더 빠르다.
ㄹ. 분자는 질량이 클수록 힘이 있어서 확산속도가 빠르다.

( )

03

엄마가 주방에서 요리를 하시면 방에서도 그 냄새를 맡을 수 있다. 이와 같은 원리로 설명할 수 있는 현상이 아닌 것은?

① 마약 탐지견이 냄새로 마약을 찾아낸다.
② 풀잎에 맺혀 있던 이슬이 한낮이 되면 사라진다.
③ 방 한 쪽에 꽃을 꽂아두면 방 전체로 향기가 퍼진다.
④ 냉면에 식초를 몇 방울 떨어뜨리면 냉면 전체에서 신맛이 난다.
⑤ 물에 잉크를 한 방울 떨어뜨리면 물 전체가 잉크 색으로 변한다.

Tip!

04

다음 글은 확산이 잘 일어나는 조건에 대한 것이다. 괄호 안에 들어갈 알맞은 말을 고르시오.

(1) 물질의 온도가 (낮을수록, 높을수록) 잘 일어난다.
(2) 물질의 상태가 (고체, 기체)일 때보다 액체일 때 잘 일어난다.
(3) 물질을 이루는 분자의 질량이 (작을수록, 클수록) 잘 일어난다.

[유형4-3] 증발

손 등에 물과 에탄올을 동시에 떨어뜨렸더니 에탄올은 금방 사라졌는데 물은 한참 후에 사라졌다. 다음은 이 현상에 대한 세 친구의 대화 내용을 나타낸 것이다. 옳은 말을 한 친구만를 있는 대로 고른 것은?

혜교 : 에탄올과 물은 증발해서 공기 중으로 사라진거야.
인성 : 에탄올 분자와 물 분자가 스스로 운동하고 있다는 증거가 된다.
범이 : 에탄올이 먼저 증발했으니까 물 분자의 질량보다 에탄올 분자의 질량이 작다는 것을 알 수 있지.

① 혜교 ② 인성 ③ 범이 ④ 혜교, 인성 ⑤ 인성, 범이

Tip!

05 증발에 대한 설명으로 옳은 것만을 있는 대로 고르시오. (2개)

① 기화 현상이다.
② 액체 표면에서만 일어난다.
③ 높은 온도에서만 일어난다.
④ 표면적이 적을수록 잘 일어난다.
⑤ 분자 사이의 인력이 강할수록 잘 일어난다.

06 청소를 하고 난 후 바닥에 남아 있던 물이 시간이 지나자 저절로 사라졌다. 바닥의 물이 저절로 사라지는 현상과 같은 원리로 설명할 수 있는 것만을 〈보기〉에서 있는 대로 고른 것은?

〈 보기 〉
ㄱ. 모기향 연기가 방 전체로 퍼져 나간다.
ㄴ. 어항의 물이 시간이 지나면서 점점 줄어든다.
ㄷ. 새벽에 풀잎에 맺힌 이슬이 한낮이 되어 사라진다.

① ㄱ ② ㄴ ③ ㄷ
④ ㄱ, ㄴ ⑤ ㄴ, ㄷ

정답 및 해설 12쪽

[유형4-4] 증발과 끓음

증발과 끓음은 모두 기화 현상이지만 차이가 있다. 증발과 끓음에 알맞은 모형과 설명을 선으로 연결하시오.

증발 ·

끓음 ·

·㉠

·㉡

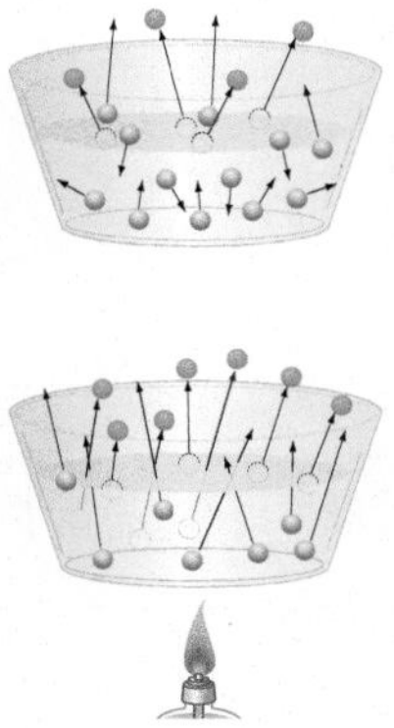

·① 끓는점 이상의 온도에서만 일어난다.

·② 외부에서 열을 가하지 않아도 일어난다.

·③ 액체 표면에서만 일어난다.

·④ 액체 전체(액체의 표면과 내부)에서 일어난다.

07

오른쪽 그림은 물에서 일어나는 어떤 현상을 나타낸 것이다. 이 현상에 대한 설명으로 옳지 <u>않은</u> 것은?

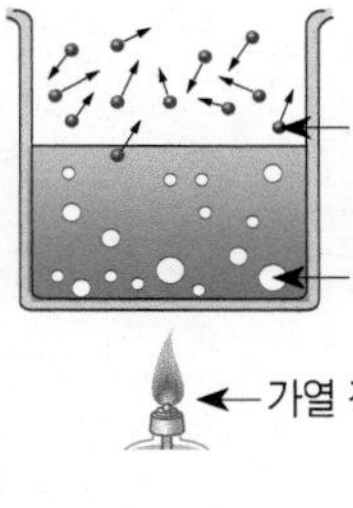

① 기화 현상이다.
② 물의 성질이 변하지 않는다.
③ 물은 내부와 표면에서 기화한다.
④ 100 ℃ 이상의 온도에서 일어난다.
⑤ 분자가 스스로 운동한다는 증거가 된다.

08

다음 〈보기〉 중 증발과 끓음에 대한 설명으로 옳은 것만을 있는 대로 고른 것은?

〈 보기 〉

ㄱ. 증발은 액체의 표면과 내부 모두에서 일어난다.
ㄴ. 끓음은 끓는점 이하의 온도에서도 일어난다.
ㄷ. 증발과 끓음 모두 액체에서 기체로 변화하는 기화 현상이다.

① ㄱ　② ㄴ　③ ㄷ
④ ㄱ, ㄴ　⑤ ㄴ, ㄷ

Tip!

01 다음 글을 읽고 물음에 답하시오.

크기, 재질, 모양이 모두 같은 두 컵에 동일한 양의 물을 담고, 하나는 뚜껑을 덮고 다른 하나는 뚜껑을 열어 두었다. 시간이 한참 지난 후에 보니 뚜껑을 덮어 두었던 물보다 뚜껑을 열어 두었던 컵의 물의 양이 적은 것을 확인하였다. 온도를 재보니, 뚜껑을 덮지 않은 컵의 물이 약간 더 낮은 것을 확인할 수 있었다.

▲ 뚜껑을 덮은 컵 ▲ 열어둔 컵

(1) 뚜껑을 덮지 않은 컵에 들어 있는 물의 양만 줄어든 이유를 다음 두 단어를 모두 사용하여 설명해 보시오.

증발, 확산

(2) 뚜껑을 덮지 않은 물의 온도가 더 낮아진 이유는 무엇인가?

정답 및 해설 13쪽

02 사해에 대한 다음 글을 읽고 물음에 답하시오.

사해는 이스라엘과 요르단에 걸쳐 있는 호수이다. 요르단 강으로부터 염분이 포함된 물이 계속해서 사해로 들어오는데 물이 밖으로 빠져나가는 출구는 없다. 시간이 지날수록 요르단 강으로부터 들어온 염분이 쌓여서 염분의 양이 점점 더 많아지고 있다. 현재는 염분의 양이 많아 물고기가 한 마리도 살지 못한다. 사해에서는 물의 진한 염분 농도로 인해 사람의 몸이 둥둥 떠오르는데 수영은 금지되어 있다. 그것은 염분이 많은 사해의 물이 눈에 들어가거나 상처에 닿으면 몹시 따갑고 아프기 때문이다. 현재 사해의 염분은 다른 바다 염분의 5배 이상이 되었다. 또한, 지하로 스며드는 물이 많지 않음에도 시간이 지날수록 수면의 높이도 점점 낮아지고 있다고 한다.

(1) 왜 사해(dead sea : 죽음의 바다)라는 이름이 붙었을까?

(2) 출구가 없고 강물은 계속 들어오고 있는데 수면의 높이가 점점 더 낮아지는 이유는 무엇일지 설명해 보시오.

03 **곤충들은 다른 곤충에게 위험을 알리거나, 먹이가 있는 곳을 알릴 때, 또는 짝짓기할 때 이성을 유인하기 위해 페로몬(pheromone)이라고 하는 화학 물질을 몸에서 분비한다. 같은 종류의 곤충이 아닌 다른 곤충들을 끌어들이지 않기 위해 곤충의 종류에 따라 사용되는 물질의 종류가 모두 다르다.**
페로몬은 화학적으로 비교적 간단한 물질로서 증발이 잘 되고, 매우 빠른 속도로 확산된다. 또 곤충들은 아주 적은 양의 페로몬도 감지할 수 있는데, 예를 들면 매미나방(집시나방)의 수컷은 10 km 밖에서도 암컷의 냄새를 맡을 수 있다고 한다.

(1) 매미나방 암컷이 액체 상태로 몸에서 배출한 페로몬을 통해 매미나방 수컷은 10 km 밖에서도 암컷의 위치를 알 수 있다고 한다. 수컷이 10 km 밖에서도 페로몬을 맡기 위해 페로몬은 어떤 특징을 가지고 있어야 하는지 쓰시오.

(2) 곤충 페로몬은 자연을 오염시키지 않는 새로운 해충 방제법으로 기대를 모으고 있다. 짝짓기할 때 분비하는 페로몬을 이용해 해충을 제거하는 방법을 추리하여 서술해 보시오.

정답 및 해설 14쪽

04 **다음 그래프는 어떤 온도에서 산소 분자의 운동 속도 분포에 따른 분자 수를 나타내는 것이다. 일정한 온도에서 분자들은 운동 에너지의 크기가 비교적 비슷하지만, 분자들 중 일부는 운동 에너지가 매우 크고, 또 다른 일부는 운동 에너지가 매우 작다. 분자들의 운동 에너지는 온도가 높아지면 전체적으로 운동 속도가 증가하고, 온도가 낮아지면 전체적으로 운동 속도가 줄어든다.**

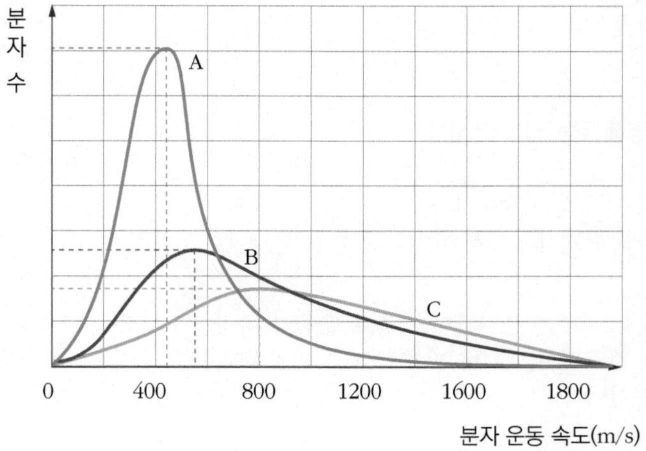

(1) A ~ C 의 온도를 비교하고 그렇게 생각하는 이유를 쓰시오.

(2) 증발 현상은 액체 표면에 있던 운동 속도가 큰 분자가 액체로부터 벗어나 공기 중으로 날아가는 현상을 말한다. 이 현상이 일어날 때 액체의 온도는 어떻게 변화되는지 온도와 분자의 운동 속도를 비교하여 설명하시오.

A

01 다음 (　　) 안에 알맞은 말을 써 넣으시오.

(1) 물질의 성질을 갖는 가장 작은 입자를 (　　　) 라고 한다.

(2) (　　　　)은 물질을 이루는 분자들이 끊임없이 스스로 움직이는 현상이다.

(3) 분자 운동의 증거로는 ㉠(　　　), ㉡(　　　) 이 있다.

02 다음 설명에 맞는 답을 쓰시오.

(1) 액체 상태의 분자들이 스스로 운동하여 액체 표면에서 공기 중으로 날아가는 현상이다. (　　　　)

(2) 물질을 이루는 분자들이 스스로 운동하여 방향에 관계없이 액체나 기체 속으로 퍼져 나가는 현상이다. (　　　　)

03 다음은 증발과 끓음에 대한 설명을 나타낸 글이다. 빈칸에 알맞은 말을 써 넣으시오.

> 증발은 온도와 상관없이 액체 ㉠(　　　)에서 일어나는 현상이고, 끓음은 ㉡(　　　) 이상의 온도에서 액체 ㉢(　　　)에서 기화가 일어나는 현상이다.

04 다음 중 분자 운동에 대한 설명으로 옳지 않은 것은?

① 분자 운동의 증거로는 증발과 확산이 있다.
② 물질을 이루고 있는 분자들은 스스로 움직인다.
③ 물질의 온도가 높을수록 분자의 움직임이 활발하다.
④ 물질의 상태가 고체 < 액체 < 기체 순으로 분자 운동이 빠르다.
⑤ 같은 온도에서 물질의 상태가 같으면 질량이 큰 분자일수록 빠르게 움직인다.

05 다음 그림은 온도가 다른 물에 같은 양의 잉크를 동시에 떨어뜨리고 관찰한 모습이다. 이에 대한 설명으로 옳은 것은?

(가)　　(나)

① 그림은 잉크의 확산 현상이다.
② (가)에서 분자 운동이 더 활발하다.
③ (나)에 들어 있는 물의 온도가 더 낮다.
④ 물의 온도가 낮을수록 더 빠르게 확산된다.
⑤ 물과 잉크가 섞일 때 잉크 분자들만 움직인다.

06 다음 모형은 각설탕 분자가 물속으로 확산되어 가는 모습을 순서없이 나열한 것이다. 각설탕이 물에 녹아 확산되는 모습을 순서대로 바르게 나열하여 기호로 쓰시오.

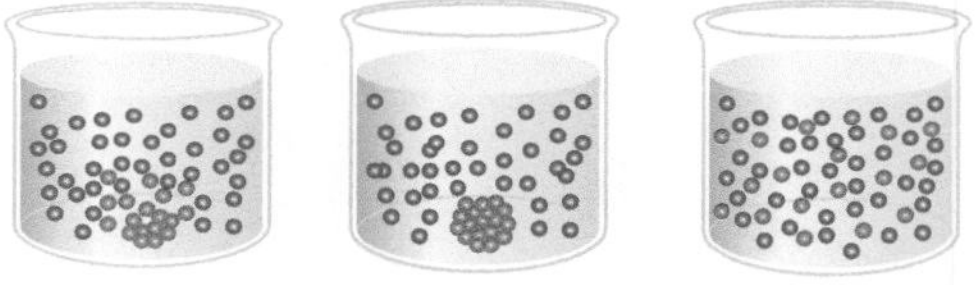
(가)　　(나)　　(다)

07 다음 중 증발이 잘 일어나는 조건으로 옳지 않은 것은?

① 온도가 높을수록
② 습도가 낮을수록
③ 바람이 강할수록
④ 표면적이 작을수록
⑤ 분자 사이의 인력이 작을수록

정답 및 해설 14쪽

08 다음 〈보기〉 중 확산과 관련있는 현상만을 있는 대로 고른 것은?

〈 보기 〉

ㄱ. 가열한 열기구가 하늘로 떠오른다.
ㄴ. 마약 탐지견은 냄새로 마약을 찾아낸다.
ㄷ. 방 한쪽에 향초를 켜 놓으면 방 전체에서 향이 난다.

① ㄱ ② ㄴ ③ ㄱ, ㄷ
④ ㄴ, ㄷ ⑤ ㄱ, ㄴ, ㄷ

09 다음 그림과 같이 겨울철 실내가 건조할 때 어항이나 수경 재배 화분을 두어 실내 습도를 높이는 방법을 사용하기도 한다. 이에 대한 설명으로 옳은 것만을 있는 대로 고르시오.(2개)

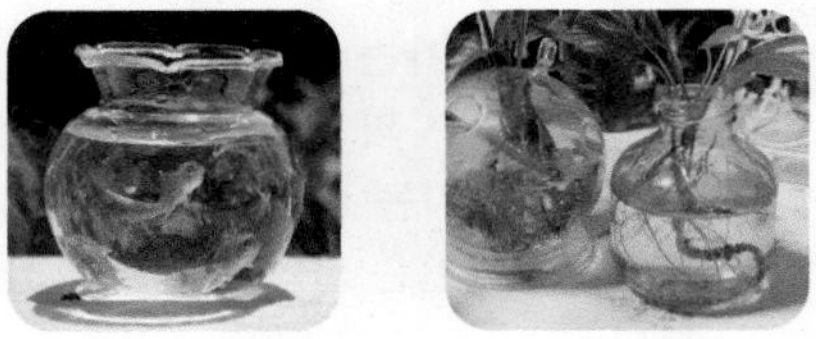

① 물의 확산 현상을 이용한 것이다.
② 온도가 낮을수록 증발이 잘 일어난다.
③ 실내가 건조할수록 어항의 물이 많이 줄어든다.
④ 실내에 젖은 빨래를 널어 두면 같은 효과를 낸다.
⑤ 물이 공기와 닿는 면적이 작을수록 증발이 잘 일어난다.

10 다음 그림과 같은 세 종류의 그릇이 있다. 같은 온도와 같은 양의 물을 담고, 시간이 지난 후 물이 많이 남아 있을 것으로 예상되는 순서를 차례대로 쓰시오. (단, 그릇의 재질은 모두 같고, 그릇 윗 부분의 넓이는 (가) < (나) < (다) 순으로 넓어진다.)

(가) (나) (다)

B

[11~12] 다음 그림은 윗접시 저울 위에 거름종이를 올려 놓고 수평을 맞춘 후 한쪽 거름종이에만 에탄올을 2 ~ 3 방울 떨어뜨렸더니 저울이 에탄올을 떨어뜨린 쪽으로 기울어진 모습을 나타낸 것이다.

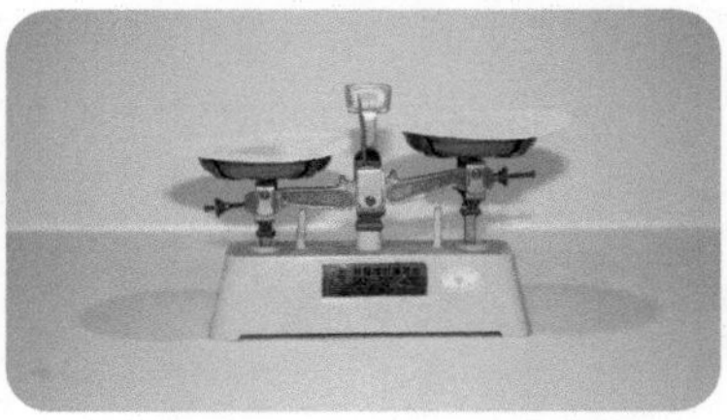

11 위 실험에 대한 설명으로 옳지 않은 것은?

① 시간이 지나면 에탄올이 사라지면서 수평이 된다.
② 에탄올 분자는 액체 표면에서 기화되어 공기 중으로 날아간다.
③ 분자가 스스로 끊임없이 움직이고 있다는 증거이다.
④ 에탄올 대신 아세톤을 사용해도 같은 결과를 얻는다.
⑤ 에탄올 대신 물을 사용하면 위와 같은 변화는 나타나지 않는다.

12 위 실험의 결과를 더 빨리 얻기 위한 방법만을 〈보기〉에서 있는 대로 고른 것은?

〈 보기 〉

ㄱ. 거름종이 주변에 바람을 일으킨다.
ㄴ. 거름종이 주변의 온도를 높게 한다.
ㄷ. 온도가 높은 에탄올을 사용한다.

① ㄱ ② ㄴ ③ ㄱ, ㄷ
④ ㄴ, ㄷ ⑤ ㄱ, ㄴ, ㄷ

13 오른쪽 그림은 염전에서 소금을 거둬들이고 있는 모습이다. 바닷물로부터 소금이 가장 빨리 나타나는 것은 다음 중 어느 때인가?

① 온도가 높고, 습도가 높은 날
② 온도가 높고, 강한 바람이 부는 날
③ 온도가 낮고, 산들바람이 부는 날
④ 습도가 높고, 강한 바람이 부는 날
⑤ 온도가 낮고, 강한 바람이 부는 날

14 증발과 끓음에 대한 다음 설명 중 옳지 않은 것은?

① 둘 다 기화 현상이다.
② 증발은 모든 온도에서 일어난다.
③ 끓음은 끓는점 이상의 온도에서 일어난다.
④ 증발은 액체의 표면에서 일어나는 현상이다.
⑤ 끓음은 액체의 내부에서만 일어나는 현상이다.

15 다음 그림과 같이 페트리 접시 위에 페놀프탈레인을 묻힌 솜을 십자 모양의 일정한 간격으로 올려 놓고, 페트리접시 가운데에 암모니아수 한 방울을 떨어뜨린 후 변화를 관찰하였다. 이 실험에 대한 다음 설명 중 옳지 않은 것은?

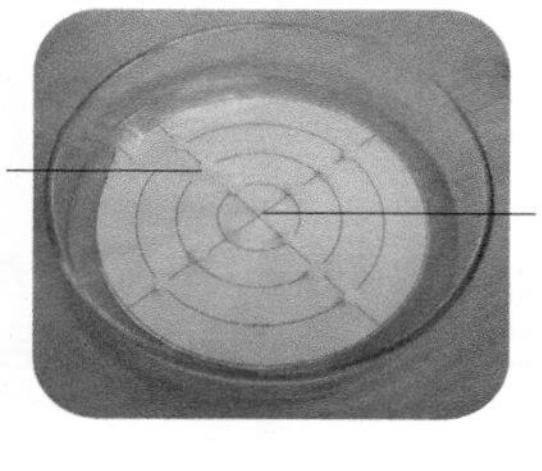

① 암모니아 분자들은 스스로 움직인다.
② 암모니아 분자들은 모든 방향으로 움직인다.
③ 솜은 가운데부터 바깥쪽으로 순서대로 붉게 변한다.
④ 페트리접시를 찬물 위에 올려 놓으면 솜의 색깔이 더 빠르게 변한다.
⑤ 페놀프탈레인이 묻은 솜을 페트리접시 위쪽에 올려두어도 솜은 붉게 변한다.

16 다음 중 확산 속도가 가장 빠른 경우는?

	온도	분자량	물질의 상태	매질의 상태
①	-10 ℃	10	기체	기체
②	30 ℃	10	기체	액체
③	30 ℃	10	액체	진공
④	50 ℃	5	기체	진공
⑤	50 ℃	5	고체	액체

17 오른쪽 그림처럼 페놀프탈레인이 섞인 물을 시험관에 넣고 셀로판지로 입구를 막은 후 암모니아수가 들어 있는 시약 병 위에 거꾸로 올려 놓았더니 시험관 안이 붉게 변했다.

위 실험에 대한 설명으로 옳지 않은 것은?

① 암모니아 분자는 윗쪽으로만 움직인다.
② 암모니아 분자의 확산 현상을 나타낸다.
③ 암모니아 분자는 셀로판지를 통과하여 움직인다.
④ 페놀프탈레인은 염기성 용액을 만나면 붉게 변한다.
⑤ 시약병을 따뜻한 물에 넣으면 시험관 안의 색이 더 빨리 변한다.

18 다음 중 물질을 이루고 있는 분자들이 스스로 움직이고 있다는 증거가 아닌 것은?

① 어항의 물이 줄어든다.
② 주전자의 물을 가열하면 끓는다.
③ 머리를 감고 가만히 있으면 머리가 마른다.
④ 청국장을 끓이면 집 안 전체에서 냄새가 난다.
⑤ 물에 설탕을 녹이면 물 전체에서 단맛이 난다.

19 머리를 감고 헤어드라이어를 사용하여 말리면 머리카락이 더 빨리 마른다. 이를 통해 알 수 있는 증발에 관한 사실만을 있는 대로 고르시오. (3개)

① 증발은 습도가 낮을수록 잘 일어난다.
② 증발은 온도가 높을수록 잘 일어난다.
③ 증발은 표면적이 넓을수록 잘 일어난다.
④ 증발은 바람이 강하게 불수록 잘 일어난다.
⑤ 증발은 분자 사이의 인력이 작을수록 잘 일어난다.

정답 및 해설 14쪽

20 **다음 모형은 물에서 일어나는 어떤 현상을 나타낸 것이다. 이 현상에 대한 설명으로 옳지 않은 것은?**

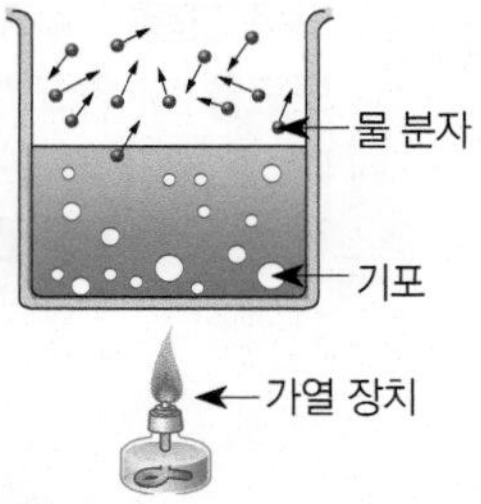

① 분자 운동의 증거가 된다.
② 증발 현상도 함께 나타난다.
③ 물의 온도는 끓는점과 같거나 더 높을 것이다.
④ 기포는 액체 내부의 기화 현상에 의해 생겨난다.
⑤ 압력이 변하지 않을 때 외부에서 열을 가하지 않으면 일어나지 않는다.

C

[21-22] 오른쪽 그림은 브로민이 확산되어 나가는 모습을 나타낸 것이다. 다음 물음에 답하시오.

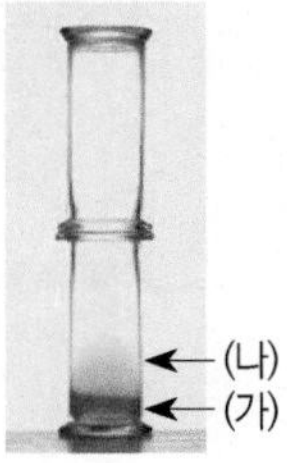

21 **이 그림에 대한 설명으로 옳지 않은 것은?**

① (가)에서 브로민은 액체 상태이다.
② (나)에서 브로민은 기체 상태이다.
③ (가)의 표면에서 증발이 일어난다.
④ (나)에서 확산 현상이 일어난다.
⑤ 확산은 언제나 윗쪽 방향으로 일어난다.

22 **브로민이 더 빠르게 확산될 수 있는 방법만을 〈보기〉에서 있는 대로 고른 것은?**

〈 보기 〉
ㄱ. 유리병 안의 온도를 높게 한다.
ㄴ. 유리병 안의 압력을 높게 한다.
ㄷ. 유리병 안을 진공으로 만든다.

① ㄱ ② ㄱ, ㄴ ③ ㄱ, ㄷ
④ ㄴ, ㄷ ⑤ ㄱ, ㄴ, ㄷ

23 **다음 그림은 어떤 액체를 구성하는 분자들의 운동을 모형으로 나타낸 것이다. 이 모형에 대한 설명으로 옳지 않은 것은?**

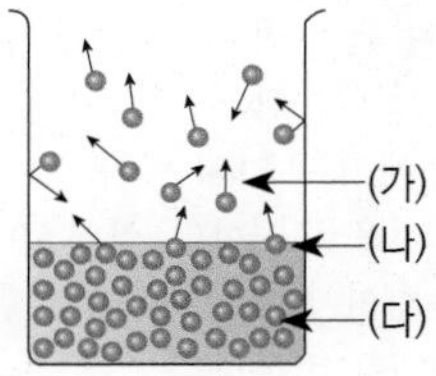

① (가)에서 분자 사이의 인력이 매우 작다.
② (나)에서 일어나는 현상을 확산이라고 한다.
③ (나)에서 분자는 윗쪽에 다른 분자가 거의 없으므로 공기 중으로 날아가기가 쉽다.
④ (다)에서 분자는 다른 분자들에 둘러싸여 분자들의 인력을 끊고 기화되기 어렵다.
⑤ 이 액체에 열에너지를 가하면 (다)에서도 기화가 일어날 수 있다.

24 **(가) ~ (다)는 서로 다른 액체 A, B 가 입구의 너비가 다른 용기 X, Y 에 동일한 부피로 담겨 있는 것을 나타낸 그림이다.**

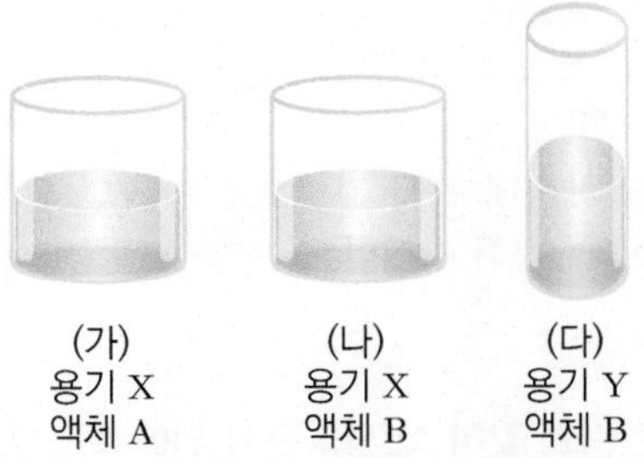

위 세 개의 용기를 같은 장소에 두고 일정 시간이 지난 후 남아 있는 액체의 부피를 확인하였더니 (가)보다 (나)에 더 많은 액체가 남아있었다. 이에 대한 설명으로 옳은 것만을 〈보기〉에서 있는 대로 골라 기호로 쓰시오.

〈 보기 〉
ㄱ. 분자 사이의 인력은 A > B 이다.
ㄴ. A와 B가 각각 물과 아세톤이라면 B가 물일 것이다.
ㄷ. 일정 시간이 지난 후 (나)와 (다)에 남아 있는 액체의 부피는 같다.

( )

25 **다음은 기체의 확산 속도에 영향을 미치는 요인을 알아보기 위한 실험이다.**

[실험 방법]
1. 그림과 같은 용기 안에 분자량이 다른 기체 A와 B를 각각 넣는다.
2. 30 ℃에서 용기의 콕을 동시에 열고 흰 연기가 생기는 점을 표시한다(실험 Ⅰ).
3. 두 용기의 온도를 60 ℃로 변화(실험Ⅱ, 실험Ⅲ)시켜 실험을 반복한다.

	실험Ⅰ		실험Ⅱ		실험Ⅲ	
기체 종류	A	B	A	B	A	B
온도(℃)	30	30	30	60	60	60

위 실험에 대한 설명으로 옳지 않은 것은?

① 실험Ⅰ에서 분자량에 따른 확산 속도를 알 수 있다.
② 실험Ⅰ과 실험 Ⅱ에서 온도에 따른 확산 속도를 알 수 있다.
③ 실험Ⅰ과 실험 Ⅲ에서 흰 연기는 같은 위치에 생긴다.
④ 실험 Ⅲ의 흰 연기는 실험 Ⅱ보다 왼쪽에 생긴다.
⑤ 가운데 관을 진공으로 만들면 흰 연기는 더 빨리 생길 것이다.

26 **그림과 같이 페트리 접시 위에 페놀프 탈레인 용액을 묻힌 솜을 일정한 간격으로 올려 놓은 다음, 페트리 접시의 가운데에 암모니아수 한방울을 떨어뜨렸다.**

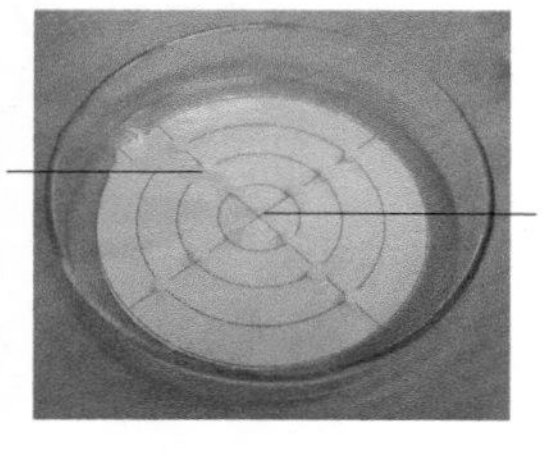
페놀프탈레인 용액을 묻힌 솜
암모니아수

떨어뜨린 암모니아수와 먼저 색이 변하는 솜의 거리 관계를 쓰고, 이유를 분자 운동과 관련지어 서술하시오.

27 **다음 그림은 차가운 물과 따뜻한 물에 잉크를 떨어뜨렸을 때 잉크가 퍼져 나가는 모습을 나타낸 것이다. 온도가 높을 때 확산이 잘 되는 이유는 무엇인지 분자 운동과 관련지어 서술하시오.**

20 ℃의 물 70 ℃의 물

28 **다음 그림은 진한 염산을 묻힌 솜과 진한 암모니아수를 묻힌 솜을 유리관 양쪽 끝에 각각 넣고 고무마개로 막아 놓은 모습을 나타낸 것이다.**

진한 염산을 묻힌 솜
진한 암모니아수를 묻힌 솜

(1) 다음 ( ) 안에 들어갈 알맞은 말을 고르시오.

진한 염산에서 염화 수소 기체가, 진한 암모니아수에서 암모니아 기체가 각각 생성된 후 (증발, 확산)되어 만나면 흰색의 염화 암모늄이 생성된다.

(2) A 위치에서 흰색 연기가 생성되었다면 염화 수소와 암모니아 중 분자량이 더 큰 것을 고르고, 그렇게 생각한 이유와 함께 쓰시오.

정답 및 해설 14쪽

29 다음 〈보기〉 의 현상이 나타나는 이유를 증발의 빠르기에 영향을 미치는 요인으로 각각 설명하시오.

〈 보기 〉

(가) 비오는 날은 빨래가 잘 마르지 않는다.

(나) 빨래를 펼쳐서 널면 뭉쳐 놓았을 때보다 빨리 마른다.

30 같은 재질, 같은 크기의 둥근바닥 플라스크에 같은 온도, 같은 양의 물과 에테르를 넣은 후 풍선으로 입구를 막았더니 얼마 후 오른쪽 그림처럼 에테르가 들어 있는 풍선이 더 크게 부풀어 올랐다. 이 결과를 통해 알 수 있는 물 분자들 사이의 인력과 에테르 분자들 사이의 인력의 크기를 비교하고 이유를 쓰시오.

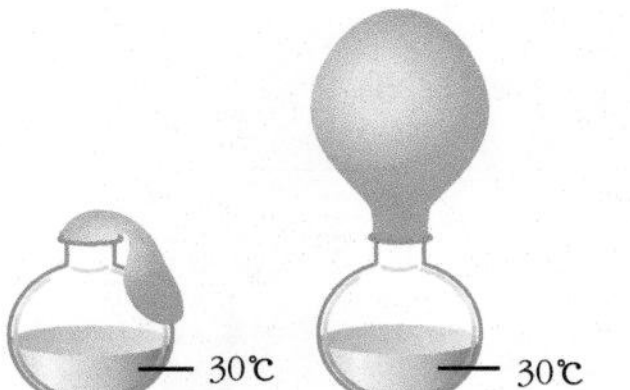

창의력 서술

31 그림과 같이 고무풍선에 공기와 헬륨을 각각 같은 양 넣고 입구를 잘 묶은 다음 3 일간 상온에서 방치하였더니, 헬륨을 넣은 풍선이 공기를 넣은 풍선보다 크기가 더 많이 작아졌다.

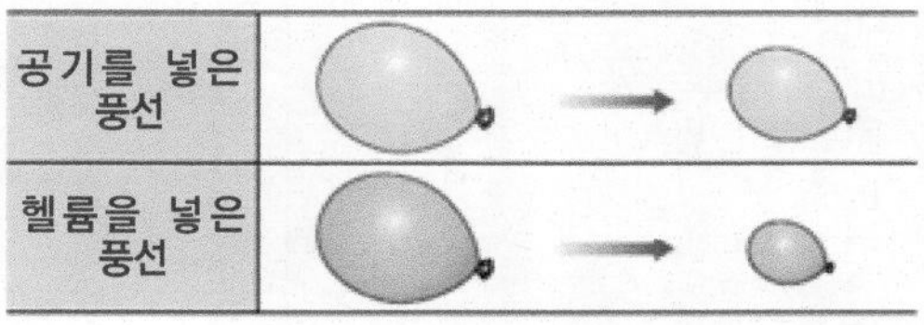

두 개의 풍선이 작아진 이유와, 헬륨 풍선이 더 많이 작아진 이유를 쓰시오.

32 여름철에 고속도로를 달리고 난 후의 자동차 타이어는 출발하기 전의 타이어보다 더 팽팽해진다. 그 이유는 무엇인지 서술하시오.

5강. 압력과 기체의 부피

1. 압력

(1) 압력 : 힘이 작용하는 단위 넓이면에 수직 방향으로 작용하는 힘의 크기이다.

$$압력 = \frac{작용하는\ 힘의\ 크기(N)}{힘이\ 작용한\ 면의\ 넓이(m^2)}$$

<table>
<tr><th>손가락에 작용하는 연필의 압력</th><th colspan="2">스펀지에 작용하는 삼각플라스크의 압력</th></tr>
<tr><td>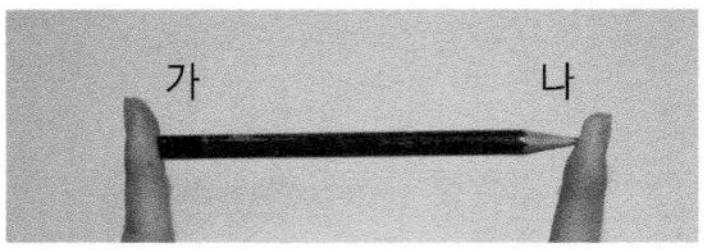</td><td colspan="2">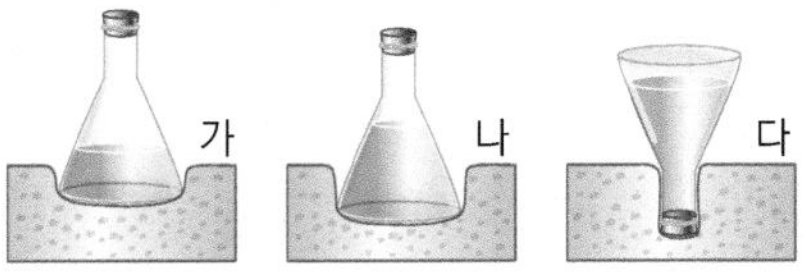</td></tr>
<tr><td rowspan="2">접촉 면적 : 가 〉 나
작용하는 힘의 크기 : 가 = 나
압력의 크기 : 가 〈 나</td><td>접촉 면적 : 가 = 나
힘의 크기 : 가 〈 나
압력 크기 : 가 〈 나</td><td>접촉 면적 : 나 〉 다
힘의 크기 : 나 = 다
압력 크기 : 나 〈 다</td></tr>
<tr><td colspan="2">압력의 크기 : 가 〈 나 〈 다</td></tr>
</table>

(2) 대기압 : 지구를 둘러싼 공기에 의해 생기는 압력이다.

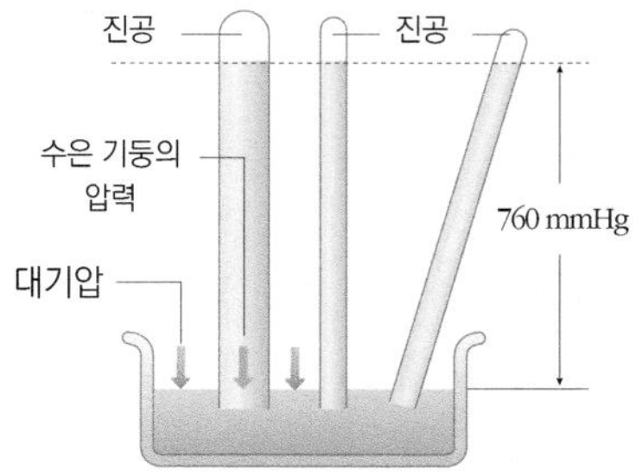

〈토리첼리의 실험 – 대기압 측정〉

한쪽 끝이 막힌 긴 유리관 속에 수은을 가득 채우고 수은이 담긴 용기에 거꾸로 세우면 760 mm까지 수은이 내려와 멈춘다.(유리관을 기울이거나, 굵기를 변화시켜도 같은 결과가 나온다.)

→ 수은의 높이가 760 mm 일 때, 대기압과 수은이 누르는 압력이 같기 때문이다.

1 기압 (0 ℃) = 수은 기둥의 높이가 760 mm = 760 mmHg = 76 cmHg = 760 torr

개념확인 1 **다음 빈칸에 알맞은 말을 써 넣으시오.**

단위 넓이의 면에 수직으로 작용하는 힘의 크기를 (   )이라 한다.

확인 +1 **책상 위에 밑면의 넓이가 10 cm² 이고 무게가 20 N 인 장난감을 세워두었다. 장난감이 책상에 작용하는 압력은 얼마인지 구하시오.**

(   ) N/cm²

압력의 단위

파스칼(Pa)	1 Pa = 1 N/m²
mmHg	수은 기둥이 누르는 압력. 온도에 따라 다름
torr	0 ℃일 때 수은 기둥이 누르는 압력
기압(atm)	1 atm = 760 mmHg = 760 torr = 101,325 Pa

압력의 변화를 이용한 예

접촉 면적이 좁아 압력이 커지는 경우

- 못, 송곳, 바늘, 압정의 끝 부분은 뾰족하다.
- 칼날이 날카로울수록 잘 썰린다.
- 운동화보다 하이힐에 밟힐 때 더 아프다.
- 빨대의 한쪽 끝이 뾰족하다.

접촉 면적이 넓어 압력이 작아지는 경우

- 스키, 스노보드, 설피의 밑면이 넓다.
- 얼음 위는 걸어가는 것보다 기어가는 것이 더 안전하다.
- 탄산 음료 캔의 바닥을 오목하게 만든다.
- 화물차가 승용차보다 바퀴 수가 많다.

미니사전

접촉 [接 마주하다 觸 닿다] 어떤 물체가 다른 물체와 맞붙어서 닿아 있는 것

2. 기체의 압력

(1) 기체의 압력 : 기체 분자들이 끊임없이 운동하면서 용기 벽면에 충돌하는 힘에 의해 나타난다.

(2) 기체 압력의 방향과 크기 : 기체 분자는 모든 방향으로 움직이므로 기체의 압력은 모든 방향으로 같은 크기로 작용한다.

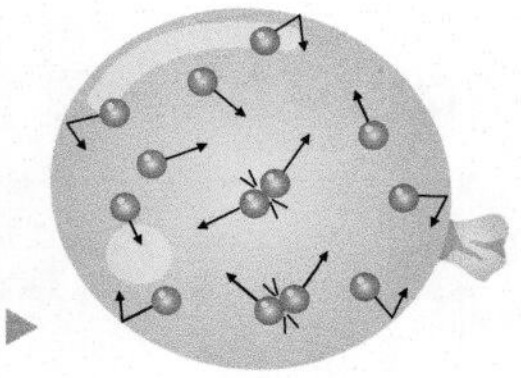

풍선에 작용하는 기체의 압력 ▶

(3) 기체의 압력이 커지는 조건 : 기체 분자들이 용기 벽면에 충돌하는 횟수가 많을수록 기체의 압력이 커진다.

용기의 부피 - 작을수록	기체 분자 수 - 많을수록	온도 - 높을수록
분자가 용기 벽면에 충돌하는 횟수 증가 (분자수, 온도 일정할 때)	용기 벽면에 충돌하는 분자수 증가 (부피, 온도 일정할 때)	분자의 운동 속도가 빨라져 용기 벽면에 충돌하는 횟수 증가 (부피, 분자수 일정할 때)

(4) 기체의 압력 측정 : 용기 속에 들어 있는 기체의 압력은 수은이 들어 있는 U자관으로 측정할 수 있다.

기체의 압력 = 대기압	기체의 압력 < 대기압	기체의 압력 > 대기압
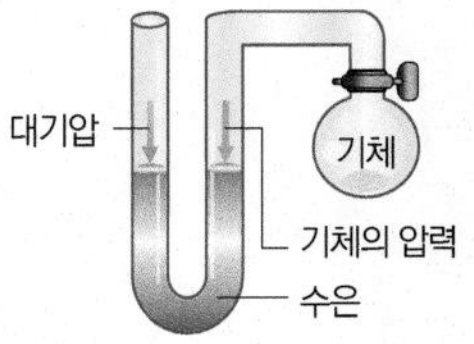 기체의 압력 = 대기압 = 760 mmHg	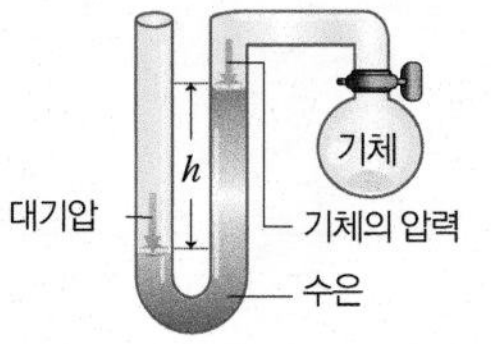 기체의 압력 = $(760 - h)$ mmHg	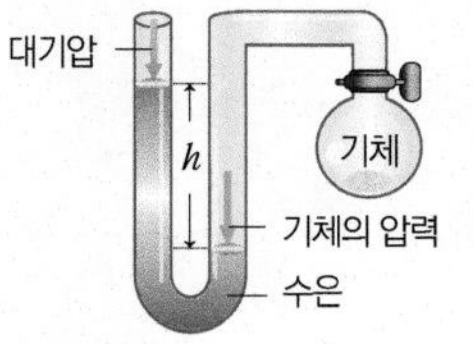 기체의 압력 = $(760 + h)$ mmHg

기체 압력의 변화

분자수가 적고 온도가 낮으면 압력이 작다.

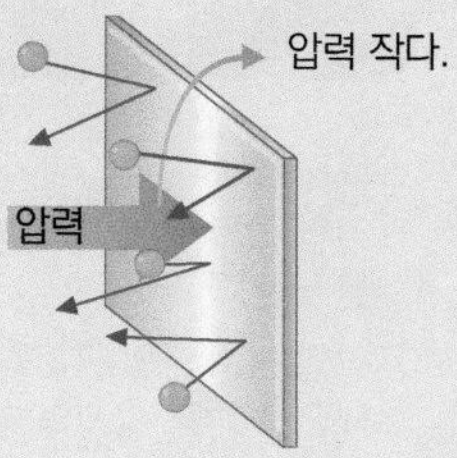

분자수가 많고 온도가 높으면 압력이 크다.

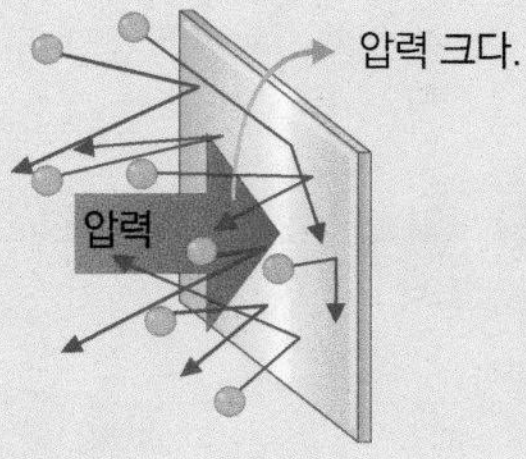

정답 및 해설 16쪽

개념확인 2

다음 빈칸에 알맞은 말을 써 넣으시오.

기체의 ㉠(   )은 기체 분자들이 끊임없이 운동하면서
용기 벽면에 ㉡(   )하기 때문에 나타난다.

확인 +2

기체의 압력에 대한 설명으로 옳은 것은 ○표, 옳지 않은 것은 ×표 하시오.

(1) 기체 분자가 충돌하는 횟수가 많아지면 압력이 증가한다. (   )

(2) 기체의 압력은 기체 분자가 움직이는 한쪽 방향으로만 나타난다. (   )

(3) 온도가 일정할 때 용기 안의 기체 분자 수가 많거나 용기의 부피가 작을수록 기체의 압력은 증가한다. (   )

(4) 온도가 높아지면 기체 분자의 움직임이 활발해지면서 용기 벽면에 충돌하는 횟수가 많아져 압력이 높아진다. (   )

● 간단실험
〈압력과 공기의 부피〉

〈실험 방법〉

① 감압 장치 안에 과자 봉지를 넣는다.

② 감압 장치 안의 공기를 빼내면서 과자 봉지의 부피를 관찰한다.

➡ 감압 장치(진공 실험 장치)의 공기를 빼내면 용기 안의 압력이 낮아져서 과자 봉지의 부피가 점점 커진다.

● 보일 법칙에서 기체의 온도가 증가할 때

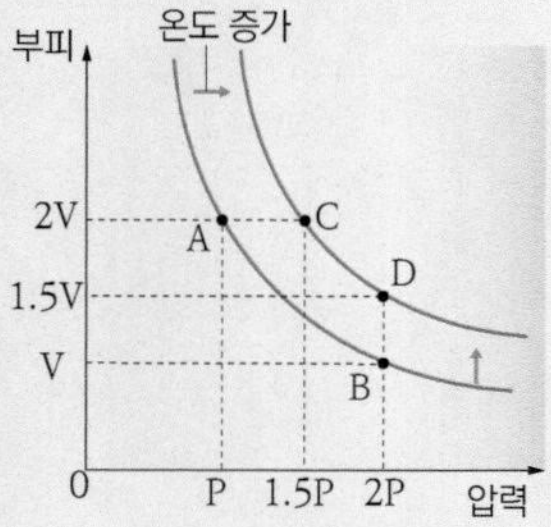

보일 법칙에서 같은 그래프 상에 있는 A와 B 점은 각각 같은 온도이고, 온도가 증가한 상태의 C와 D 점도 각각 온도가 같다. 이 경우 압력 × 부피의 값은 다음과 같다.

A 점 : 2PV　　B 점 : 2PV

C 점 : 3PV　　D 점 : 3PV

➡ 보일 법칙에서 온도가 증가하면 압력 × 부피의 값이 증가한다.

3. 보일 법칙

(1) 압력과 기체의 부피 : 온도와 기체의 양이 일정할 때 기체의 부피는 압력이 작아지면 커지고, 압력이 커지면 작아진다.

(2) 보일 법칙 : 일정 온도에서 일정량의 기체의 부피는 압력에 반비례한다.

P (압력) × V (부피) = 일정　　$P_{처음} \times V_{처음} = P_{나중} \times V_{나중}$, $V \propto \frac{1}{P}$	
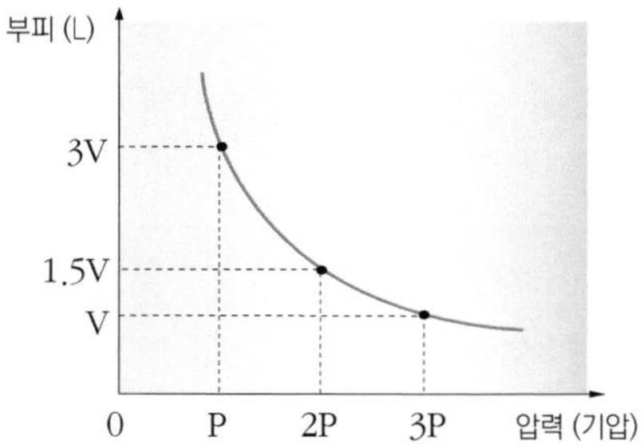	외부의 압력이 2배, 3배로 커지면 기체의 부피는 처음 부피의 $\frac{1}{2}$ 배, $\frac{1}{3}$ 배로 줄어든다. 〈온도 일정〉 (P × 3V = 2P × 1.5V = 3P × V = k)

(3) 보일 법칙 그래프(온도가 일정할 때)

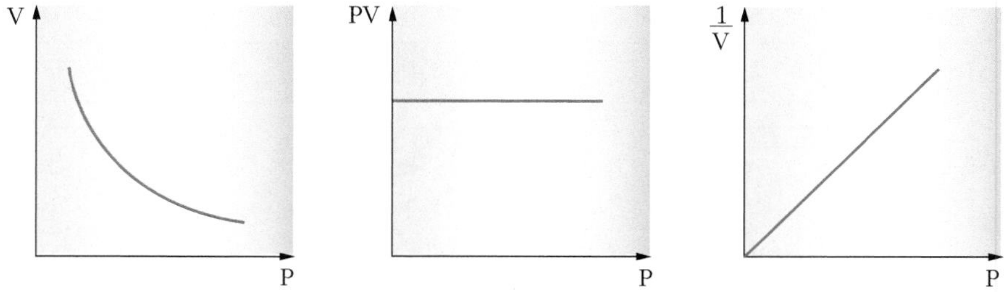

개념확인 3

주사기에 공기를 넣은 후 입구를 막고 피스톤을 뒤쪽에서 누르는 모습을 나타낸 것이다. 이로써 알 수 있는 압력과 기체의 부피와의 관계를 나타낸 다음 글의 빈칸에 알맞은 말을 넣으시오.

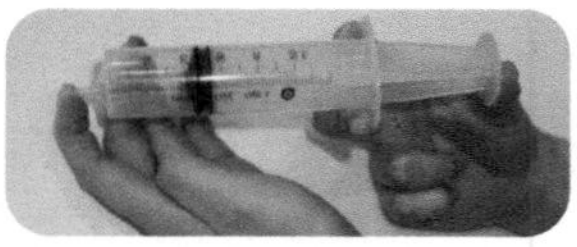

온도가 일정할 때 압력이 증가하면 공기의 부피는 (　　　)한다.

확인 +3

오른쪽 그래프는 일정한 온도에서 일정량의 기체의 압력과 부피 사이의 관계를 나타낸 것이다. 이에 대한 설명으로 옳은 것만을 〈보기〉에서 있는 대로 고르시오.

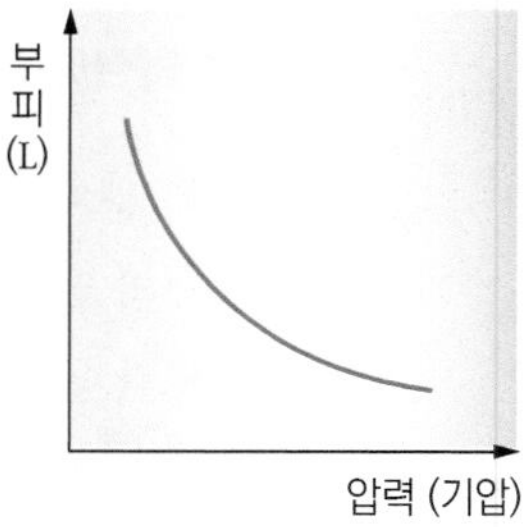

〈 보기 〉

ㄱ. 기체의 부피는 압력에 반비례한다.

ㄴ. 부피와 압력을 곱한 값은 일정하다.

ㄷ. 보일 법칙으로 설명할 수 있다.

4. 기체 분자 운동과 보일 법칙

(1) 압력에 따른 기체의 부피 변화와 분자 운동

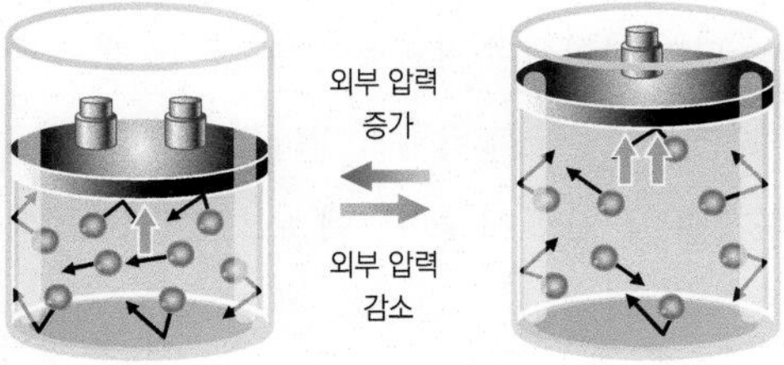

외부 압력	증가	감소
기체 분자의 운동 속도	일정 (온도가 일정)	
기체 분자 수	일정	
기체의 부피	감소	증가
기체의 충돌 횟수	증가	감소
기체의 압력	증가	감소

(2) 생활 속 보일 법칙

· 보온병 꼭지를 누르면 액체가 나온다.
· 높은 산에 올라가면 귀가 먹먹해진다.
· 헬륨 풍선은 하늘 위로 올라갈수록 점점 커진다.
· 잠수부가 내놓은 공기 방울의 부피는 수면 가까이 올라갈수록 커진다.

정답 및 해설 16쪽

개념확인 4 **감압 용기 안에 풍선을 넣고 용기 안의 공기를 빼내었더니 오른쪽 그림처럼 풍선의 부피가 커졌다. 그 이유로 알맞은 것은?**

① 풍선 안의 공기의 양이 증가했다.
② 용기 안의 공기의 양이 증가했다
③ 용기 안의 공기의 압력이 감소했다.
④ 풍선 안의 분자 운동 속도가 감소했다.
⑤ 풍선 안의 기체의 충돌 횟수가 증가했다.

확인 +4 **<보기>의 현상 중 보일 법칙으로 설명할 수 있는 것만을 있는 대로 고른 것은?**

〈 보기 〉
ㄱ. 높은 산에 올라가면 귀가 먹먹해진다.
ㄴ. 헬륨 풍선은 하늘 위로 올라갈수록 점점 커진다.
ㄷ. 운동화를 신은 사람보다 스키를 신은 사람이 눈에 덜 빠진다.

① ㄱ ② ㄴ ③ ㄷ ④ ㄱ, ㄴ ⑤ ㄱ, ㄴ, ㄷ

잠수병

물속에서는 10 m 깊어질 때마다 1 기압의 압력이 추가되어 물속 10 m 에서 받는 압력은 2 기압이 된다. 인간의 몸은 거의 수분으로 되어 있어서 이러한 압력의 변화에도 잘 적응한다. 하지만 폐와 기관지의 호흡 기관, 귓속의 고막 등은 수분으로 채워지지 않기 때문에 잠수한 다음 갑자기 수면으로 올라오면 급격한 압력 감소로 인해 심한 경우 폐포가 파열되거나 고막이 손상되는 문제가 발생하게 된다. 그러므로 잠수 후 수면으로 올라올 때, 10 m 마다 한 번씩 멈춰서 외부 압력에 적응해야 한다.

호버크래프트

땅이나 물 위를 떠서 날아가는 비행 물체로 정식 명칭은 에어 쿠션정이다. 엔진의 프로펠러를 회전시켜 만든 바람을 선체 바닥의 공기 주머니로 보내 선체를 떠오르게 하고, 공기로 뒤로 추진력을 주어 배를 앞으로 나가게 한다.

01 압력에 대한 다음 설명 중 옳은 것은 ○표, 옳지 않은 것은 ×표 하시오

(1) 압력은 힘을 받는 단위 넓이에 수직으로 작용하는 힘의 크기이다. (　　　　)

(2) 힘을 받는 면의 넓이가 좁을수록 압력이 작아진다. (　　　　)

(3) 밑넓이 20 m^2, 무게 200 N인 물체를 바닥에 놓으면 10 N/m^2의 압력이 작용한다. (　　　　)

02 다음 모형은 같은 부피의 용기 안에 들어 있는 온도가 다른 기체 분자들의 운동을 나타낸 것이다. 이에 대한 설명으로 옳지 않은 것은? (단, ● 는 기체 분자, – 의 길이는 분자 운동 속도를 나타낸다.)

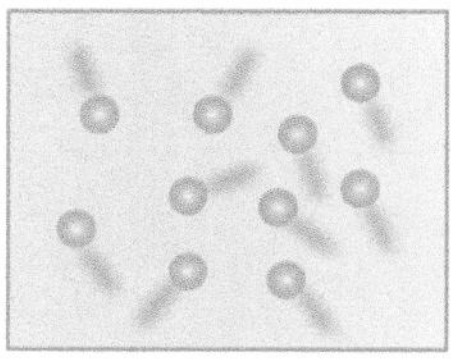
(가)

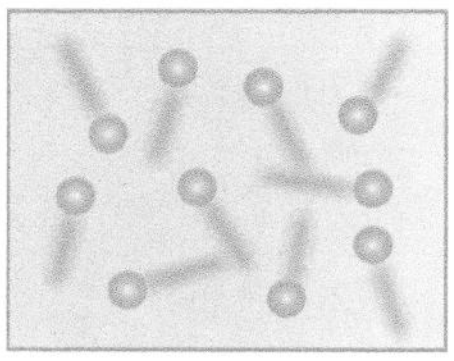
(나)

① (가)의 온도는 (나)보다 낮다.
② (가)에서 분자 운동이 (나)보다 더 활발하다.
③ (나)는 (가)보다 용기의 벽에 부딪히는 횟수가 더 많다.
④ (가)의 기체 압력은 (나)의 기체 압력보다 낮다.
⑤ 온도가 변하면 기체 분자들의 운동 속도가 변한다.

03 다음 그래프 중 온도가 일정할 때 기체의 부피(V)와 압력(P)과의 관계를 바르게 나타낸 것은?

①
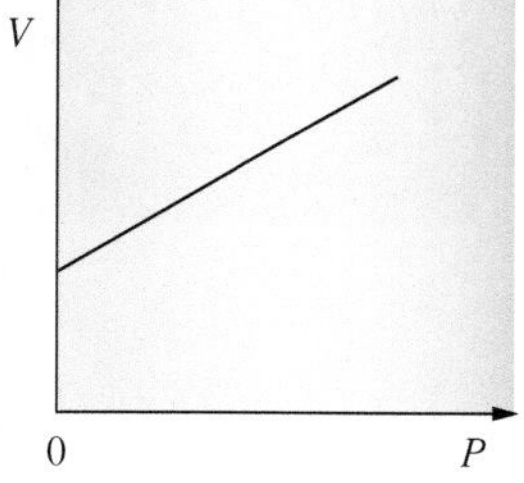

②
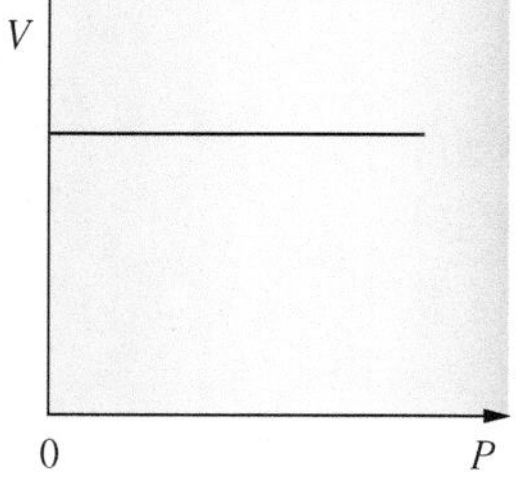

③
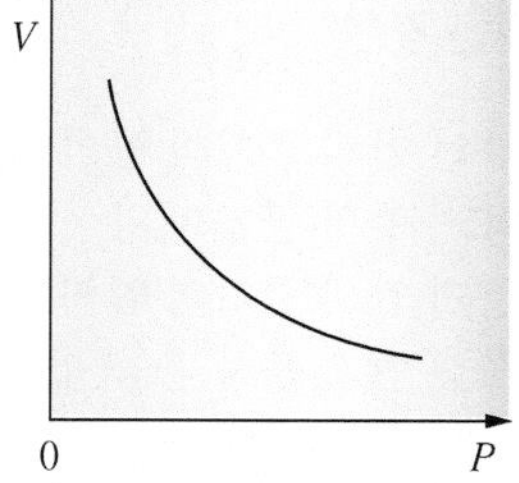

④
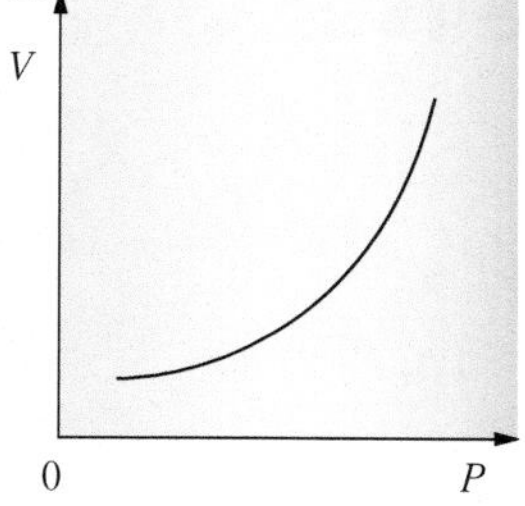

⑤
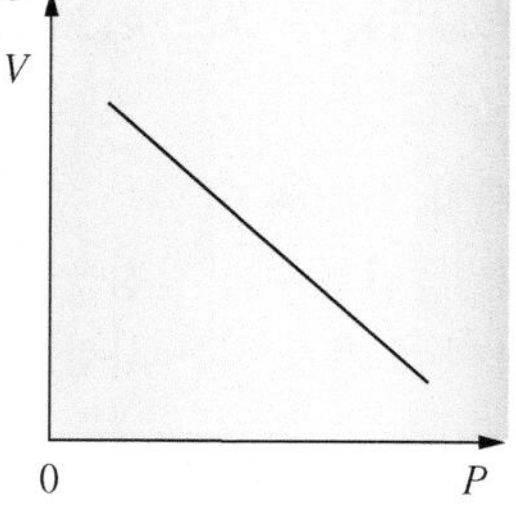

정답 및 해설 16쪽

[04~05] 다음 그래프는 일정한 온도에서 압력의 변화에 따른 기체의 부피 변화를 나타낸 것이다.

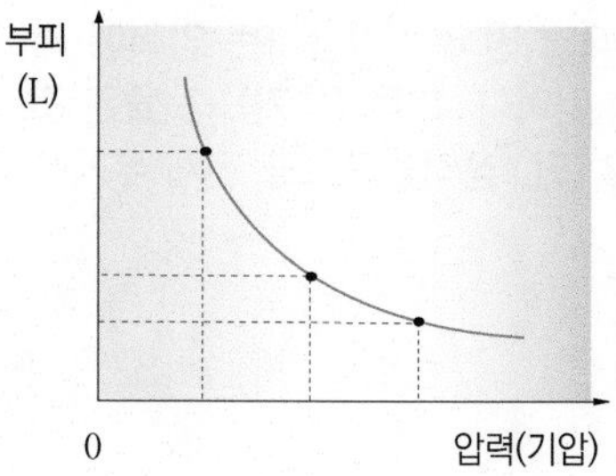

04

그래프가 나타내는 기체의 법칙을 쓰시오.

( ) 법칙

05

다음 〈보기〉 중 그래프의 결과로 설명할 수 있는 현상만을 있는 대로 고른 것은?

〈 보기 〉

ㄱ. 샴푸의 펌프식 뚜껑을 누르면 샴푸가 나온다.
ㄴ. 농구화 밑창의 공기는 압력에 따라 부피가 변하면서 발의 충격을 감소시킨다.
ㄷ. 물로 씻은 피펫을 손으로 감싸면 끝부분에 남아 있던 물방울이 밖으로 떨어진다.

① ㄱ ② ㄴ ③ ㄷ ④ ㄱ, ㄴ ⑤ ㄴ, ㄷ

06

오른쪽 그림은 일정한 온도에서 뚜껑이 움직이는 밀폐된 실린더의 압력이 증가할 때 실린더 속에 들어 있는 기체 분자의 운동을 모형으로 나타낸 것이다. A → B 상태로 될 때 일정하게 유지되는 것은?

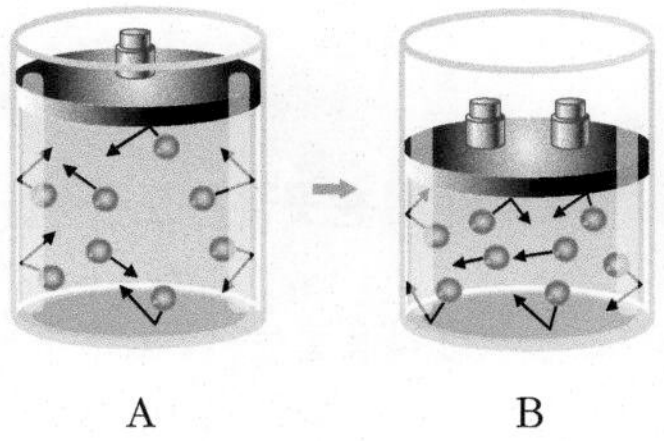

① 기체의 압력 ② 기체의 부피 ③ 기체 분자 사이의 거리
④ 기체 분자의 충돌 횟수 ⑤ 기체 분자의 운동 속도

[유형5-1] 압력

오른쪽 그림은 삼각 플라스크를 (가), (나), (다)의 형태로 스펀지 위에 올려 놓았을 때 스펀지에 작용하는 압력에 대해 알아보는 실험을 나타낸 것이다. 다음 〈보기〉 중 옳은 것만을 있는 대로 고른 것은? (단, 삼각플라스크 전체 무게는 A < B = C이다.)

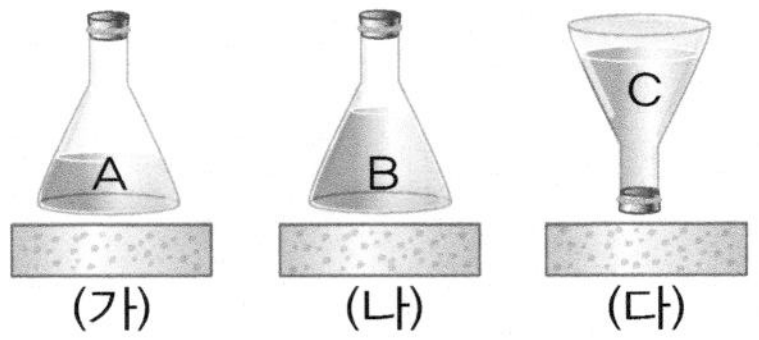

〈 보기 〉

ㄱ. 스펀지가 눌리는 깊이는 (가) < (나) < (다) 순이다.
ㄴ. (가)와 (나)를 비교하면 압력과 힘의 크기의 관계를 알 수 있다.
ㄷ. (가)와 (다)를 비교하면 압력과 접촉면의 넓이의 관계를 알 수 있다.

① ㄱ ② ㄴ ③ ㄷ ④ ㄱ, ㄴ ⑤ ㄴ, ㄷ

Tip!

01 **다음 중 압력에 대한 설명으로 옳지 않은 것은?**

① 기체의 압력을 기압이라고 한다.
② 단위 넓이에 수직으로 작용하는 힘의 크기이다.
③ 단위로는 Pa, N/m^2, N/cm^2, 기압 등을 사용한다.
④ 접촉면에 작용하는 힘의 크기가 같을 때 접촉 면적이 넓을수록 압력이 크다.
⑤ 접촉 면적이 같을 때 접촉면에 작용하는 힘의 크기가 클수록 압력이 크다.

02 **압정, 송곳같은 도구들을 뾰족하게 만들어 사용하는 이유로 알맞은 것은?**

① 작용하는 힘이 클수록 압력이 커진다.
② 작용하는 힘이 작을수록 압력이 커진다.
③ 접촉면의 넓이가 넓을수록 압력이 커진다.
④ 접촉면의 넓이가 좁을수록 압력이 커진다.
⑤ 수평으로 누르는 힘을 크게 해서 압력이 커진다.

정답 및 해설 16쪽

[유형5-2] 기체의 압력

오른쪽 그림과 같이 페트병에 쇠구슬을 넣고 흔들어 보면서 기체의 압력에 대해 알아보려고 한다. 실험에 대한 대화 중 틀린 말을 한 친구만을 있는 대로 고른 것은?

> 은교 : 쇠구슬은 기체 분자, 쇠구슬의 움직임은 기체 분자의 운동을 나타내는 거야.
> 지은 : 쇠구슬이 페트병에 부딪히면서 압력이 발생해.
> 도희 : 쇠구슬의 수를 늘리면 압력은 커지겠지?
> 나영 : 하지만 페트병을 세게 흔들어도 압력은 변함 없어.

① 은교 ② 지은 ③ 도희 ④ 나영 ⑤ 은교, 지은

03

용기 속의 기체의 압력에 대한 설명으로 옳지 않은 것은?

① 모든 방향에 같은 크기로 작용한다.
② 기체 분자들이 용기 벽에 충돌하기 때문에 나타난다.
③ 기체 분자들이 끊임없이 움직이기 때문에 나타난다.
④ 기체의 부피가 같을 때 온도가 높을수록 기체 압력이 커진다.
⑤ 온도와 부피가 같을 때 분자 수가 적을수록 기체의 압력이 커진다.

Tip!

04

온도와 부피가 일정한 상태에서 풍선에 공기를 더 넣을 때 증가하는 것만을 〈보기〉에서 있는 대로 고르시오.

〈 보기 〉

ㄱ. 풍선 내부의 압력
ㄴ. 풍선 내부의 기체 분자 수
ㄷ. 풍선 내부의 기체 분자 운동 속도
ㄹ. 기체 분자들이 풍선 안쪽 벽과 충돌하는 횟수

[유형5-3] 보일 법칙과 기체의 분자 운동

다음 그래프는 일정한 온도에서 일정량의 기체에 압력을 달리 했을 때의 부피 변화를 나타낸 것이다. 위의 그래프에 대한 설명으로 옳지 <u>않은</u> 것은?

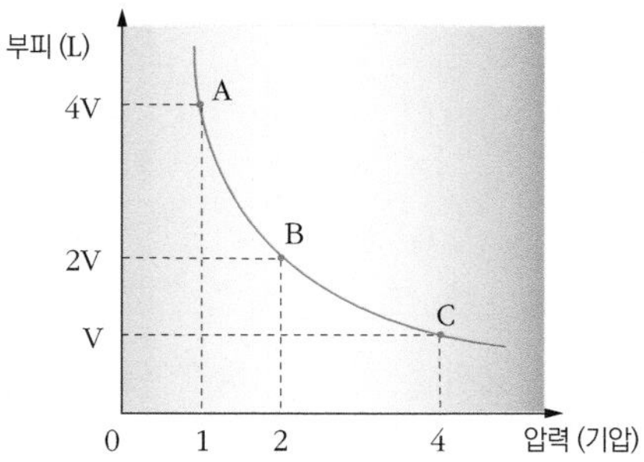

① 분자 사이의 거리는 A > B > C 순이다.
② 기체 분자의 충돌 횟수는 C 점이 가장 많다.
③ A, B, C 점에서 압력과 부피를 곱한 값은 각각 같다.
④ 압력이 커지면 기체의 부피는 감소한다.
⑤ 압력이 줄어들면 기체의 분자 수도 줄어든다.

05

다음 그림은 밀폐된 실린더 안에 어떤 기체를 채우고 온도를 일정하게 유지하면서 올려 놓는 추를 1 → 2 개로 변화시킬 때 실린더 안의 기체의 부피 변화를 나타낸 것이다. (단, 추의 질량은 같고, 뚜껑과 대기압의 영향은 무시한다.)

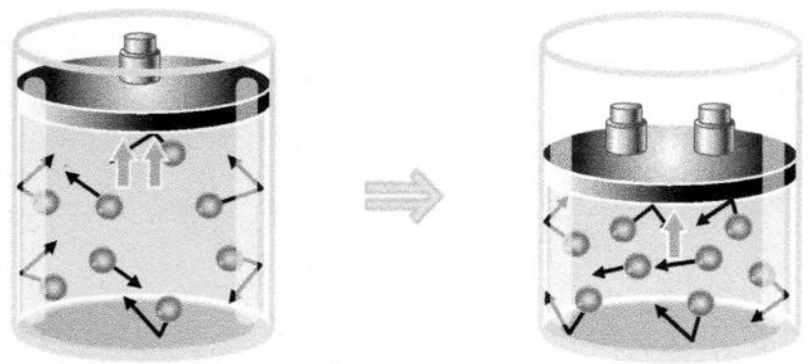

위 그림에 대한 설명으로 옳은 것만을 있는 대로 고르시오. (2개)

① 기체 분자의 개수가 줄어든다.
② 기체의 부피는 반으로 줄어든다.
③ 기체 분자의 움직임이 활발해진다.
④ 기체 분자 사이의 거리가 감소한다.
⑤ 기체 분자의 충돌 횟수가 감소한다.

06

다음 그래프는 일정한 온도에서 압력과 기체의 부피와의 관계를 나타낸 것이다. 다음 중 이 그래프와 관련 <u>없는</u> 현상은?

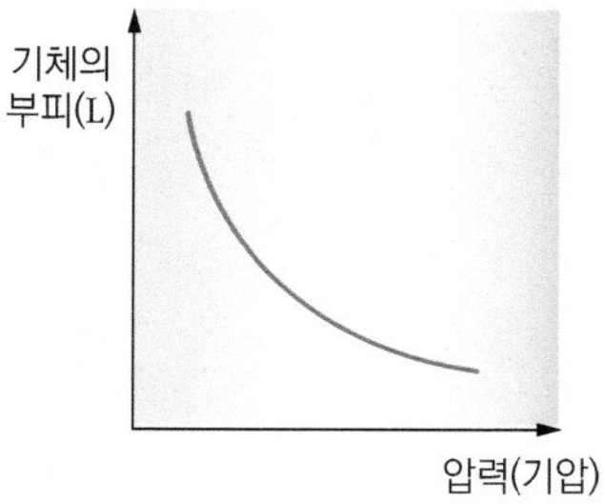

① 산에 높이 올라가면 귀가 먹먹해진다.
② 보온병의 꼭지를 누르면 물이 나온다.
③ 농구공을 뜨거운 물에 넣으면 딱딱한 느낌이 든다.
④ 하늘 높이 올라간 헬륨 풍선은 부피가 커지다가 터진다.
⑤ 물속에서 잠수부가 내놓은 공기 방울은 수면 가까이 올수록 커진다.

정답 및 해설 16쪽

[유형5-4] 보일 법칙 계산 문제

25 ℃, 1 기압에서 풍선에 들어 있는 어떤 기체의 부피가 4 L 였다. 온도를 일정하게 유지하면서 외부의 압력을 4 기압으로 변화시키면 이 기체의 부피는 몇 L 가 될까?

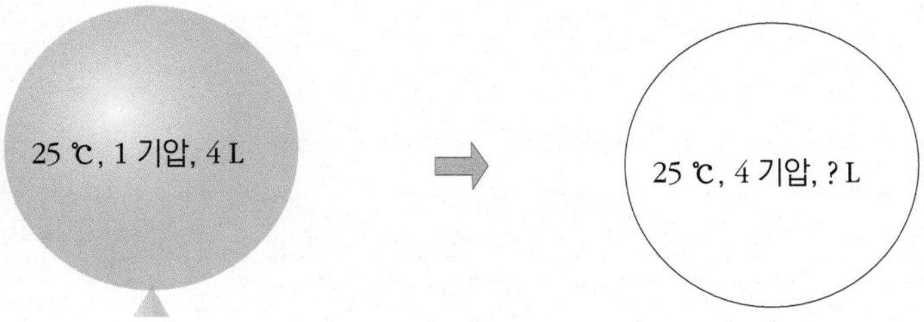

① 1 L　　② 2 L　　③ 3 L　　④ 6 L　　⑤ 18 L

07 외부의 압력이 4 기압인 밀폐된 용기 안에 10 L 의 산소 기체가 들어 있다. 온도의 변화없이 외부의 압력이 2 기압으로 줄어들면 이 산소 기체의 부피는 몇 L 가 되는지 구하시오. (단, 용기의 크기는 기체의 부피에 따라 달라진다.)

(　　　　) L

08 0 ℃, 2 기압에서 부피가 600 mL 인 용기 안에 공기가 들어있다. 같은 온도에서 공기의 부피를 300 mL 가 되게 하려면 압력은 몇 기압으로 변해야 하는지 구하시오.

(　　　) 기압

Tip!

01 **다음은 페트병에 구멍을 내고 풍선을 불었을 때에 대한 설명이다.**

(가)	(나)	(다)	(라)
	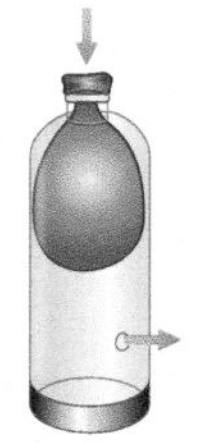	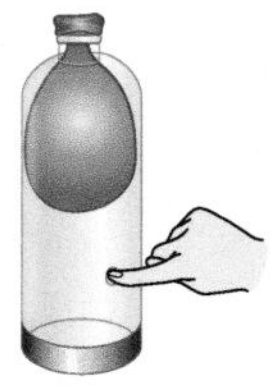	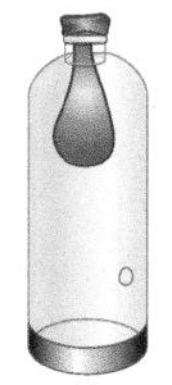
구멍을 손가락으로 막고 풍선을 불었더니 풍선이 약간 팽창하였다.	구멍을 막은 손가락을 떼고 풍선을 불었더니 풍선이 크게 팽창하였다.	과정 (나)에서 구멍을 손가락으로 막고 풍선에서 입을 떼었더니 풍선의 크기가 거의 변하지 않았다.	과정 (다)에서 구멍을 막은 손가락을 떼었더니 풍선이 원래 크기(과정 (가)의 불기 전의 크기)로 변하였다.

(1) (가) 과정에서는 풍선이 크게 불어지지 않지만, (나)의 과정에서는 풍선이 크게 불어지는 이유를 서술해 보시오.

(2) (다)에서 풍선 속 공기가 빠져나가지 않은 이유는 무엇인지 서술해 보시오.

정답 및 해설 17쪽

02 **이탈리아의 과학자 토리첼리는 그림과 같이 수은을 가득 채운 유리관을 수은이 담긴 용기에 거꾸로 세워 수은의 높이가 760 mm 로 유지되는 실험을 통하여 해수면에서 대기압이 1 기압, 760 mmHg 인 것을 측정하는 데 성공하였다.**

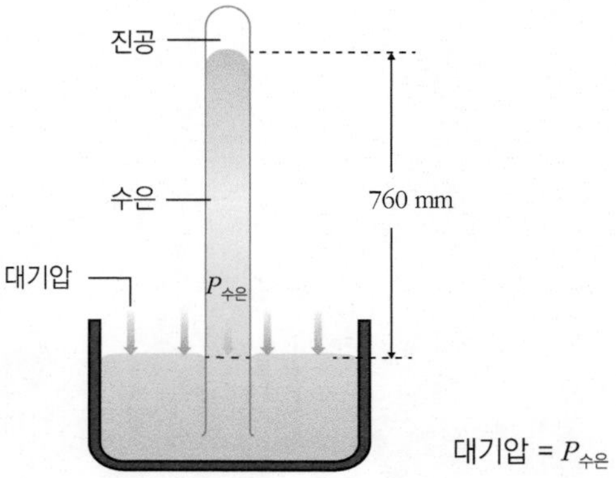

(1) 더 가는 유리관을 사용하여 실험한다면 수은의 높이는 어떻게 될지 설명하시오.

(2) 유리관을 기울인다면 수은의 높이는 어떻게 될지 설명하시오.

(3) 높은 산의 정상에서는 수은 기둥의 높이가 어떻게 될지 서술하시오.

(4) 오른쪽 그림은 서울특별시 과학 전시관에 설치된 물 기압계이다. 전시관내의 기압이 1 기압일 때 버튼을 누른다면 물 기둥은 몇 m 까지 올라갈지 설명하시오. (단, 수은의 밀도는 13.6 g/cm³ 이다.)

03 용기 안에 들어 있는 기체 분자는 끊임없이 움직이면서 벽에 부딪히거나 다른 기체 분자와 충돌하면서 용기 벽면에 기체의 압력이 생성된다. 기체 분자는 벽에 부딪히거나 다른 분자와 충돌할 때 자신이 가진 에너지를 잃지 않아 기체의 속도가 변하지 않기 때문에 일정한 부피와 압력을 유지하게 된다.

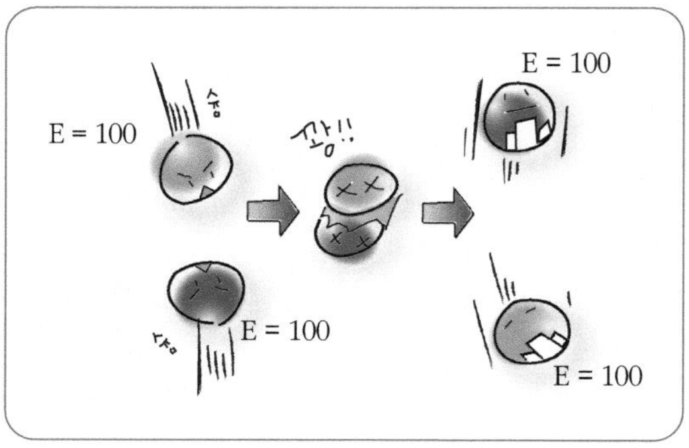

(1) 온도가 높아지면 기체의 속도와 부피는 어떻게 될까?

(2) 다음과 같이 풍선 안에 공기가 들어 있다. 만약 기체 분자들이 벽에 부딪히거나 다른 분자와 충돌할 때 에너지를 잃게 된다면 풍선은 어떻게 변화될지 이유와 함께 서술해 보자. (단, 풍선 밖으로 빠져 나가는 공기는 없다고 가정한다.)

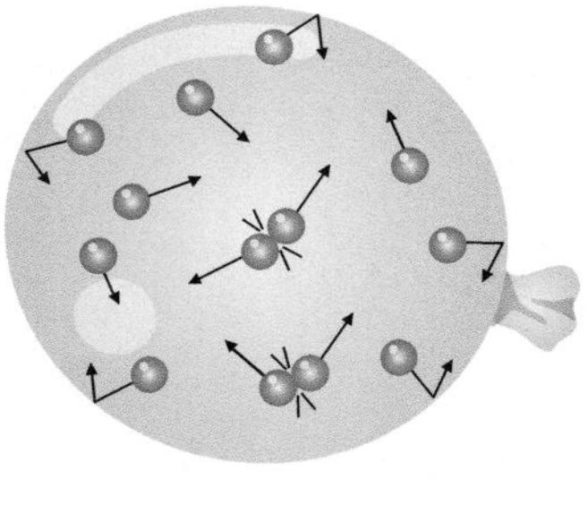

정답 및 해설 17쪽

04 **다음 그림과 같이 내부 부피가 1 L 인 용기와 2 L 인 용기가 콕으로 연결되어 있다. 다음 물음에 답하시오. (단, 용기는 모두 진공 상태이고, 연결관의 부피는 무시하며, 온도는 일정하게 유지된다.)**

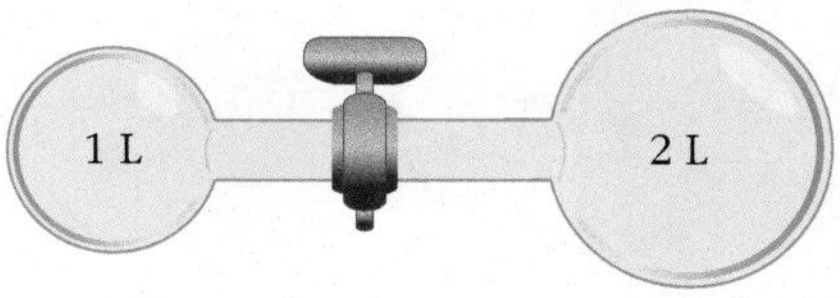

(1) 1 L 용기 안에 산소 기체를 3 기압이 되게 채웠다. 콕을 열면 용기 안의 산소 기체의 압력은 얼마가 되는가?

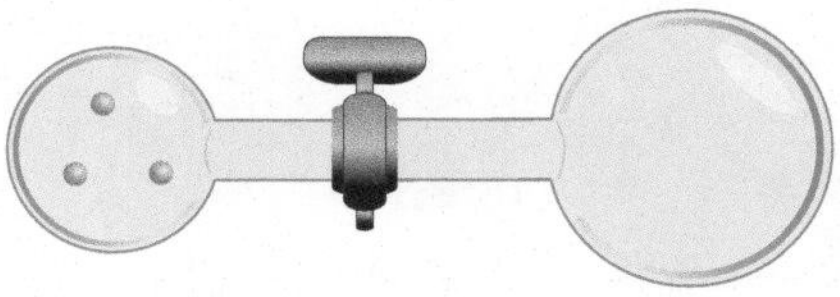

(2) 1 L 용기 안에는 3 기압, 2 L 용기 안에는 6 기압이 되게 산소 기체를 채웠다. 이후 콕을 열면 용기 안의 산소 기체의 압력은 얼마가 되는가?

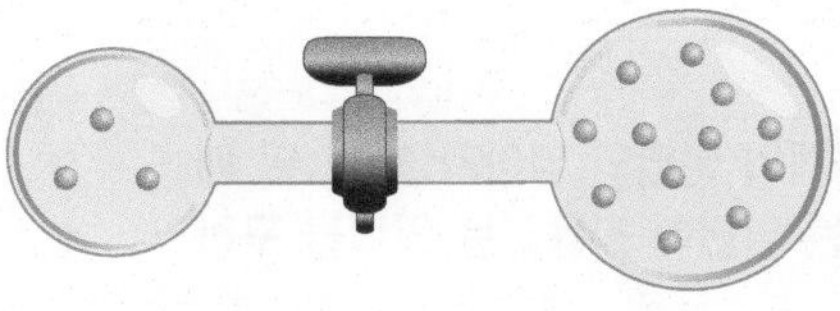

(3) 1 L 용기에는 산소 기체를 3 기압이 되게 채우고, 2 L 용기 안에는 질소 기체를 6 기압이 되게 채웠다. 이후 콕을 열면 용기의 압력은 어떻게 변할지 서술해 보자.

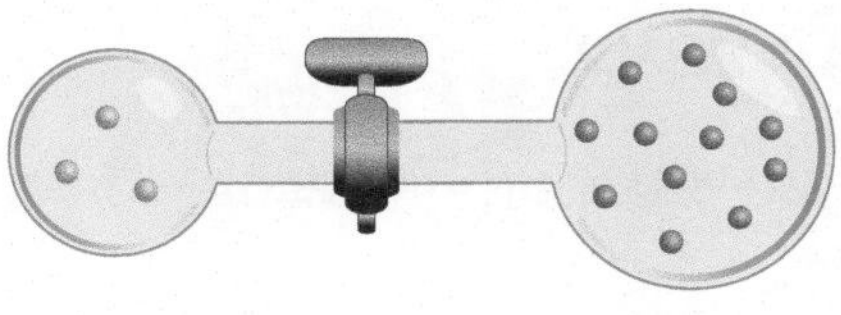

스스로 실력 높이기

A

01 **다음 빈칸에 알맞은 말을 쓰시오.**

(1) 힘이 작용하는 단위 넓이의 면에 작용하는 힘의 크기를 (   )이라 한다.

(2) 압력은 힘이 작용하는 면의 넓이가 넓을수록 (   )진다.

02 **다음 〈보기〉 의 도구들을 압력을 크게 하여 사용하는 것과 압력을 작게 하여 사용하는 것으로 나누시오.**

〈 보기 〉

ㄱ. 칼　　ㄴ. 송곳　　ㄷ. 스키
ㄹ. 바늘　　ㅁ. 스노보드　　ㅂ. 스케이트

(1) 압력을 크게 하여 사용하는 경우 :

(2) 압력을 작게 하여 사용하는 경우 :

03 **무게가 40 N 인 물체의 밑면의 넓이가 5 m^2 일 때 이 물체와 닿아 있는 밑면에 작용하는 압력을 구하시오.**

(   ) N/m^2

04 **빈칸에 알맞은 말을 써 넣으시오.**

(1) 기체의 압력은 모든 방향으로 (   ) 크기로 작용한다.

(2) 기체의 압력은 기체가 들어 있는 용기의 부피가 ㉠(   )질수록, 기체 분자 수가 ㉡(   )수록, 온도가 ㉢(   )수록 커진다.

05 **다음 모형은 같은 부피의 용기 안에 들어 있는 온도가 다른 기체 분자들의 운동을 나타낸 것이다. 두 용기 안의 기체의 온도와 압력을 각각 비교하여, 괄호 안에 부등호(>, =, <)로 나타내시오. (단, ● 는 기체 분자, − 의 길이는 분자 운동 속도를 나타낸다.)**

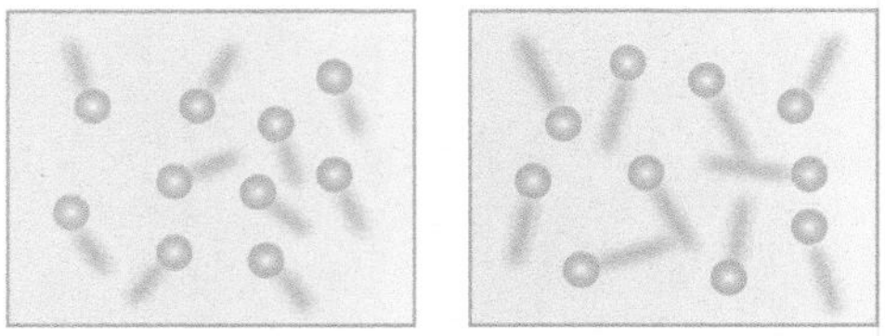

(가)　　(나)

(1) 기체의 온도 : (가) (   ) (나)

(2) 기체의 압력 : (가) (   ) (나)

06 **기체가 들어 있는 용기에 수은이 들어 있는 J자 관을 연결하였더니 다음과 같은 결과가 나왔다. 기체 A ~ C 중 압력이 가장 큰 것은?**

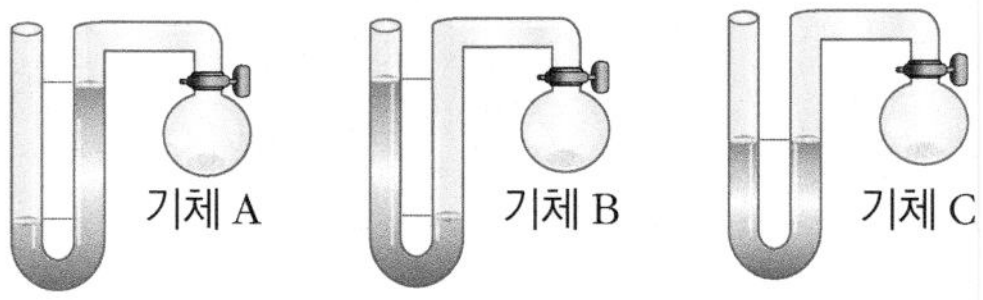

기체 (   )

07 **공기가 반쯤 들어 있는 주사기의 입구를 막고 피스톤을 누르면 기체의 부피가 줄어든다. 이와 관련된 다음 글을 읽고 빈칸에 알맞은 말을 써 넣으시오.**

일정한 온도에서 기체에 가해지는 외부 압력이 증가하면 기체의 ㉠(   )가 감소하고, 기체 분자의 충돌 횟수가 ㉡(   )해서 기체의 압력이 증가한다.

정답 및 해설 18쪽

08 **다음의 현상들과 관계 있는 그래프는?**

·보온병의 꼭지를 누르면 물이 나온다. ·잠수부가 내놓은 공기 방울의 부피가 수면 가까이 올라올수록 커진다.

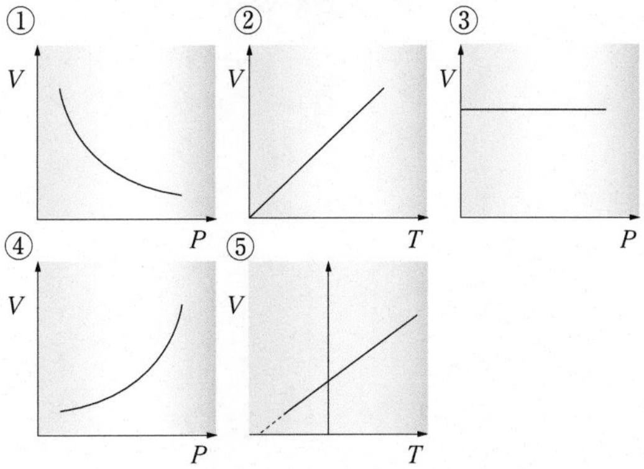

09 **다음은 보일 법칙을 나타낸 그래프이다. A 점에서의 기체의 부피는 몇 L 인가?**

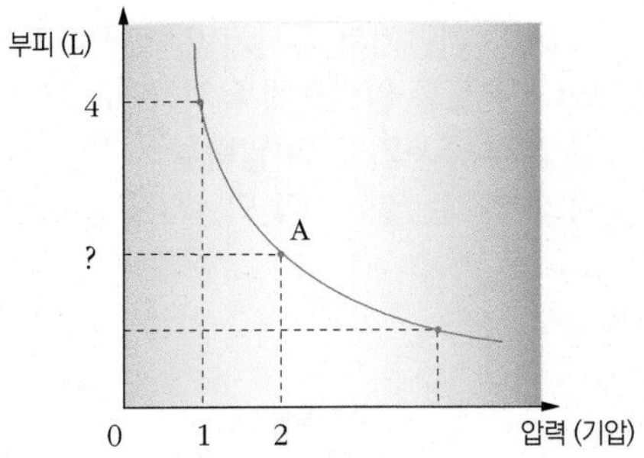

( ) L

10 **다음은 일정한 온도에서 뚜껑이 움직이는 밀폐된 실린더에 작용하는 압력이 증가할 때의 기체 분자 운동을 나타낸 모형이다. 다음 중 (나)에서의 기체가 (가)에서의 기체보다 더 큰 값을 가지는 것만을 있는 대로 고르시오. (2개)**

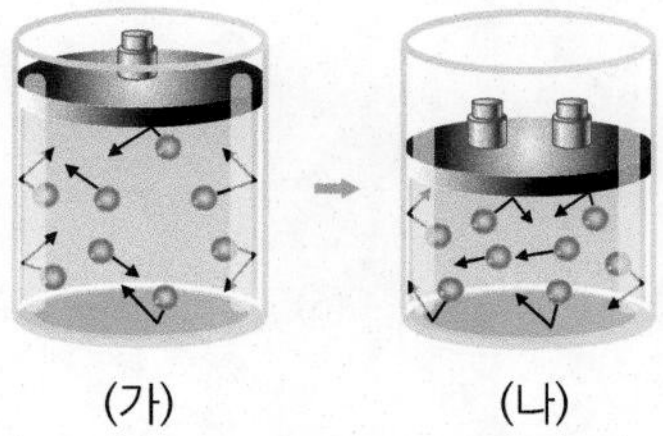

① 기체의 부피
② 기체의 압력
③ 기체 분자 사이의 거리
④ 기체 분자의 운동 속도
⑤ 기체 분자의 충돌 횟수

B

11 **다음과 같은 물체가 책상 위에 올려져 있다. 책상 위 물체와 접촉한 면에 가장 큰 압력이 작용하는 경우는?**

	①	②	③	④	⑤
밑면의 넓이 (cm^2)	120	100	80	60	30
무게 (N)	30	60	80	100	120

12 **다음 중 접촉 면적을 넓게 하여 압력을 작게 만든 현상은 무엇인가?**

① 책장을 넘기다가 얇은 종이에 손을 베었다.
② 버스 안에서 뾰족한 하이힐 굽에 발을 밟혔다.
③ 나무를 심으려고 땅을 쉽게 파기 위해 삽을 더 날카롭게 만들었다.
④ 스케이트가 더 잘 미끄러지게 하기 위해 스케이트 날을 날카롭게 하였다.
⑤ 탄산 가스의 압력을 견디기 위해 탄산 음료 캔의 바닥을 오목하게 만든다.

13 다음과 같이 밀폐된 공간 안에 기체 분자들이 들어 있다. 이 중 용기에 작용하는 기체의 압력이 가장 높을 것으로 예상되는 것은? (단, 용기의 재질과 부피는 같다.)

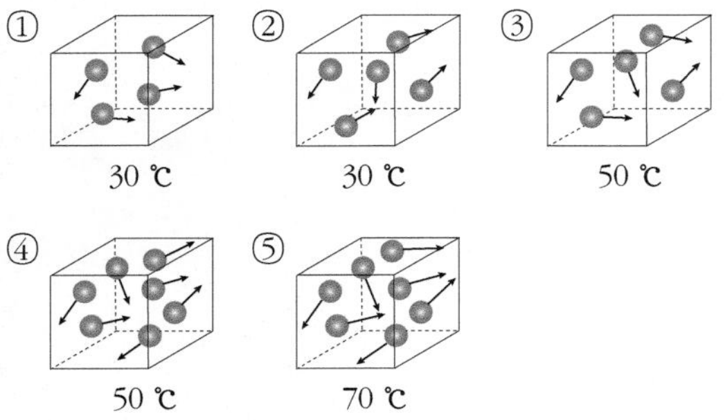

[14-16] 다음 그래프는 일정한 온도의 밀폐 용기 안에 들어 있는 기체의 압력 변화에 따른 부피 변화를 나타낸 것이다. 다음 물음에 답하시오.

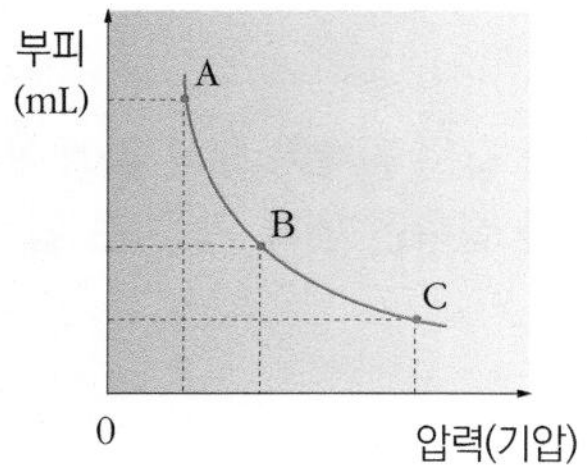

14 그래프에서 나타나는 기체의 법칙을 쓰시오.

(　　　　) 법칙

15 이 그래프에 대한 설명으로 옳은 것만을 있는 대로 고르시오. (2개)

① 분자의 개수는 변함없다.
② 압력과 부피를 곱한 값은 같다.
③ 기체의 부피는 압력에 비례한다.
④ 분자간 평균 거리는 A < B < C 이다.
⑤ 분자들의 충돌 횟수는 A > B > C 이다.

16 다음 〈보기〉에서 위 그래프와 같은 원리를 활용한 예만을 있는 대로 골라 기호로 쓰시오.

〈 보기 〉

ㄱ. 에어백
ㄴ. 오줌싸개 인형
ㄷ. 운동화의 에어 밑창
ㄹ. 컴퓨터 청소용 압축 공기

17 뚜껑이 움직이는 밀폐된 용기 속에 어떤 기체를 넣고 부피가 200 mL 가 되게 하였더니 기체의 압력이 2 기압을 나타내었다. 온도 변화 없이 용기의 부피를 400 mL 로 변화시키면 용기 안에 들어 있는 기체의 압력은 몇 기압이 되는가?

(　　　　) 기압

18 0 ℃, 1 기압에서 주사기 안에 공기가 60 mL 들어 있다. 온도를 일정하게 유지하면서 주사기의 피스톤을 눌러 주사기 안의 압력을 3 기압으로 높이면 공기의 부피는 몇 mL 가 되는지 구하시오.

(　　　　) mL

정답 및 해설 18쪽

19 **다음 중 보일 법칙과 관련된 현상이 아닌 것은?**

① 높은 산에 올라가면 귀가 먹먹해진다.
② 샴푸병의 꼭지를 누르면 액체 샴푸가 나온다.
③ 열기구 안의 기체를 가열하면 열기구가 높이 떠오른다.
④ 높이 날고 있는 비행기 안에서는 과자 봉지의 부피가 커진다.
⑤ 농구화의 밑창에 들어 있는 공기가 발에 느껴지는 충격을 완화시켜준다.

20 **일정한 온도를 유지하며 부피 2 L, 압력 3 기압인 실린더의 압력을 1 기압까지 낮추었다. 실린더의 내부 부피는 몇 L 가 되겠는가?**

① 1 L ② 2 L ③ 4 L ④ 6 L ⑤ 8 L

C

21 **다음은 수은을 이용하여 각기 다른 장소인 A ~ C 에서 측정한 대기압을 나타낸 것이다. 장소 A ~ C 중 대기압이 가장 높은 곳부터 낮은 곳까지 순서대로 쓰시오.**

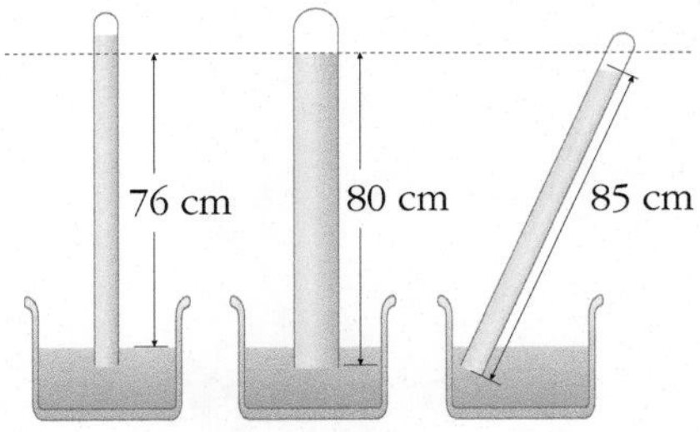

22 **다음은 어떤 기체 A와 B의 압력을 구한 결과를 나타낸 그림이다. 기체 A와 B의 압력은 몇 cmHg 인지 각각 구하시오. (단, 대기압은 76 cmHg이고, 그림에서 높이의 단위는 cm 이다.)**

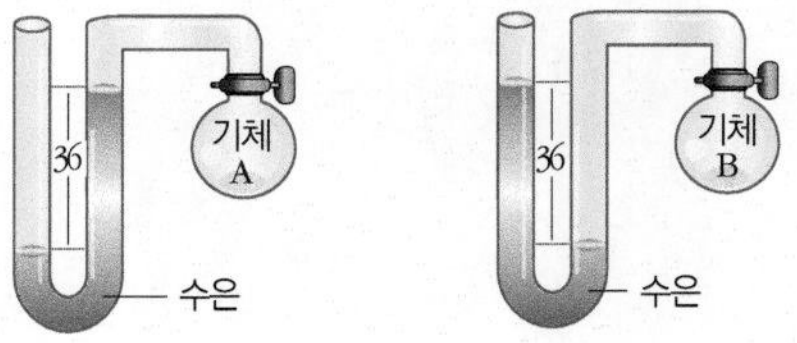

(1) 기체 A의 압력 : (   ) cmHg

(2) 기체 B의 압력 : (   ) cmHg

23 **다음 그림은 일정한 온도에서 기체의 압력과 부피와의 관계를 알아보기 위한 실험 장치이다. 실험의 결과에 대한 해석으로 옳은 것만을 있는 대로 고르시오. (3개)**

① 압력이 높아지면 기체의 부피가 작아진다.
② 압력이 높아지면 기체 분자의 수는 줄어든다.
③ 압력이 낮아지면 기체 분자 사이의 거리가 멀어진다.
④ 압력이 높아지면 기체 분자가 벽면에 가하는 힘이 커진다.
⑤ 압력이 높아지면 피스톤 벽면에 충돌하는 분자의 수가 적어진다.

24 부피가 1 L, 1 L, 0.5 L인 세 개의 밀폐된 용기 안에 같은 수의 기체 분자를 넣었더니 다음과 같은 결과가 나왔다. 다음 〈보기〉 중 이에 대한 설명으로 옳은 것만을 있는 대로 고른 것은?

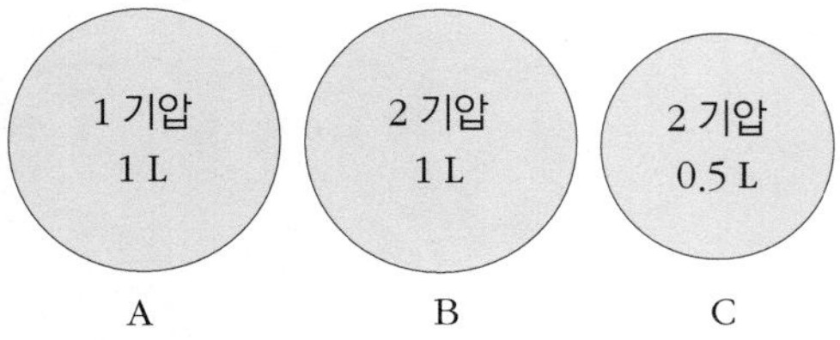

〈 보기 〉

ㄱ. A는 B보다 온도가 낮다.
ㄴ. A는 C보다 분자의 움직임이 더 활발하다.
ㄷ. B의 기체와 C의 기체는 용기의 단위 면적에 작용하는 힘의 크기가 같다.

① ㄱ ② ㄴ ③ ㄷ
④ ㄱ, ㄴ ⑤ ㄱ, ㄷ

25 다음은 자동차 타이어에 공기를 넣는 상황을 그림으로 나타낸 것이다.

이때, 타이어가 팽팽해지는 과정에서 온도의 변화가 없을 때 이와 관련된 다음 설명 중 옳은 것만을 있는 대로 고르시오. (3개)

① 분자 수의 증가로 압력이 증가한다.
② 공기를 구성하는 분자의 운동이 활발해진다.
③ 공기를 구성하는 분자 사이의 충돌 횟수가 많아진다.
④ 공기를 구성하는 분자의 크기가 커져 타이어가 팽팽해진다.
⑤ 공기를 구성하는 분자의 타이어 안쪽 벽에 충돌하는 횟수가 많아진다.

26 빨대를 이용해 주스를 마실 때, 관악산 정상과 산 아래 중에서 주스를 마시기 더 쉬운 곳은 어디일지 쓰고 이유를 서술하시오.

27 주사기 안에 그림 (가)와 같이 마시멜로를 넣고입구를 손가락으로 막은 다음, 그림 (나)와 같이 피스톤을 뒤로 잡아당겼더니 마시멜로의 부피가 증가했다.

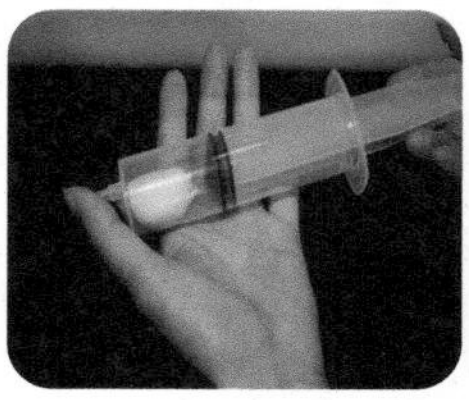
(가)

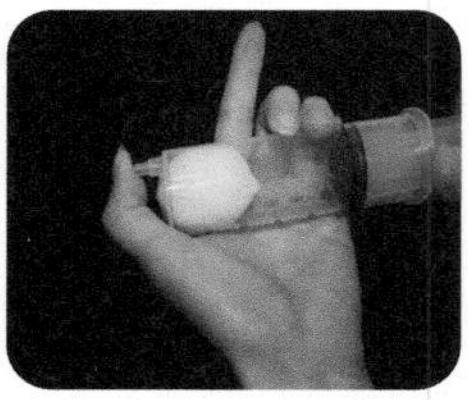
(나)

주사기 속 마시멜로의 부피가 증가한 이유를 설명해 보시오.

정답 및 해설 18쪽

28 밑면의 넓이가 25 cm^2, 무게가 25 N 인 상자가 있다. 이 상자를 밑면의 넓이를 2 배로 만든 후 위로 겹쳐서 2 개를 쌓아 놓았다면 상자 2 개가 책상에 작용하는 압력은 처음 상자 압력의 몇 배인지 구하시오.

29 다음 그림은 소방관이 얼음물에 빠진 사람을 구조하고 있는 모습을 나타낸 것이다. 소방관이 얼음 위를 서서 걷지 않고 엎드려서 가는 이유가 무엇인지 접촉 면적과 압력의 관계를 이용하여 서술하시오.

30 잠수부는 물속으로 10 m 들어갈 때마다 지상에서의 압력보다 1 기압의 압력을 더 받는다고 한다. 30 m 깊이에서 스킨스쿠버가 내놓은 5 mL의 공기방울이 수면 가까이 올라왔을 때의 부피는 몇 mL 인지 구하시오.(단, 온도는 일정하고, 대기압은 1 기압이다.)

창의력 서술

31 다음 그림과 같이 부피가 100 mL인 가지달린 삼각플라스크에 30 mL 부피의 풍선을 넣고 가지 부분에 피스톤을 50 mL에 맞춘 100 mL 주사기를 연결하였다. 공기가 새지 않도록 연결 부위를 잘 막은 후에 주사기의 피스톤을 100 mL 까지 빼내면 풍선의 부피는 몇 mL 가 되는지 구하고, 풀이 과정을 쓰시오.

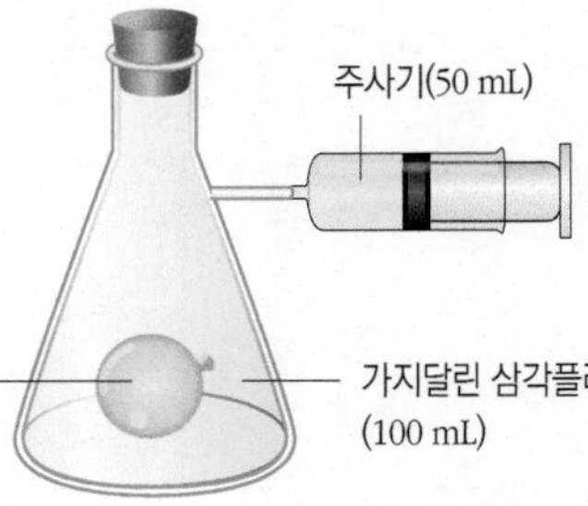

32 커피는 철로 만든 캔을 이용하고, 탄산음료는 알루미늄 캔으로 이용하여 담는다. 음료수를 각각 다른 캔에 담는 이유는 무엇인가?

6강. 온도와 기체의 부피

1. 샤를 법칙

(1) 온도와 기체의 부피 : 압력과 기체의 양이 일정할 때, 기체의 부피는 온도가 높아지면 커지고, 온도가 낮아지면 작아진다.

(2) 샤를 법칙 : 압력과 기체의 양이 일정할 때, 기체의 부피는 온도가 1 ℃ 증가할 때마다 0 ℃일 때 부피의 $\frac{1}{273}$ 씩 증가한다.

샤를법칙이 적용되는 물질
물질의 종류에 관계 없이 모든 기체 물질에 적용된다.

$$V_t = V_0 + V_0 \times \frac{t}{273} = V_0 (1 + \frac{t}{273})$$

(V_t : t ℃ 때 부피, V_0 : 0 ℃ 때 부피, t : 온도)

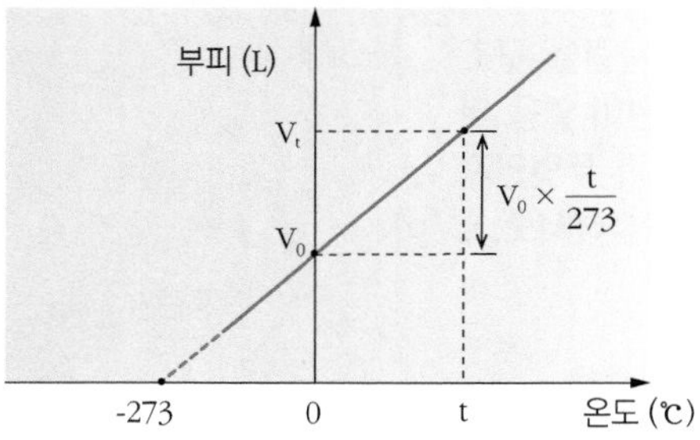

기체의 부피는
273 ℃에서 0 ℃ 때 부피의 2 배,
546 ℃에서 0 ℃ 때 부피의 3 배가 된다.

샤를
Charles, Jacques lexandre Cesar (1746~1823)

프랑스의 과학자, 수학자, 발명가이다. 수소 기구를 개발했다.

(3) 샤를 법칙 그래프 (압력이 일정할 때) : 기체의 부피는 절대 온도에 비례한다.

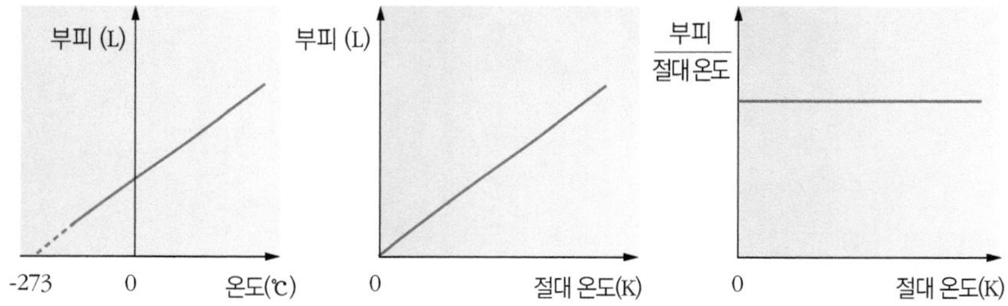

개념확인 1 **오른쪽 그림과 같이 입구에 풍선을 끼운 삼각플라스크를 가열하면 풍선의 크기가 커진다. 이로써 알 수 있는 온도와 기체의 부피와의 관계를 나타낸 다음 글의 빈칸에 알맞은 말을 써 넣으시오.**

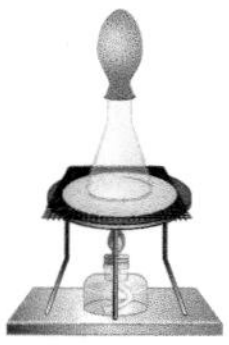

압력이 일정할 때 온도가 높아지면 공기의 (   )는 증가한다.

확인+1 0 ℃, 1 **기압에서** 2 L **인 기체를 압력을 일정하게 유지하면서** 273 ℃**가 될 때까지 가열하였다.** 273 ℃**에서 이 기체의 부피는 몇** L **인가?**

(   ) L

2. 절대 온도와 샤를 법칙

(1) 절대 온도 : −273 ℃를 0 으로 하는 온도로, 단위는 K(켈빈)이다.

① 절대 영도 : 이론적으로 기체의 부피가 0 이 되는 온도로 절대 온도로 0 K, 섭씨온도는 −273 ℃이다.

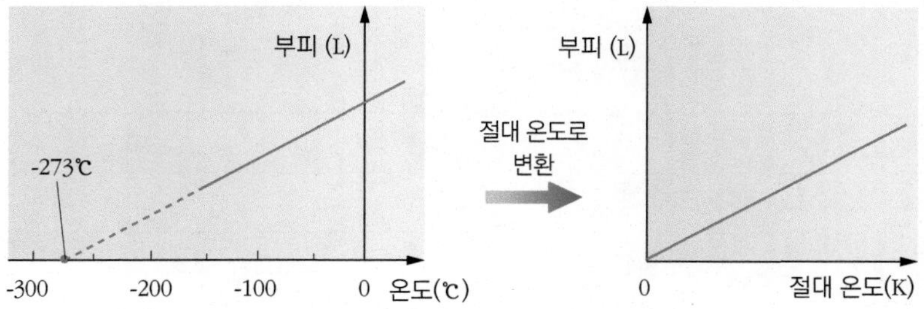

섭씨온도와 기체의 부피 관계 그래프를 왼쪽으로 연장하면 -273 ℃에서 기체의 부피는 0 이 된다. 이 온도가 절대 영도이다.

② 절대 온도와 섭씨온도의 관계

절대 온도(K) = 273 + 섭씨 온도(℃)

(2) 절대 온도로 나타낸 샤를 법칙 : 압력이 일정할 때 기체의 부피는 절대 온도에 비례한다.

$\frac{V}{T}$ = 일정　　$\frac{V_{처음}}{T_{처음}} = \frac{V_{나중}}{T_{나중}}$　　(V : 기체의 부피, T : 절대 온도)

절대 영도의 특징
① 기체의 부피가 0 이 된다.
② 분자의 운동 속도가 0 이 된다.
③ 물질의 내부 에너지가 0 이다.
④절대 0도 이하의 온도는 존재하지 않는다.

정답 및 해설 20쪽

개념확인 2 **−273 ℃를 0 으로 하고, 단위는 K(켈빈)을 사용하는 온도를 무엇이라 하는지 쓰시오.**

(　　　　　)

생각해보기★
지구상에 존재하는 기체는 기체 상태를 유지한 채 절대 영도에 도달할 수 없다. 그 이유는 무엇일까?

확인 +2 **다음에 주어진 온도를 섭씨 온도는 절대 온도로, 절대 온도는 섭씨 온도로 바꾸시오.**

(1) 25 ℃ : (　　　　) K
(2) -78 ℃ : (　　　　) K
(3) 0 K : (　　　　) ℃
(4) 273 K : (　　　　) ℃

3. 기체 분자 운동과 샤를 법칙

(1) 온도 변화에 따른 기체의 부피 변화와 분자 운동

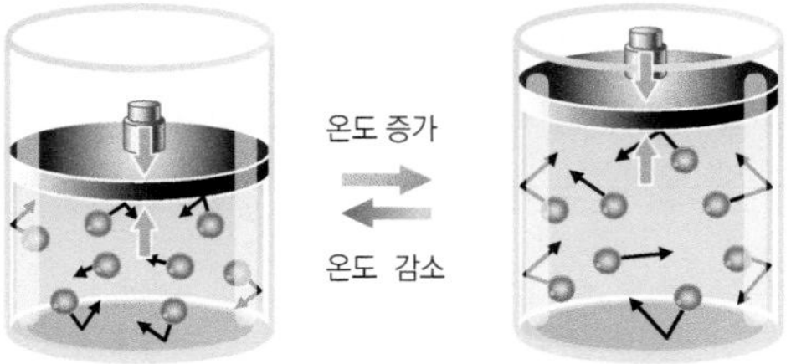

온도	증가	감소
기체의 압력	일정	
기체 분자 수	일정	
분자 운동 속도	증가	감소
기체의 충돌 횟수	증가	감소
기체의 부피	증가	감소

(2) 생활 속 샤를 법칙

① 열기구 속 기체를 가열하면 열기구가 위로 떠오른다.
② 여름철에는 자동차 바퀴에 공기를 적게 넣는다.
③ 찌그러진 탁구공을 뜨거운 물에 넣으면 원래대로 펴진다.
④ 음료수가 반쯤 남은 페트병을 냉장고에 넣어 두면 찌그러진다.
⑤ 뜨거운 물을 담은 그릇을 식탁 위에 올려두면 저절로 움직인다.

열기구

열기구는 1783 년 조세프와 쟈크 에테엥 몽골피에 형제가 발명했다. 열기구 내부 공기를 가열하면 내부 공기의 부피가 증가하면서 외부의 공기보다 밀도가 줄어들어 열기구는 위로 떠오르게 된다.

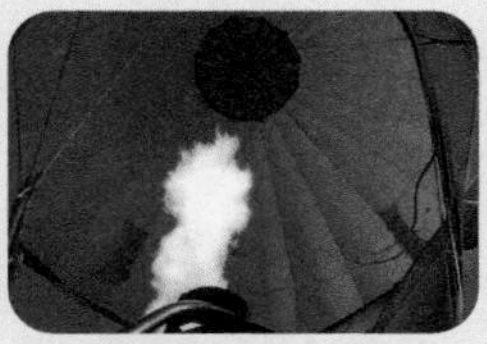

뜨거운 물을 담은 그릇이 식탁에서 저절로 움직이는 이유

그릇 바닥의 오목한 부분에 있던 기체 분자들이 뜨거운 물에서 나오는 열을 받아 분자 운동이 활발해진다. 활발한 분자 운동으로 기체의 부피가 커지면서 그릇이 조금 들어 올려져 살짝 떨면서 움직이는 것처럼 보인다.

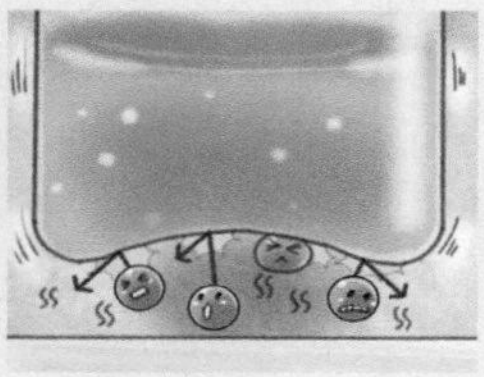

개념확인 3

내용물의 부피에 따라 크기가 변하는 용기 안에 어떤 기체가 들어있다. 이 용기를 가열할 때 변하지 않는 것은?

① 기체 분자 수
② 기체의 부피
③ 기체 분자의 충돌 횟수
④ 기체 분자의 운동 속도
⑤ 기체 분자 사이의 거리

확인 +3

다음 현상 중 샤를 법칙과 관계 있는 것만을 있는 대로 고르시오.

① 샴푸 병의 꼭지를 누르면 샴푸가 나온다.
② 높이 뜬 비행기 안의 과자 봉지가 부풀어 오른다.
③ 열기구 속 기체를 가열하면 열기구가 위로 떠오른다.
④ 농구화 밑창의 공기 주머니가 발의 충격을 흡수해 준다.
⑤ 주스가 반쯤 담긴 페트병을 냉장고에 넣어 두면 찌그러진다.

4. 보일-샤를 법칙

(1) 보일 법칙과 샤를 법칙의 확장

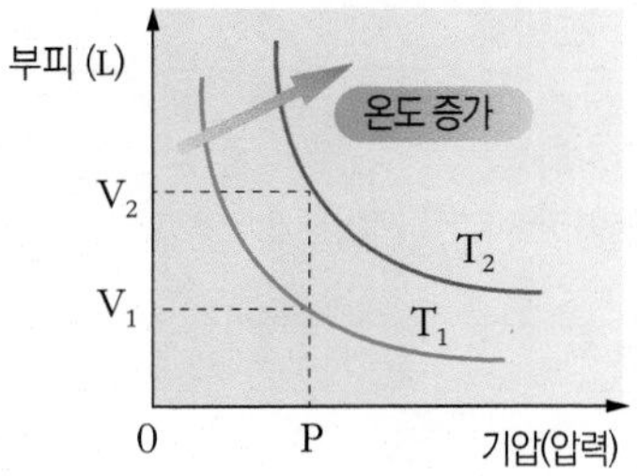

[보일 법칙]
온도가 일정할 때 PV = k(상수)인데, 온도가 올라가면 k 값(압력 x 부피 값)이 증가한다.

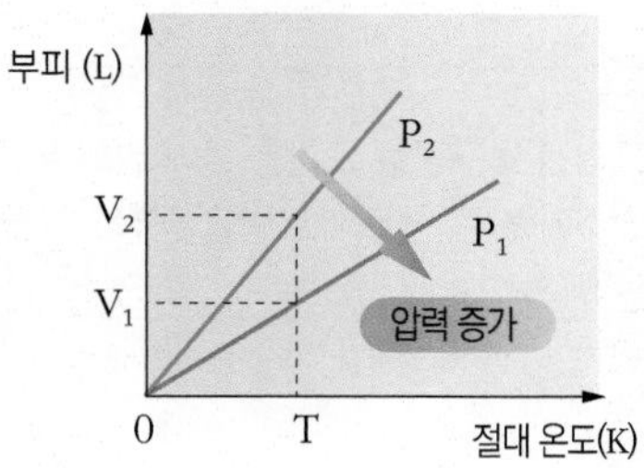

[샤를 법칙]
압력이 일정할 때 V = k' T (k' : 상수, T : 절대 온도) 인데, 압력이 증가하면 k' 값이 감소한다.

(2) 보일-샤를 법칙 : 일정량의 기체의 부피는 압력에 반비례하고 절대 온도에 비례한다.

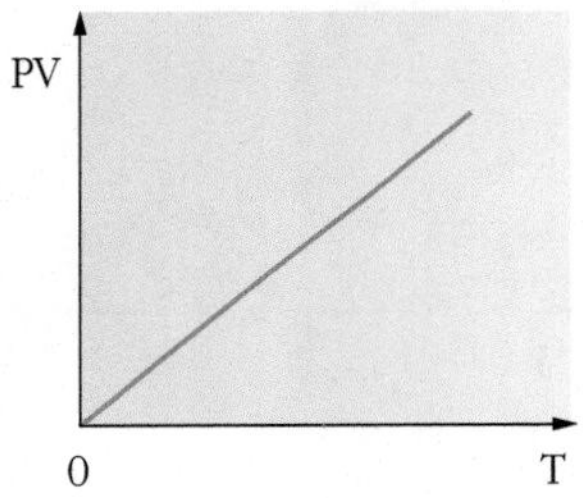

압력(P)과 부피(V)의 곱은 절대 온도(T)에 비례한다.

$$\frac{PV}{T} = 일정 \qquad \frac{P_{처음}V_{처음}}{T_{처음}} = \frac{P_{나중}V_{나중}}{T_{나중}}$$

(P : 기체의 압력, V : 기체의 부피, T : 절대 온도)

정답 및 해설 20쪽

개념확인 4 **다음 글은 보일-샤를 법칙에 대한 설명이다. 빈칸에 알맞은 말을 써 넣으시오.**

일정량의 기체의 부피는 ㉠(　　　)에 반비례하고, ㉡(　　　)에 비례한다.

생각해보기★★
보일-샤를 법칙에서 압력과 기체의 부피의 곱은 절대 온도에 비례한다. 기체의 분자 수가 증가해도 이 법칙은 성립할까?

확인 +4 **오른쪽 그림은 일정량의 기체에 대하여 온도와 압력에 따른 기체의 부피 변화를 나타낸 것이다. 압력 P_1, P_2 를 비교하여 부등호(> , = , <)로 나타내시오.**

P_1 (　　　) P_2

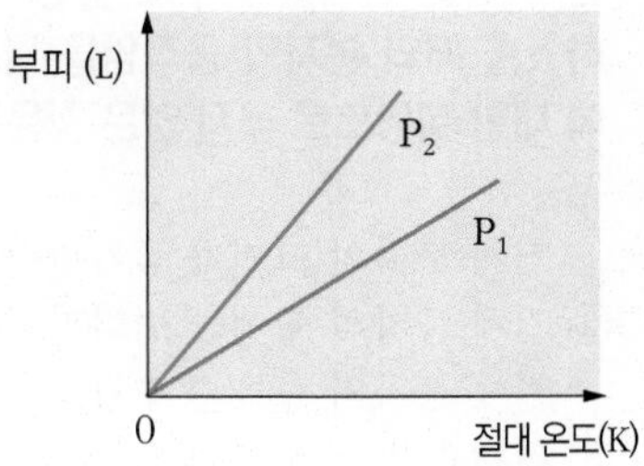

01 다음의 현상에 공통적으로 적용되는 기체의 법칙을 쓰시오.

> ·찌그러진 탁구공을 뜨거운 물에 넣어 두면 원래대로 펴진다.
> ·음료수가 반쯤 남은 페트병을 냉장고에 넣어 두면 페트병이 찌그러진다.

02 다음 그래프 중 압력이 일정할 때 기체의 부피(V)와 온도(T)와의 관계를 바르게 나타낸 것은?

①
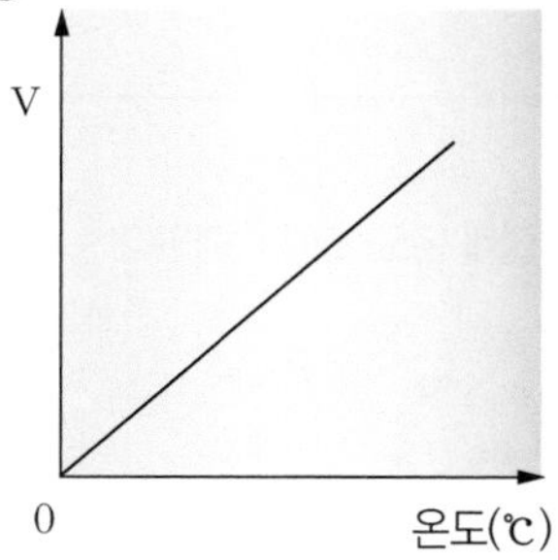

②
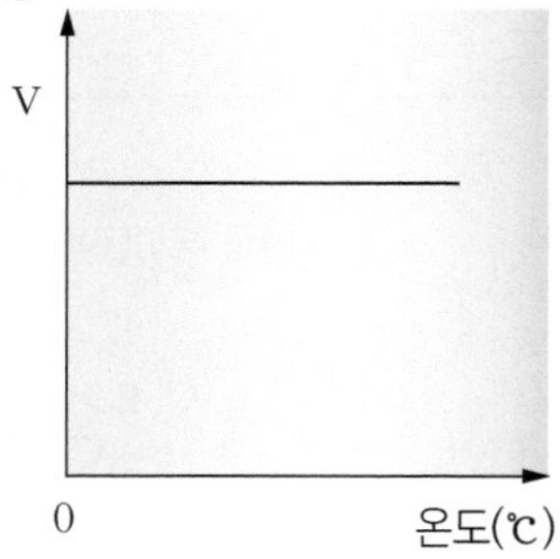

③
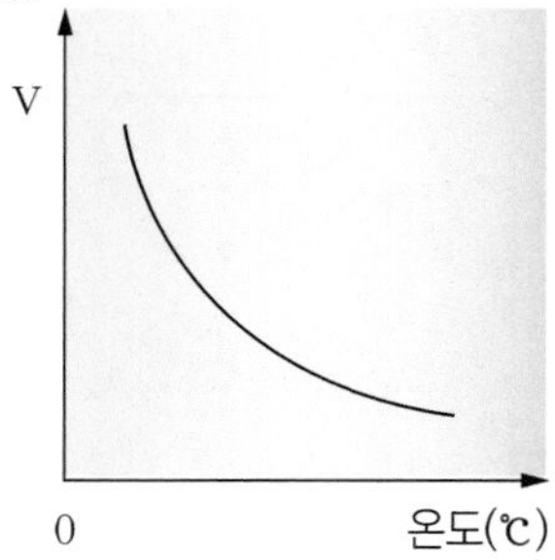

④
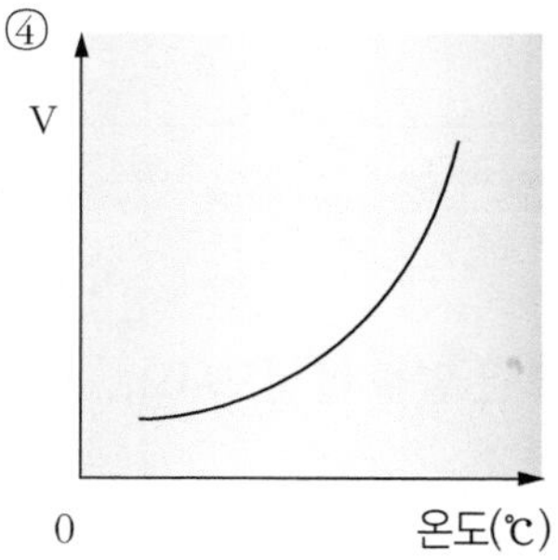

⑤
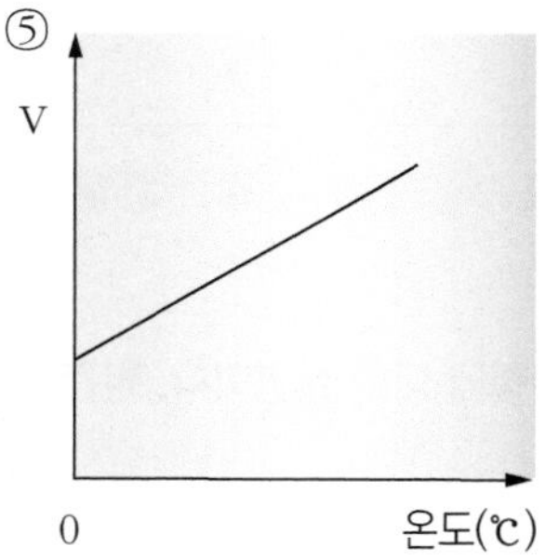

03 오른쪽 그림은 뚜껑이 움직이는 밀폐된 실린더 안에 어떤 기체를 채우고 일정한 압력에서 가열하였을 때의 분자의 움직임을 나타낸 것이다. 이에 대한 설명으로 옳지 않은 것은?

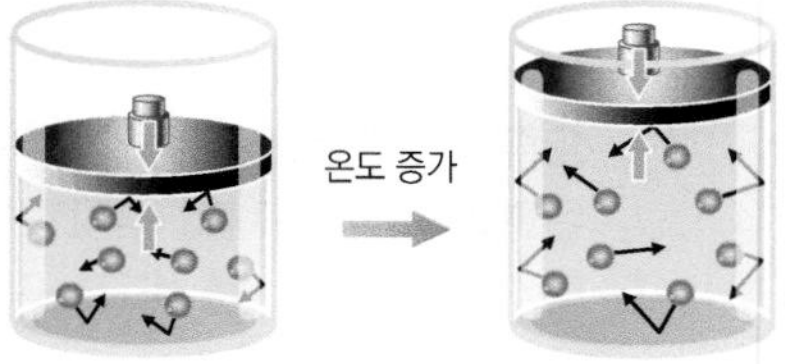

① 기체 분자의 크기가 증가한다.
② 기체 분자의 수에는 변화가 없다.
③ 기체 분자의 충돌 횟수가 증가한다.
④ 기체 분자의 운동 속도가 증가한다.
⑤ 기체의 압력이 외부 압력과 같아질 때까지 부피가 증가한다.

정답 및 해설 20쪽

04 다음 중 오른쪽 그래프로 설명할 수 <u>없는</u> 현상은?

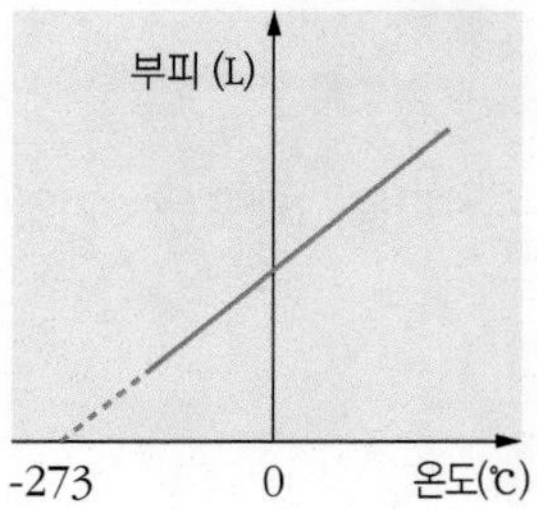

① 풍선이 하늘 높이 올라갈수록 부피가 커진다.
② 찌그러진 농구공을 뜨거운 물에 넣으면 펴진다.
③ 열기구 속 기체를 가열하면 열기구가 위로 떠오른다.
④ 타이어에 같은 양의 공기를 넣으면 겨울보다 여름에 더 팽팽해진다.
⑤ 뜨거운 물을 담은 그릇을 식탁 위에 올려 두면 그릇이 저절로 미끄러진다.

05 오른쪽 그림은 서로 다른 압력 P_1과 P_2에서 일정량의 기체에 대하여 온도에 따른 부피 변화를 나타낸 것이다. 이에 대한 설명으로 옳은 것만을 있는 대로 고르시오. (2개)

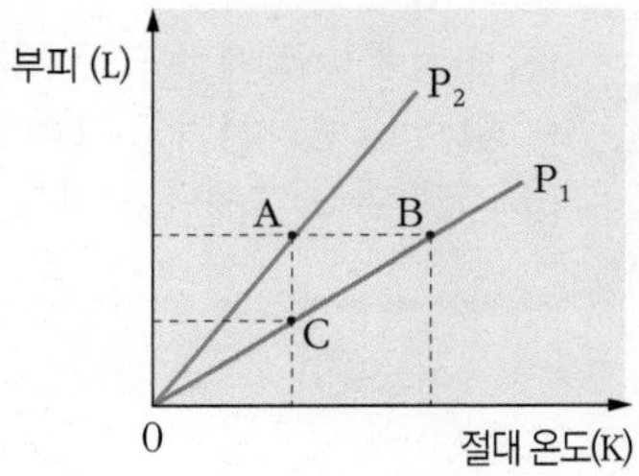

① 압력은 $P_1 < P_2$ 이다.
② 분자 사이의 거리는 A와 B가 같다.
③ A, B, C 중 B 에서 분자 운동이 가장 활발하다.
④ A → B 로 변화시키려면 압력을 작게 한다.
⑤ A → C 로 변화시키려면 온도를 낮게 한다.

06 오른쪽 그림은 일정량의 기체에 대하여 온도와 압력에 따른 기체의 부피 변화를 나타낸 것이다. 중 샤를 법칙 T_1, T_2, T_3 를 비교하여 부등호(> , = , <)로 나타내시오.

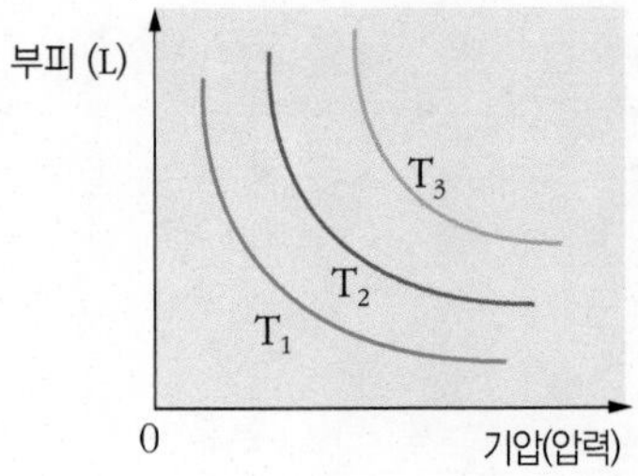

T_1 (　　) T_2 (　　) T_3

유형 익히기 & 하브루타

[유형6-1] 샤를 법칙

다음 그래프는 1 기압에서 일정량의 기체의 온도 변화에 따른 부피 변화를 나타낸 것이다.

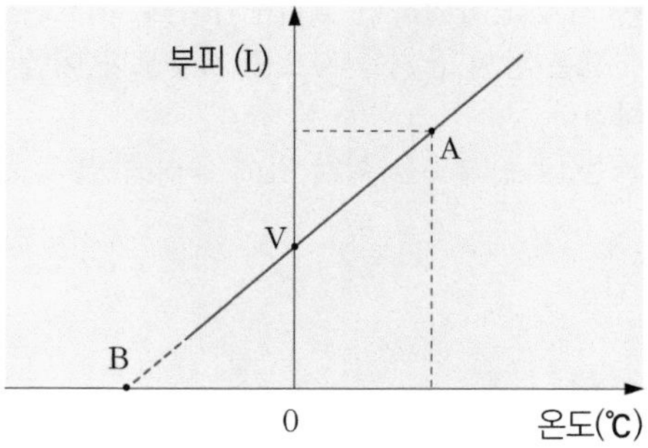

다음 설명 중 옳은 것은?

① 온도와 기체의 부피를 곱한 값은 일정하다.
② A 점의 온도가 273 ℃라면 부피는 2V 이다.
③ B 점에서 실제로 모든 기체의 부피는 0 이 된다.
④ 압력을 변화시켜도 그래프의 결과는 변하지 않는다.
⑤ 기체 대신 액체나 고체를 사용해도 같은 결과의 그래프를 얻는다.

Tip!

01 **다음 표는 일정한 압력에서 기체를 가열하면서 부피 변화를 측정한 결과이다. (가)와 (나)에 들어갈 알맞은 값을 구하시오.**

온도(℃)	-27.3	0	(나)
부피 (mL)	180	(가)	600

(가) (　　　　)

(나) (　　　　)

02 **0℃, 1 기압에서 부피가 300 mL인 산소의 온도를 높여 600 mL가 되게 하려면 몇 ℃ 까지 가열해야 하는지 구하시오. (단, 외부 압력은 변화없다.)**

(　　　　) ℃

정답 및 해설 21쪽

[유형6-2] 절대 온도와 샤를 법칙

다음 그래프는 1 기압에서 일정량의 기체를 온도를 변화시키면서 부피 변화를 관찰하여 나타낸 것이다.

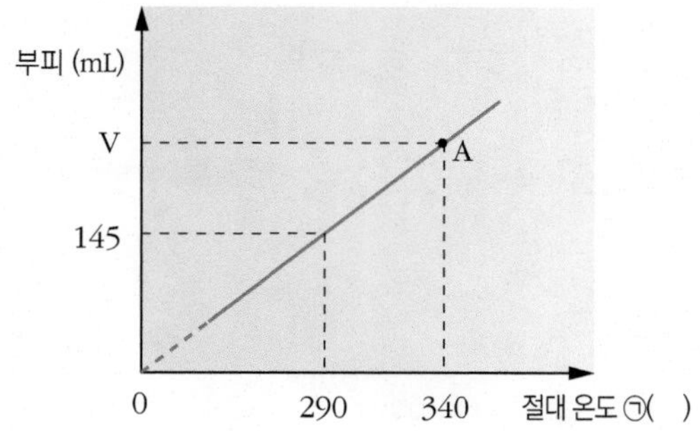

(1) ㉠에 알맞은 온도 단위를 쓰시오.

(2) A 점에서의 기체의 부피(V)를 구하시오.

03

다음 〈보기〉 중 압력이 일정할 때 절대 온도와 기체의 부피에 대한 설명으로 옳은 것만을 있는 대로 고른 것은?

〈 보기 〉

ㄱ. 절대 온도는 −273 ℃를 0 으로 한다.
ㄴ. 0 K에서 기체의 부피는 0 이 된다.
ㄷ. 기체의 부피는 절대 온도에 반비례한다.

① ㄱ ② ㄴ ③ ㄱ, ㄴ
④ ㄴ, ㄷ ⑤ ㄱ, ㄴ, ㄷ

04

27 ℃, 1 기압에서 부피가 500 mL 인 어떤 기체가 있다. 이 기체를 압력의 변화 없이 60 ℃ 까지 가열하면 부피는 몇 mL 가 되는지 구하시오.

(   ) mL

Tip!

[유형6-3] 기체의 분자 운동과 샤를 법칙

다음 그림과 같이 잉크 방울이 들어있는 유리관을 둥근바닥플라스크에 연결하고 손으로 감싸쥐었다. 다음 물음에 답하시오.

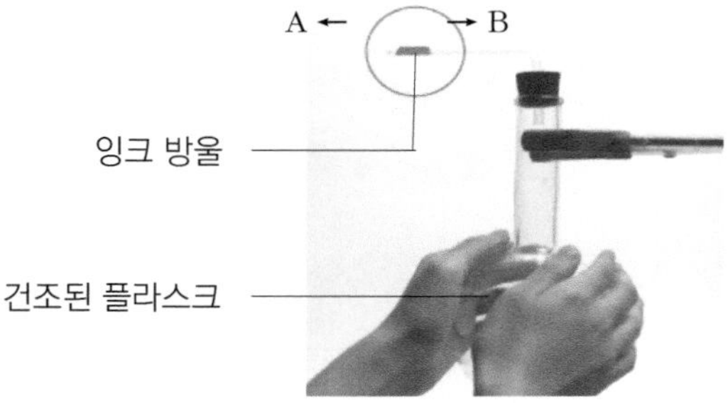

(1) 손으로 감싸면 둥근바닥 플라스크의 내부 온도는 어떻게 되는지 쓰시오.

(2) 손으로 감싸면 둥근바닥 플라스크 내부의 분자의 움직임은 어떻게 변하는지 쓰시오.

(3) (1), (2) 의 결과를 참조하여 A, B 중 잉크 방울이 이동하는 방향을 고르시오.

05 실린더에 일정한 양의 기체를 넣고 압력의 변화 없이 가열했다. 이때 변하는 것만을 〈보기〉에서 있는 대로 고른 것은?

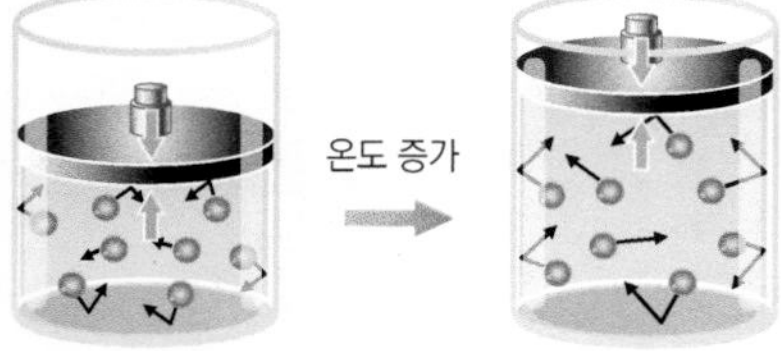

〈 보기 〉

ㄱ. 기체 분자의 움직임
ㄴ. 기체 분자의 충돌 횟수
ㄷ. 기체 분자 사이의 거리

① ㄱ ② ㄴ ③ ㄱ, ㄷ
④ ㄴ, ㄷ ⑤ ㄱ, ㄴ, ㄷ

06 다음 그림과 같이 공기가 반쯤 들어 있는 주사기의 입구를 막고 뜨거운 물에 넣으면 주사기의 피스톤이 뒤로 밀려 나온다. 다음 중 이와 같은 원리로 설명할 수 <u>없는</u> 현상은?

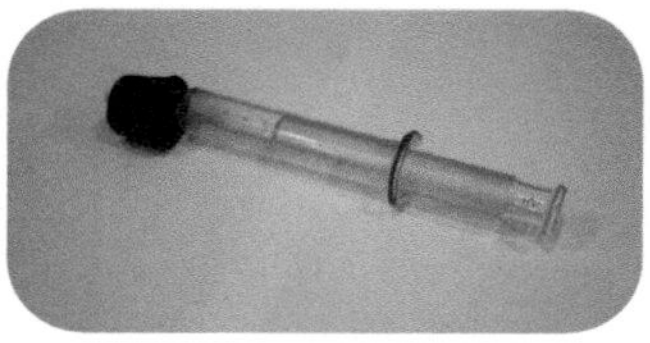

① 찌그러진 탁구공을 뜨거운 물에 넣으면 원래대로 펴진다.
② 빨대 끝의 물방울은 빨대를 손으로 감싸쥐면 빠져 나온다.
③ 다 사용한 뷰테인 가스통은 터지지 않도록 구멍을 뚫은 후 버린다.
④ 높이 나는 비행기 안에서는 공기가 들어있는 과자 봉지가 부풀어 오른다.
⑤ 바닥이 오목한 그릇에 뜨거운 물을 담아 탁자 위에 올려 두면 그릇이 저절로 움직인다.

정답 및 해설 21쪽

[유형6-4] 보일-샤를 법칙

(가)와 같이 피스톤이 자유롭게 움직이는 밀폐된 실린더 안에 일정한 양의 기체가 들어있다. 이 실린더의 온도는 T, 압력은 P, 부피는 V일 때 (1) ~ (3)과 같은 변화를 주었다. 각 변화에 대한 기체의 상태를 잘 나타낸 실린더를 다음 〈보기〉의 A ~ C 중에서 골라 기호를 쓰시오.

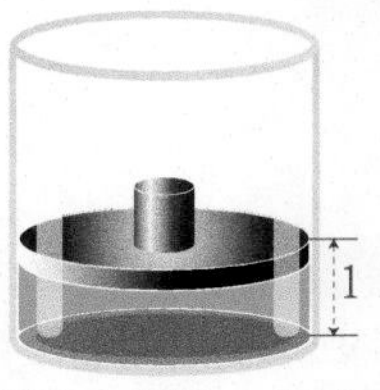

온도 T, 압력 P, 부피 V
(가)

〈 보기 〉

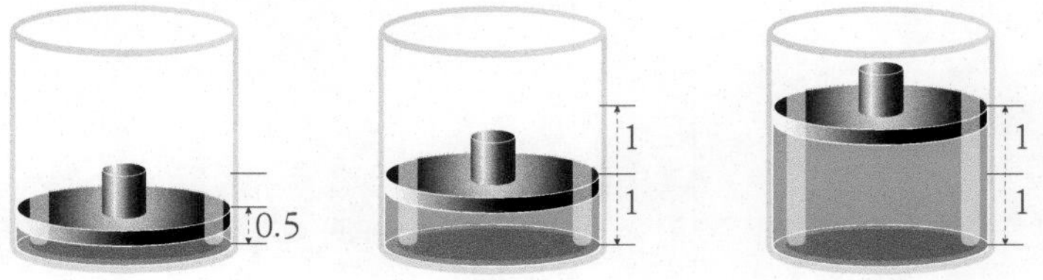

(1) 온도 변화없이 피스톤의 압력을 2 배로 늘린 경우

(2) 압력의 변화없이 실린더의 절대 온도를 2 배로 올린 경우

(3) 절대 온도를 반으로 낮추고, 피스톤의 압력을 $\frac{1}{4}$ 로 줄인 경우

07

0℃, 1 기압에서 부피가 300 mL인 기체가 있다. 273 ℃, 3 기압에서 이 기체의 부피는 몇 mL 가 되는지 구하시오.

(　　　　) mL

08

0℃, 5 기압에서 부피가 100 mL인 어떤 기체가 있다. 546 ℃, 3 기압에서 이 기체는 몇 mL 가 되는지 구하시오.

(　　　　) mL

Tip!

창의력 & 토론마당

01

다음 그림은 옥수수 알맹이로부터 팝콘이 되는 과정을 간략하게 나타낸 것이다.

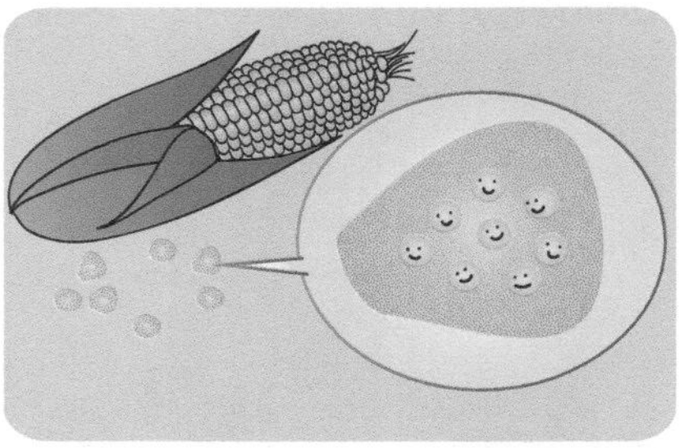

① 딱딱한 옥수수 알맹이 속에 수분(물분자)이 들어 있다.

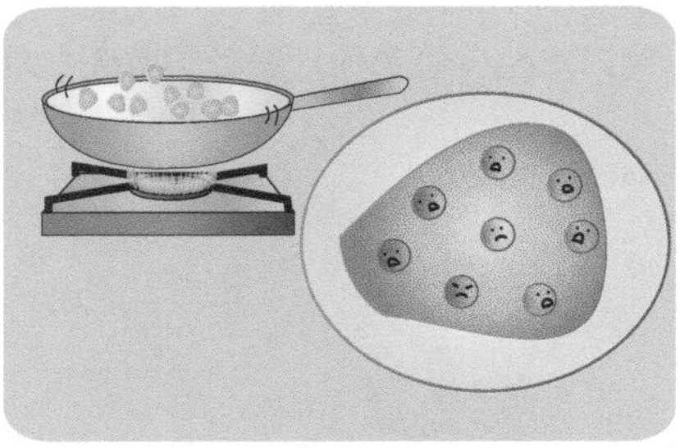

② 옥수수알을 가열하면 수분이 가열되어 기체 상태의 수증기로 변한다.

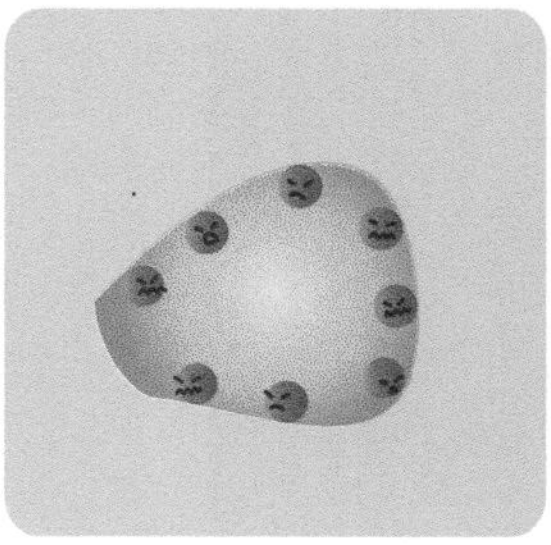

③ 수증기로 인해 옥수수알 안쪽의 압력이 커진다.

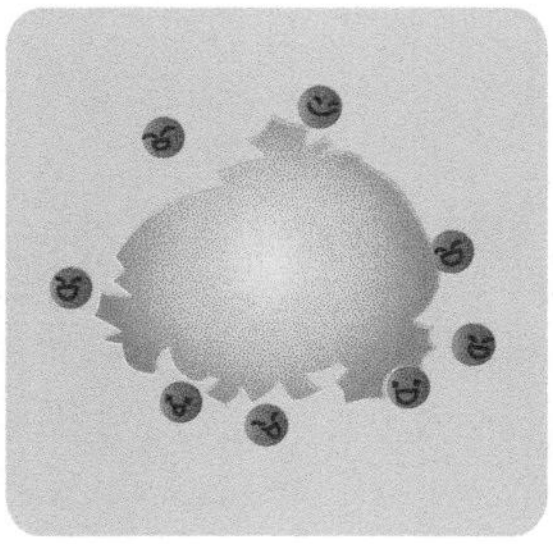

④ 압력이 커지다가 옥수수알이 터진다.

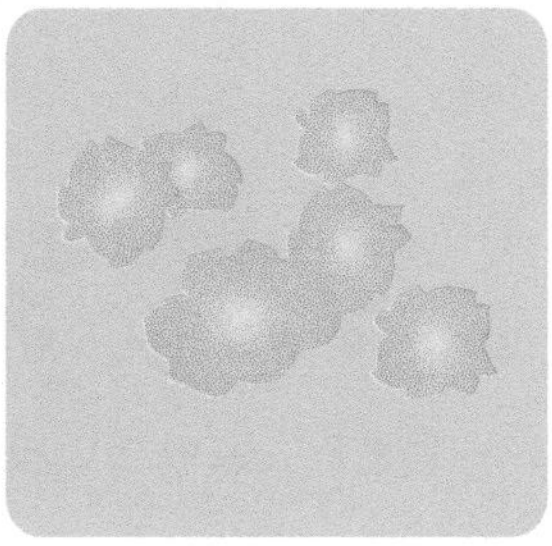

⑤ 옥수수 녹말이 익어서 부드러운 팝콘이 된다.

팝콘용으로 사용하는 옥수수알은 다른 종류의 옥수수에 비해 껍질이 더 두껍다. 팝콘용 옥수수알을 껍질이 더 두꺼운 것을 사용하는 이유를 위 그림의 ③, ④ 과정을 이용하여 설명해 보시오.

정답 및 해설 22쪽

02 다음을 보고 물음에 답하시오.

기온이 27 ℃인 실험실에 내부 부피가 227 L인 냉장고를 설치했다. 이 냉장고의 문에는 고무 파킹이나 자석같은 장치가 없으며, 안과 밖의 기압 차로만 열고 닫히게 설계되었다. (단, 실험실 안의 기압은 1 기압이다.)

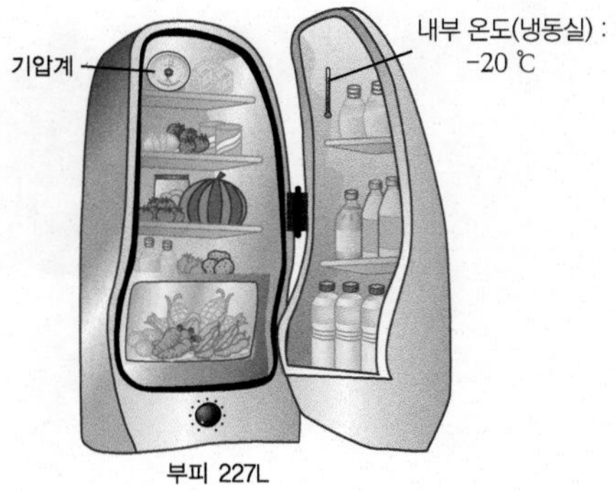

같은 크기의 냉장실(227 L)과 냉동실(227 L)이 아래와 위에 위치한 냉장고에서 문을 열어 두었다가 닫은 후 전원을 켰을 때 문을 열기 더 쉬운 쪽은 냉장실과 냉동실 중 어느 쪽인지 쓰고, 그 이유를 냉장고의 내부 압력을 이용하여 설명하시오. (단, 냉동실의 온도는 -20 ℃, 냉장실의 온도는 2 ℃ 정도이다.)

03 **휴가철 또는 음식점에서 뷰테인 가스를 이용하여 요리를 하다가 가스통이 폭발하는 경우가 종종 있다. 뷰테인 가스는 액체로 통에 들어 있는데, 열이 가해지면 기체로 변하면서 불이 붙어 연료로 사용되는 것이다. 안전에 주의하지 않고 가스통을 불꽃 가까이 두면 통이 가열되어 기체의 부피가 커지면서 통 안의 압력이 커져 폭발하게 된다. 액체 뷰테인은** 0 ℃, 1 **기압에서 기체가 되면 액체일 때의 부피의** 250 **배가 된다.**

(1) 0 ℃, 1 기압에서 액체 뷰테인 10 mL가 모두 기체로 변했다면 기체의 부피는 얼마인가?

(2) 가스통에 10 mL의 액체가 남아 있었는데, 모두 기체로 변했다고 가정하자. 이 경우 부피가 500 mL인 가스통이 100 ℃로 가열되었다면 가스통 안의 압력은 얼마가 되는지 구하시오.

정답 및 해설 22쪽

04 다음을 읽고 물음에 답하시오.

1816년 스코틀랜드의 목사 로버트 스털링이 발명한 스털링 엔진은 그간 다른 엔진들에 밀려 관심을 받지 못했다가 최근 다시 많은 관심을 받고 있다. 실린더와 피스톤으로 이루어진 공간 내에 수소나 헬륨 등의 가스를 밀봉하고, 이를 외부에서 가열/냉각시킴으로서 피스톤을 상하로 움직여 기계적 에너지를 얻게 되는 외연 기관인 스털링 엔진은 소음과 진동이 적을 뿐만 아니라 휘발유 외에 천연 가스나 석탄, 태양열 등을 다양하게 이용할 수 있어 미래형 엔진으로 기대가 모아지고 있다.

▲스털링 엔진 모형

이상적인 상태를 가정한다면 엔진의 작동 원리는 과정 A~ D와 같다.

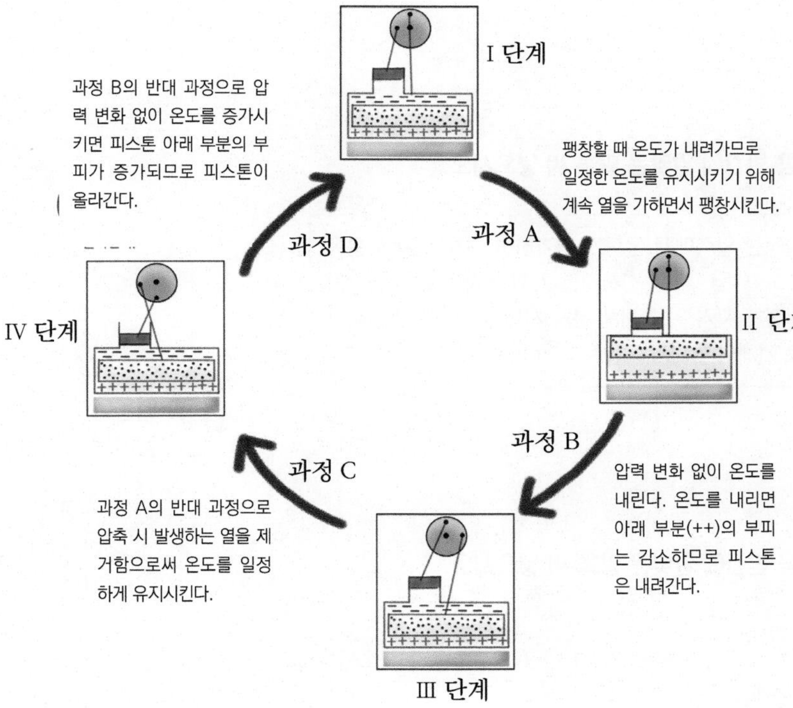

각 과정의 압력과 부피, 온도를 정리한 표는 다음과 같다. 위의 과정을 보고 표의 빈칸에 알맞은 값을 쓰시오.

	I	II	III	IV
압력(atm)	1.25			
부피(L)	0.5	1.30		0.5
온도(K)	500		350	

A

01 **다음 빈칸에 알맞은 말을 써 넣으시오.**

압력이 일정할 때, 일정한 양의 기체의 부피는 온도가 높아지면 ㉠(　　　)지고, 온도가 낮아지면 ㉡(　　　) 진다.

02 **다음 빈칸에 알맞은 말을 써 넣으시오.**

압력과 기체의 양이 일정할 때, 기체의 부피는 온도가 1 ℃ 증가할 때마다 ㉠(　　　) ℃ 때 부피의 $\frac{1}{㉡(\quad)}$ 씩 증가한다.

03 **다음 빈칸에 알맞은 말을 써 넣으시오.**

일정한 압력에서 온도가 증가하면 기체 분자의 운동 속도가 ㉠(　　　　)하지만 기체 분자의 충돌 횟수가 일정해 지기 위해 기체 분자 사이의 거리가 증가하므로 기체의 부피가 ㉡(　　　)한다.

04 **다음 빈칸에 알맞은 말을 써 넣으시오.**

㉠(　　　) 온도는 -273 ℃ 를 0 으로 하는 온도로, 단위는 ㉡(　　　)(켈빈)이다.

05 **다음 빈칸에 알맞은 말을 써 넣으시오.**

일정한 압력에서 일정량의 기체의 부피는 절대 온도에 (　　　)한다.

06 **다음에 주어진 온도를 섭씨 온도는 절대 온도로, 절대 온도는 섭씨 온도로 나타내시오.**

(1) 20 ℃　: (　　　　　) K
(2) 65 ℃　: (　　　　　) K
(3) −20 ℃　: (　　　　　) K
(4) 90 K　: (　　　　　) ℃
(5) 546 K　: (　　　　　) ℃

[07-08] **다음 그림과 같이 삼각플라스크에 풍선을 끼우고 가열한 후에 얼음이 담긴 수조에 넣으려고 한다.**

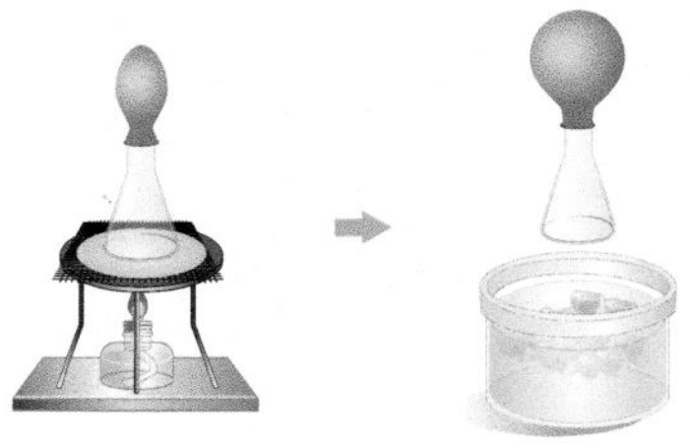

07 **얼음이 담긴 수조에 가열한 삼각플라스크를 넣으면 풍선의 크기는 어떻게 변화하는가?**

① 작아진다.
② 그대로이다.
③ 커진다.

08 **얼음이 담긴 수조에 넣었을 때 풍선 안에 들어 있는 기체 분자의 운동 속도와 풍선 안 벽면과의 분자 충돌 횟수가 어떻게 변화하는지 괄호 안에 알맞은 말을 고르시오.**

· 기체 분자의 운동 속도 : (증가, 변화없음, 감소)

· 분자 충돌 횟수 : (증가, 변화없음, 감소)

정답 및 해설 22쪽

09 다음 그림과 같이 가열한 유리병 위에 삶은 달걀을 올려 놓고 찬물에 넣으면 계란이 병 속으로 빨려 들어간다. 병 속의 기체 변화에 대한 설명으로 옳은 것은?

① 분자의 크기가 감소한다.
② 분자의 움직임이 활발해진다.
③ 분자 사이의 인력이 감소한다.
④ 분자 사이의 거리가 멀어진다.
⑤ 병 안쪽의 기체의 부피가 감소한다.

10 다음 그래프는 일정한 압력에서 온도와 기체의 부피와의 관계를 나타낸 것이다. 다음 중 이 그래프와 관련 있는 현상은?

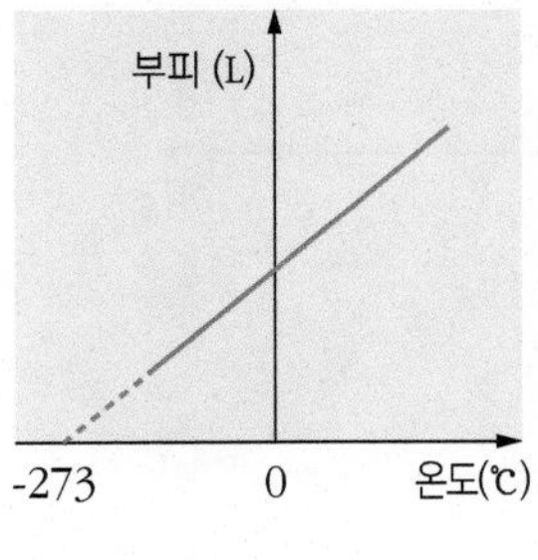

① 산에 높이 올라가면 귀가 먹먹해진다.
② 보온병의 꼭지를 누르면 물이 나온다.
③ 농구공을 뜨거운 물에 넣으면 딱딱한 느낌이 든다.
④ 하늘 높이 올라간 헬륨 풍선은 부피가 커지다가 터진다.
⑤ 물속에서 잠수부가 내놓은 공기 방울은 수면 가까이 올수록 커진다.

B

[11~12] 그림은 일정한 압력에서 온도 변화에 따른 기체의 부피 변화를 나타낸 그래프이다.

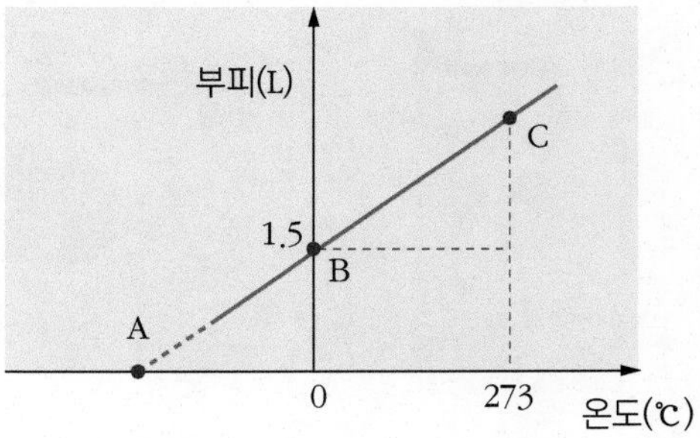

11 위 그래프에 대한 설명으로 옳지 않은 것은?

① A 점의 온도는 −273 ℃ 이다.
② C 점에서의 부피는 3 L 이다.
③ 분자 간의 거리는 B > C 이다.
④ 분자의 열에너지는 B < C 이다.
⑤ 분자 운동의 빠르기는 B < C 이다.

12 다음 〈보기〉의 물질 중 위 그래프의 규칙을 따르는 물질만을 있는 대로 골라 기호로 쓰시오.

〈 보기 〉

ㄱ. 물	ㄴ. 철	ㄷ. 헬륨
ㄹ. 질소	ㅁ. 에탄올	ㅂ. 아세톤

13 기체의 부피가 증가하는 원인이 다른 하나는?

① 난로 옆에 두었던 과자 봉지가 부풀었다.
② 여름철 차 안에 둔 풍선의 크기가 커졌다.
③ 열기구 속 기체를 가열하니 열기구가 커졌다.
④ 날고 있는 비행기 안의 과자 봉지가 부풀었다.
⑤ 찌그러진 탁구공을 뜨거운 물에 넣으면 원래대로 펴진다.

[14-15] 둥근바닥플라스크에 유리관을 끼우고 한쪽 끝에 붉은색 잉크 방울을 넣었다. 둥근바닥 플라스크를 두 손으로 감싸니 잠시 후 잉크 방울이 오른쪽으로 이동하였다.

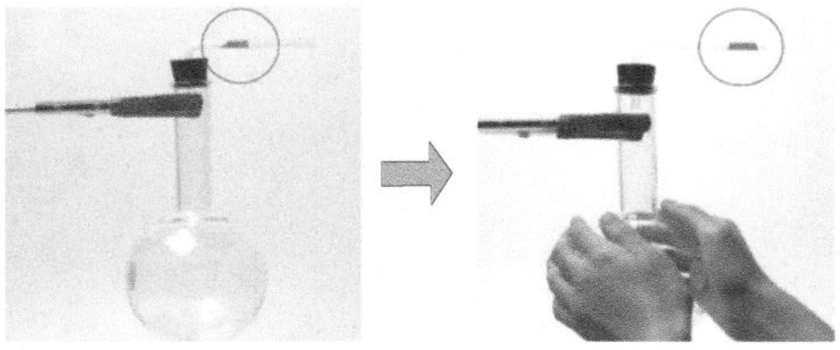

14 **이 실험에서 둥근바닥플라스크를 손으로 감쌌을 때에 플라스크 내부에서 일어나는 변화로 옳은 것은?**

	분자 운동	분자의 충돌 횟수	기체의 부피
①	활발	증가	감소
②	활발	증가	증가
③	활발	감소	증가
④	둔해짐	감소	증가
⑤	둔해짐	감소	감소

15 **이 실험에 대한 설명으로 옳은 것은?**

① 온도가 올라가면 공기 분자의 개수는 많아진다.
② 온도가 올라가면 공기 분자 사이의 거리는 멀어진다.
③ 온도가 올라가면 공기 분자가 차지하는 공간이 좁아진다.
④ 온도가 올라가면 분자들은 오른쪽으로만 이동하려 한다.
⑤ 온도와 분자 운동과는 상관이 없다.

16 **다음 그래프는 서로 다른 압력에서 온도 변화에 따른 어떤 일정한 양의 기체의 부피 변화를 나타낸 것이다.**

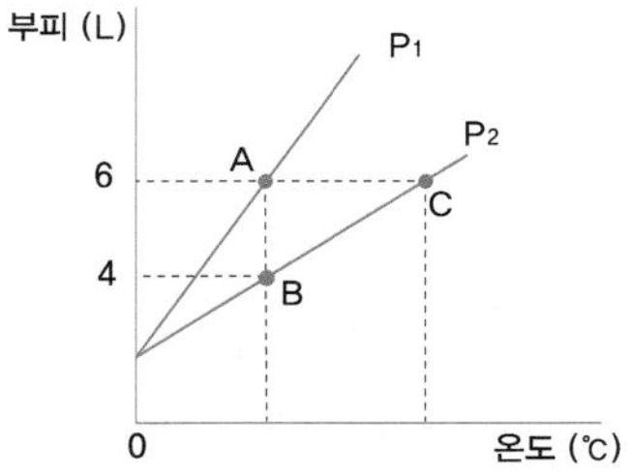

위 그래프에 대한 설명 중 옳은 것만을 있는 대로 고르시오. (2개)

① $P_1 : P_2 = 2 : 3$ 이다.
② A → B 로 변하면 분자의 충돌 횟수가 줄어든다.
③ B → C 로 변하면 분자의 움직임이 활발해진다.
④ A → C 로 변하면 분자 사이의 거리가 멀어진다.
⑤ A, B, C 각 점에서 압력과 부피를 곱한 값은 서로 같다.

17 **다음 보일-샤를 법칙을 나타내는 그래프에서 P_1, P_2와 T_1, T_2의 크기를 각각 비교하여 부등호(>, =, <)로 나타내시오.**

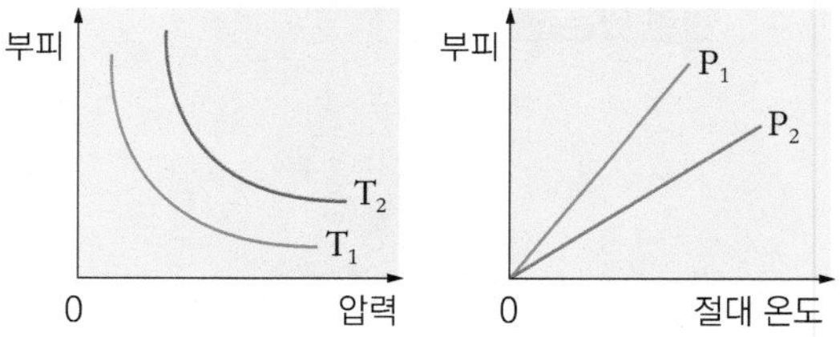

T_1 (　　) T_2　　　　P_1 (　　) P_2

18 **1 기압 0 ℃에서 부피가 100 mL인 어떤 기체가 있다. 같은 압력에서 온도를 변화시켜 부피가 300 mL가 되었다면 이 기체의 온도는 몇 ℃인지 구하시오.**

(　　　　) ℃

정답 및 해설 22쪽

19 0 ℃, 1 기압에서 부피가 50 mL인 기체를 압력의 변화없이 273 ℃로 가열하면 부피는 몇 mL가 되는지 구하시오.

(　　　　　) mL

20 0 ℃, 1 기압에서 부피가 273 mL인 기체를 546 ℃, 3 기압으로 변화시켰을 때의 부피를 구하면?

① 91 mL　② 108 mL　③ 273 mL
④ 546 mL　⑤ 819 mL

C

21 다음 그림은 밀폐된 실린더에 공기를 채우고 일정한 압력에서 온도를 변화시키면서 (가) → (나) 로 변화시킨 모습이다. 다음 중에서 옳은 것은?

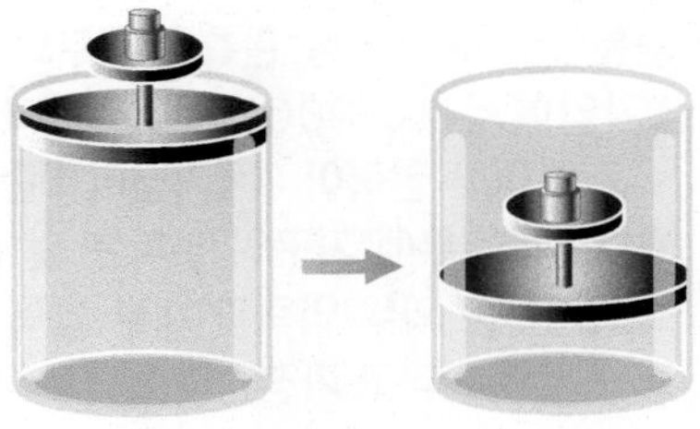

(가)　(나)

① 분자의 운동 속도는 변함이 없다.
② (가)의 온도가 (나)의 온도보다 높다.
③ 분자의 개수가 줄면서 부피가 감소했다.
④ 분자의 질량이 작아지면서 부피가 감소했다.
⑤ 분자 사이의 충돌 횟수가 증가하면서 압력이 증가한다.

22 다음 표는 일정한 압력과 온도에서 기체의 부피를 측정한 것이다.

기체	수소	산소	질소	암모니아
부피(L)	0.5	3	1.2	0.2

분자 수가 가장 많을 것이라고 예상되는 기체 (가)와 가장 적을 것이라고 예상되는 기체 (나) 를 옳게 짝지은 것은?

	(가)	(나)
①	수소	질소
②	수소	암모니아
③	산소	수소
④	산소	질소
⑤	산소	암모니아

23 다음 그래프는 일정량의 기체를 온도 T_1 과 T_2 에서 압력을 변화시켰을 때 기체의 부피 변화를 나타낸 것이다.

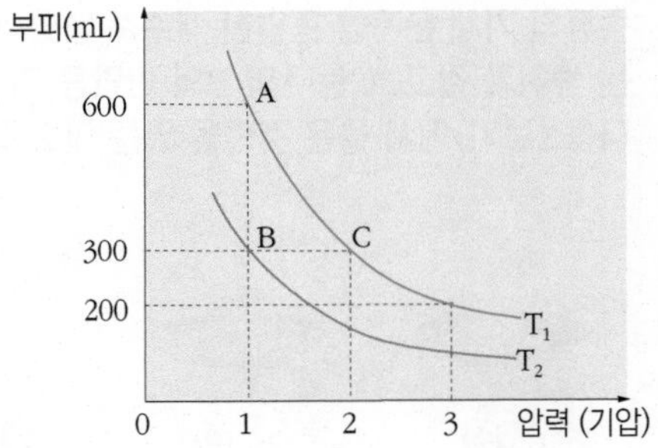

이에 대한 설명으로 옳지 <u>않은</u> 것은?

① 온도는 $T_1 > T_2$ 이다.
② A ~ C 중 분자 사이의 거리가 가장 먼 것은 A이다.
③ A ~ C 중 분자의 충돌 횟수가 가장 많은 것은 C 이다.
④ A 상태를 B 상태로 바꾸려면 압력을 유지하면서 온도를 높인다.
⑤ B 상태를 C 상태로 바꾸려면 부피를 유지하면서 온도를 높인다.

24 **다음 그래프는 일정한 양의 헬륨 기체의 4가지 상태 A, B, C, D 를 나타낸 것이다. 이에 대한 설명으로 옳지 않은 것은?**

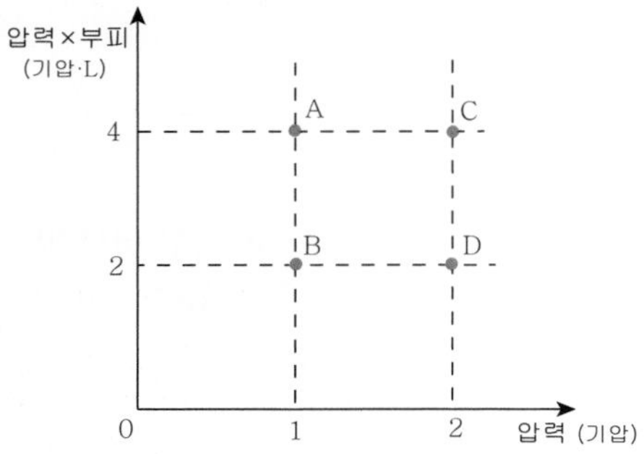

① 부피가 가장 큰 것은 A 이다.
② B 와 C 에서 기체의 부피는 같다.
③ A → B 로 되는 것은 가열했을 때이다.
④ C → D 로 될 때 분자 사이의 거리가 가까워진다.
⑤ A → D 로 되려면 압력을 높히거나 온도를 낮게 한다.

25 **모양과 크기가 같은 세 개의 밀폐된 용기 안에 같은 종류의 기체 분자를 동일한 개수로 넣었더니 A와 B는 높이가 같고, C는 A와 B의 반만큼 기체가 찼다. 다음 〈보기〉에서 옳은 것만을 있는 대로 고른 것은?**

〈 보기 〉

ㄱ. A와 B의 온도는 같다.
ㄴ. A 와 C 의 분자 운동 속도는 같다.
ㄷ. B 와 C 의 기체 분자 사이의 거리는 같다.

① ㄱ　　② ㄴ　　③ ㄷ
④ ㄱ, ㄴ　　⑤ ㄴ, ㄷ

26 **둥근바닥플라스크에 유리관을 끼우고 한쪽 끝에 붉은색 잉크 방울을 넣었다. 둥근바닥 플라스크를 두 손으로 감싸 쥐니 잠시 후 잉크 방울이 오른쪽으로 이동하였다. 잉크 방울이 오른쪽으로 움직인 이유를 분자 운동을 이용하여 서술하시오.**

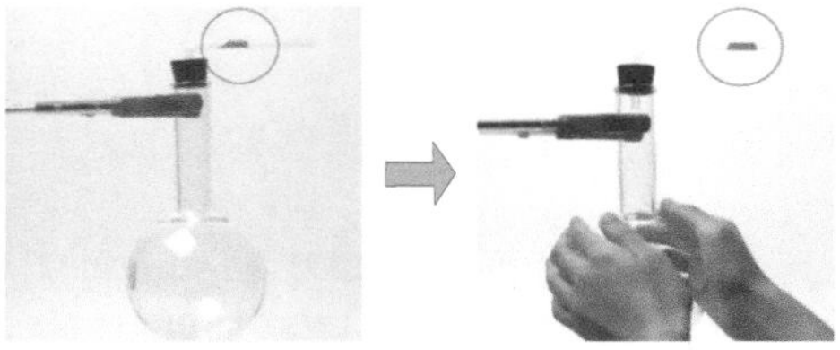

27 **다음 그림은 어떤 기체의 온도에 따른 부피 변화를 나타낸 것이다. 이 그래프를 보고 샤를 법칙을 이용하여 91℃에서의 부피(V_t)를 구하시오.**

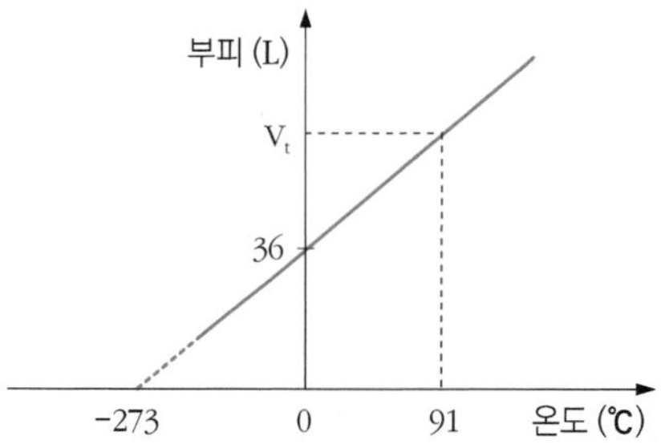

28 **헬륨으로 채운 기상 관측용 기구의 부피는 27℃, 1기압에서 10,000L이다. 이 기구를 온도가 -33℃이고 압력이 0.4기압이 되는 고도까지 띄웠다. 이 경우에 기구의 부피는 몇 L 인지 구하시오. (기구는 외부 압력과 내부 압력이 같아지도록 팽창, 수축한다고 가정한다.)**

정답 및 해설 22쪽

29 25 ℃에서 수소 기체가 들어 있는 어떤 용기가 있다. 이 용기의 부피를 20% 감소시킨 다음, 그 압력을 2배로 하면 수소 기체의 온도는 몇 ℃가 되는지 구하시오.

30 1 L 짜리 삼각 플라스크에 풍선을 연결하고 헬륨 기체를 넣어 127 ℃로 가열하였더니, 풍선의 부피가 1,031 mL가 되었다. 온도를 27 ℃로 낮추었을 때 풍선의 지름은 약 몇 cm 인지 구하시오. (단, 풍선은 공 모양이라고 가정하고 $\pi \fallingdotseq 3.14$ 로 한다.)

창의력 서술

31 피펫을 물로 씻은 후, 피펫에 조금 남아 있는 물기를 빼내는 방법을 아래 그래프 중 하나를 선택하여 설명하시오.

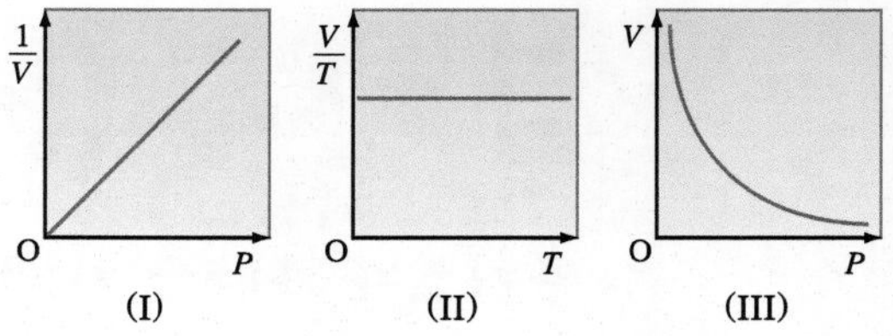

32 0℃, 1기압에서 피스톤이 달린 실린더 안에 어떤 기체 분자가 2N 개 들어 있을 때 부피가 100mL 였다. 이 기체의 압력을 2배로 늘리고 온도는 546℃로 올렸더니 부피가 150mL 로 증가했다. 이 경우 기체 분자의 개수는 변하지 않는다는 것을 보일-샤를 법칙을 이용하여 설명하시오.

·열기구(Hot air ballon)

: 공기보다 가벼운 기체가 받는 부력을 이용해서 하늘을 나는 장치

열기구의 시초

열기구는 지금으로부터 220여년 전 프랑스의 '몽골피에 형제'에 의해 탄생되었다. 몽골피에 형제는 1782년에 더운 공기는 일반 공기보다 가벼워 상승한다는 원리를 적용하여 열기구 내부에 나무와 젖은 밀집을 태워서 발생한 뜨거운 공기를 채워 지상으로부터 30여 미터 상승시키는데 성공을 하게 되었고, 이것이 최초 열기구의 탄생이었다. 이후 몽골피에 형제는 조금씩 더 큰 기구들을 제작하였고, 사람을 실을 수 있을 만큼 큰 부피의 기구도 성공적으로 제작할 수 있게 되었다.

유인 열기구의 비행은 1783년 9월 19일 파리의 베르사유 광장에서 루이 16세가 참석한 가운데 이루어졌으며, 시험 비행의 탑승자는 오리와 양 그리고 닭으로 결정되었다. 열기구는 광장을 이륙한 후 8분간 3km의 거리를 비행하고 안전하게 착륙하였으며 탑승했던 동물들도 모두 무사한 것으로 확인되었다.

▲ 인류 최초의 열기구(1783년)

▲ 몽골피에 형제
(조셉 몽골피에(왼쪽):1740 ~ 1810,
에띠앙 몽골피에:1745 ~ 1799)

열기구 속 과학 원리

공기는 무게가 없는 것처럼 느껴지지만 실제로 1 m^3의 공기 질량은 약 1.25 kg이다. 그리고 여기에 열을 가하게 되면 공기 분자의 활동이 활발해지고 밀도가 희박해져 일정 부피의 공기 무게가 가볍게 되고 여기서 발생하는 주변 공기와의 중력 차이에 의해 생성되는 부력으로 열기구는 하늘을 나는 것이다.

정답 및 해설 25쪽

예를 들어 보통 77 size 라고 하는 77.000 ft^3(2180 m^3) 의 3 ~ 4 인승 기구 내의 공기 무게는 15°C에서 2.6 톤 가량이다. 그러나 열기구 내부 온도를 100°C 정도로 올리게 되면 약 2 톤으로 공기 무게가 줄어들면서, 주변 공기에 비해 그 공기 무게의 차이 만큼인 0.6 톤의 부력을 발생시킨다. 열로 인하여 가벼워진 밀도에 의해 뜨게 되는 열기구의 부피는 가스 기구에 비하여 매우 크다. 즉, 가스 기구에 사용되는 수소나 헬륨의 밀도는 더워진 공기보다도 더 희박하기 때문에 동일 부력을 얻어내는 부피가 열기구에 비하여 훨씬 작다. 이런 이유로 같은 상승력을 얻기 위하여 열기구는 가스 기구보다 훨씬 크게 제작되어야 한다.

(※ 가스 기구(Gas Ballon) : 가스 기구는 매우 큰 애드벌룬에 바구니를 매단 형태로 공기보다 가벼운 헬륨 가스의 부력을 이용하여 비행한다. 고도를 높이고 싶을 때는 모래를 뿌려서 장비 무게를 가볍게 하고, 내려가고 싶을 땐 풍선 내부의 헬륨 가스를 방출시킨다.)

이와 같이 열기구는 공기를 열로 뜨겁게 만들면 가벼워지는 원리를 이용하여 공중에 뜨게 되는 것이다. 열기구는 상승 운동과 하강 운동을 할 수 있고, 이동은 바람을 이용하게 된다.

◀ 열기구의 내부

Q1 열기구가 상승하는 원리를 무게와 부력을 사용하여 서술하시오.

Q2 가스 기구는 주로 헬륨 가스의 부력을 이용하여 비행한다. 수소는 헬륨보다 더 가볍지만 가스 기구에는 잘 사용하지 않는다. 그 이유는 무엇인가?

Project 2 - 탐구

[탐구-1] 물과 에탄올의 증발

준비물 윗접시 저울, 에탄올, 물, 스포이드, 거름종이

탐구 과정

① 윗접시저울에 거름종이를 올려 놓는다.

② 거름종이가 올려져 있는 윗접시저울의 영점을 맞추어 수평이 되게 한다.

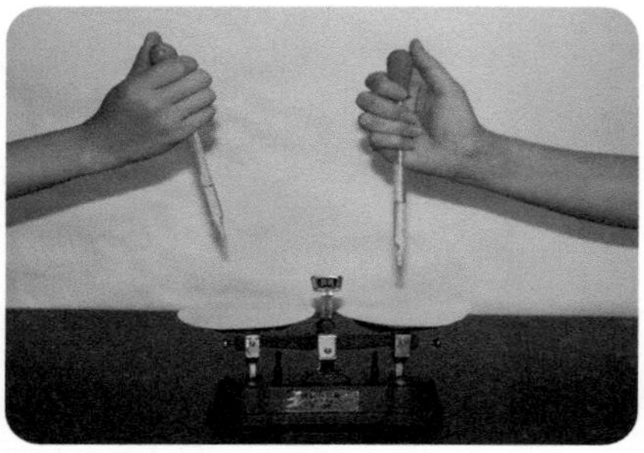

③ 양쪽 거름종이 위에 동일한 양의 물과 에탄올을 떨어뜨린다.

④ 윗접시저울의 수평 상태가 어떻게 변하는지 관찰한다.

탐구 결과

1. 이 실험에서 저울은 어느 쪽으로 기울어질까? 이것으로 알 수 있는 사실을 분자 간의 인력과 관련지어 서술해 보시오.

2. 시간이 지난 후에 기울어진 저울은 어떻게 변할까?

정답 및 해설 25쪽

탐구 문제

1. 다음 중 증발에 대하여 설명한 것으로 옳은 것만을 있는 대로 고르시오. (2개)

① 습도가 높을수록 증발이 잘 일어난다.
② 온도가 높을수록 증발이 잘 일어난다.
③ 증발은 밀폐된 공간에서 잘 일어난다.
④ 분자의 인력이 약할수록 증발이 잘 일어난다.
⑤ 증발이 잘 일어나려면 액체의 표면적이 작아야 한다.

2. 피부에 알코올 솜을 문지르면 시원함을 느끼는데 이것은 알코올의 어떤 특성 때문인가? 그리고 그 원리는 무엇인지 서술하시오.

3. 물과 에탄올 중에서 어떤 물질이 더 끓는점이 높을까? 앞의 실험과 연관 지어 설명해 보자.

4. 겨울에 세차를 할때 미지근한 물과 뜨거운 물 중 어떤 것을 사용하여 세차를 하는 것이 더 좋을지 고르고 그 이유를 서술하시오.

5. 공원의 나무나 화분에 심은 나무를 보면 밑 부분에 돌을 깔아놓은 것을 볼 수 있다. 나무 밑 부분에 돌을 올려 놓는 이유를 증발 현상과 연관 지어 서술하시오.

[탐구-2] 암모니아와 진한 염산의 확산

준비물 유리관, 솜, 고무마개, pH 시험지, 진한 염산, 암모니아수

탐구 과정

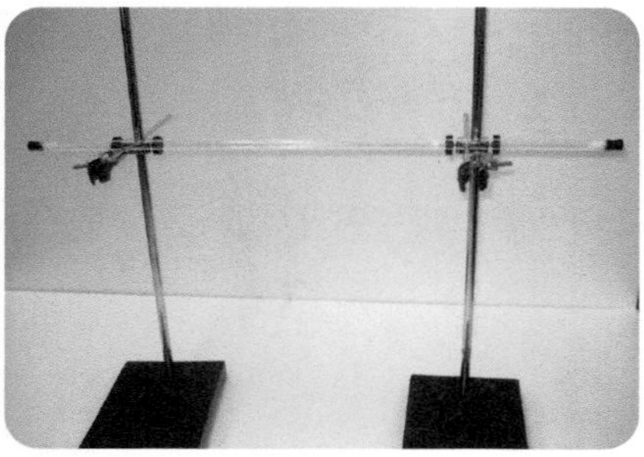

① 진한 염산과 암모니아수를 묻힌 솜을 준비한다.
② 유리관 안의 중앙에 pH 시험지를 넣고, ①에서 준비한 솜을 유리관 양쪽에 동시에 넣는다.

③ 유리관을 고무마개로 막는다.
④ 시간이 지난 후 유리관 내부의 변화를 관찰한다.

탐구 결과

1. 시간이 지난 후 유리관 안에 나타나는 흰 연기는 진한 염산을 묻힌 솜과 암모니아수를 묻힌 솜 중 어느 쪽에 더 가깝게 생길까?

2. pH 시험지의 색깔 변화에 대하여 설명해 보자.

3. 암모니아 기체와 진한 염산 기체 중에서 어떤 물질이 더 빠르게 확산되었는가? 그 이유는 무엇인지 서술해 보자.

정답 및 해설 25쪽

탐구 문제

1. 다음 괄호에 알맞은 답을 쓰시오.

기체의 확산 속도는 온도가 ( ), 질량이 ( ), 분자 간 인력이 ( ), 진공일수록 빠르다.

2. 다음 중 암모니아와 진한 염산의 확산에 대한 설명으로 옳은 것은?

① 염산 분자가 암모니아 분자보다 가볍다.
② 분자 간 인력이 클수록 확산 속도가 빠르다.
③ 분자의 질량이 작을수록 확산 속도가 빠르다.
④ 유리관 속의 공기를 없애면 흰 연기의 띠가 안 생긴다.
⑤ 염산 분자의 확산 속도가 암모니아 분자의 확산 속도보다 더 빠르다.

3. [탐구2] 에서 유리관의 온도를 2배 증가시킨다고 가정하였다.

(1) 두 기체 분자의 운동 에너지는 어떻게 변할까?

(2) 유리관 안에 생기는 흰 연기는 암모니아와 진한 염산 중에서 어느 쪽에 더 가깝게 생길까? 온도를 증가시키기 전과 변화가 있는가?

4. 다음 중 분자들이 스스로 운동하기 때문에 나타나는 현상인 것만을 있는 대로 고르시오. (3개)

① 체육관 안에서 소리를 지르면 울린다.
② 물은 높은 곳에서 낮은 곳으로 흐른다.
③ 식당 옆을 지나가면 음식 냄새가 바깥까지 난다.
④ 방안에 꽃을 꽂아 놓으면 방 전체에서 꽃향기가 난다.
⑤ 페인트칠을 하면 페인트가 마를 때까지 한동안 냄새가 난다.

III 물질의 특성

물질을 어떻게 구별할 수 있을까?

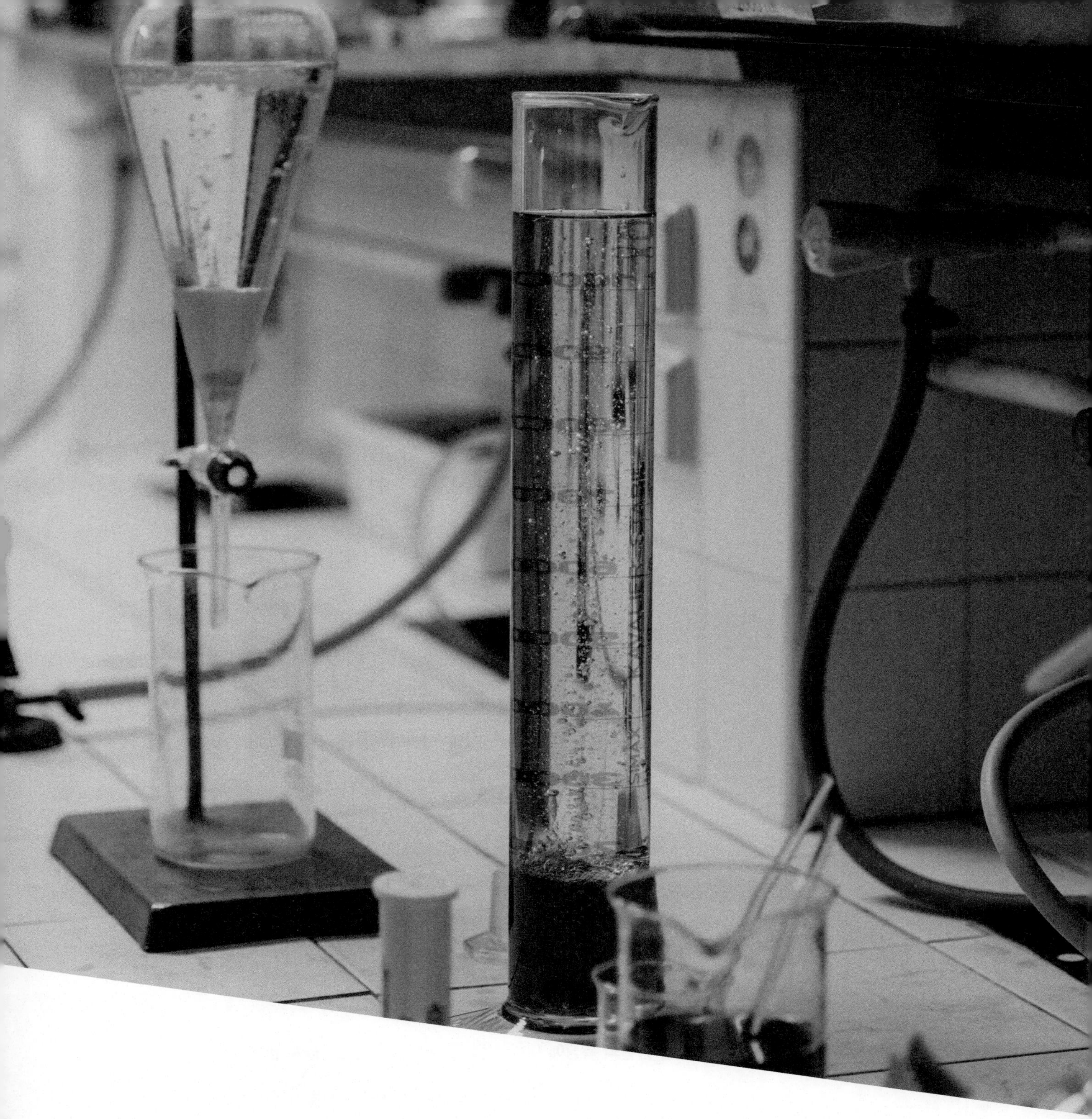

8강. 물질의 특성 I

● 간단실험
소금과 설탕 구별하기

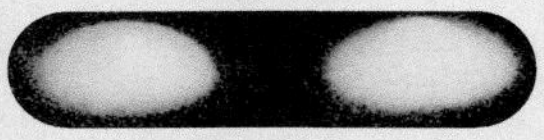

소금　　　　설탕

① 설탕과 소금을 준비한다.
② 색, 맛, 촉감, 결정 모양 등으로 설탕과 소금을 구별해 본다.

1. 물질의 성질

(1) 물질의 특성

① 다른 물질과 구별되는 그 물질만이 가지는 고유한 성질이다.

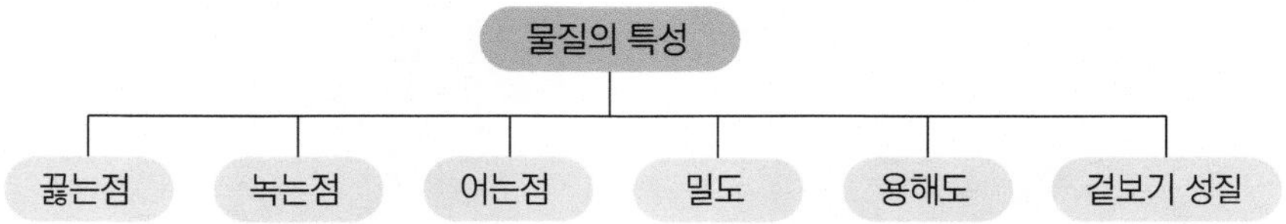

② 물질의 특성이 아닌 것 : 부피, 질량, 무게, 길이, 온도, 상태 변화, 농도 등
③ 물질의 특성은 물질의 양에 관계없이 일정하다.
④ 물질의 특성을 비교하면 물질을 구별할 수 있다.

(2) 겉보기 성질

① 사람의 감각 기관이나 간단한 도구를 이용하여 쉽게 구별할 수 있는 성질

겉보기 성질	예	겉보기 성질	예
색	소금(흰색), 구리(붉은색)	냄새	식초(신 냄새), 에탄올(술 냄새)
맛	소금(짠맛), 설탕(단맛)	결정 모양	염화 나트륨(정육면체), 석영(육각 기둥)
굳기	금강석(단단함), 석고(무름)	쪼개지는 모양	운모(얇은 판), 방연석(육면체)
촉감	소금(거침), 밀가루(부드러움)	광택	금(금속 광택), 분필(광택 없음)

② 겉보기 성질의 한계 : 사람의 감각은 상대적이고 부정확할 수 있으므로 겉보기 성질만으로는 물질을 정확하게 구별하기 힘들다.

● 생각해보기★
사람의 감각 5가지는 무엇인지 생각해 보자.

개념확인 1 **다음 물질의 특성에 대한 설명 중 옳은 것은 ○표, 옳지 않은 것은 ×표 하시오.**

(1) 다른 물질과 구별되는 그 물질만이 가지는 성질이 물질의 특성이다. (　　)
(2) 물질의 특성은 물질의 양에 관계없이 일정하다. (　　)
(3) 겉보기 성질만으로는 물질을 정확하게 구별하기 힘들므로 겉보기 성질은 물질의 특성이 아니다. (　　)

미니사전
운모 [雲 구름 母 어머니] 화강암에 들어 있는 쪼개짐을 가지는 규산염 광물의 하나. 돌비늘.
금강석 [金 쇠 剛 굳세다 石 돌] 다이아몬드

확인+1 **다음 물질의 성질 중 물질의 특성이 아닌 것을 고르면?**

① 밀도　② 냄새　③ 색　④ 용해도　⑤ 질량

2. 물질의 양

(1) 부피 : 어떤 물질이 차지하고 있는 공간의 크기이다.

① 단위 : cm^3, m^3, mL, L, cc 등

1 cm^3 = 1 mL = 1 cc　　1 L = 1,000 mL = 1,000 cm^3　　$1m^3$ = 1,000 L

② 측정 방법

일정한 모양의 고체	불규칙한 모양의 고체	액체	기체
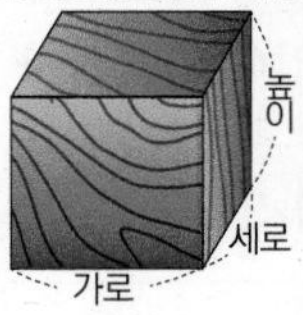 직육면체의 부피 = 가로 × 세로 × 높이	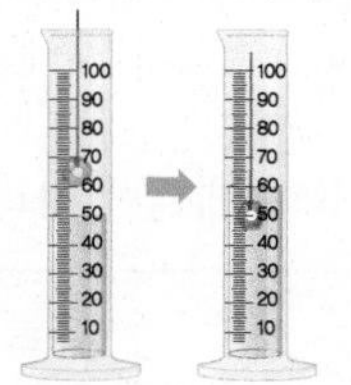	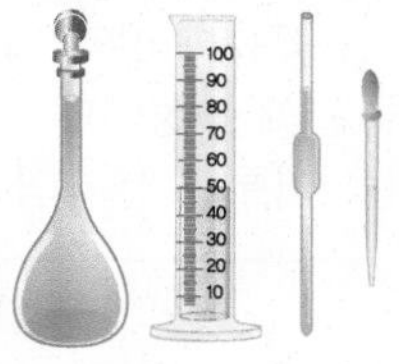	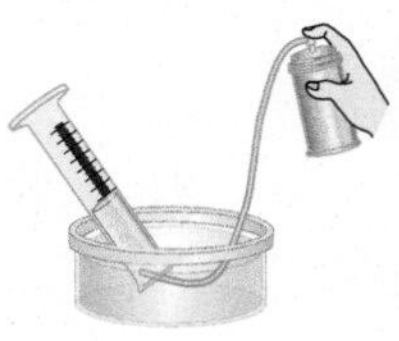
길이를 측정하여 부피를 계산	고체를 녹이지 않는 액체에 넣어 증가한 액체의 부피로 측정	부피 플라스크, 눈금실린더, 피펫, 스포이트 등을 이용하여 측정	기체를 녹이지 않는 액체로 가득 채운 눈금실린더에 기체를 넣어 측정

(2) 질량 : 장소에 관계없이 일정한 물체의 고유한 양이다 .

① 단위 : mg, g, kg, t(톤) 등

1 g = 1,000 mg　　1 kg = 1,000 g　　1 t = 1,000 kg

② 측정 방법

윗접시저울	양팔저울

바닥이 평평한 곳에 놓고, 수평을 맞춘 후 왼쪽에 물체를, 오른쪽에 분동을 올려 물체의 질량을 측정한다.(오른손잡이 기준)	

물에 넣어 부피를 측정할 수 없는 고체의 부피 측정

① 물과 격렬하게 반응하는 고체 또는 물에 잘 녹는 고체 : 물 대신 석유나 에탄올 등을 사용

② 물에 뜨는 고체 : 가는 철사로 고체를 눌러 물에 넣은 다음 부피를 측정

눈금실린더의 눈금 읽는 법

① 눈금실린더를 평평한 곳에 놓는다.

② 눈의 높이가 액체의 오목한 밑부분과 수평이 되도록 한다.

③ 가장 작은 눈금의 $\frac{1}{10}$까지 어림하여 눈금을 읽는다.

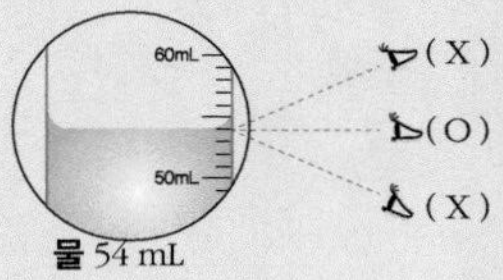

질량과 무게

질량은 물체가 가진 고유한 양으로 장소에 관계없이 일정하지만, 무게는 물체에 작용하는 중력의 크기로 장소에 따라 달라진다. 따라서 같은 질량을 가진 물체라도 측정하는 장소에 따라 무게는 다를 수 있다.

정답 및 해설 26쪽

개념확인 2 다음 질량과 부피에 대한 설명 중 옳은 것은 ○표, 옳지 않은 것은 ×표 하시오.

(1) 어떤 물질이 차지하고 있는 공간의 크기를 부피라고 한다.　(　　)

(2) 질량은 장소에 관계없이 일정한 물체의 고유한 양이므로 물질의 특성에 속한다.　(　　)

(3) 고체의 부피를 측정할 때는 물에 넣어 증가한 물의 부피로 측정하면 된다.　(　　)

확인+2 질량과 부피에 대한 설명으로 옳은 것을 고르면?

① 질량의 단위로는 mg, g, cc 등이 있다.
② 질량은 측정 장소에 따라 다르게 나타난다.
③ 액체의 부피는 윗접시 저울을 이용하여 측정한다.
④ 부피는 장소에 관계없이 일정한 물체의 고유한 양이다.
⑤ 모양이 불규칙한 고체는 액체에 넣어 증가한 액체의 부피를 이용하여 측정한다.

생각해보기★★

cm^3, m^3, mL, L, cc 이외의 우리 생활 속에서 사용하는 부피의 단위로는 무엇이 있을까?

미니사전

분동 [分 나누다 銅 구리] 윗접시 저울로 질량을 잴 때 질량의 표준이 되는 추

3. 밀도 1

간단실험
〈밀도 비교 실험〉

① 같은 질량의 솜과 강철 솜을 준비한다.
② 어떤 것이 더 무거울지 예상해 본다.
③ 어떤 것이 더 밀도가 클지 추리해 본다.

(1) 밀도 : 단위 부피에 해당하는 물질의 질량

① 밀도 = $\frac{질량}{부피}$ [단위 : g/cm^3, g/mL, kg/m^3 등]

② 측정 방법 : 물질의 부피와 질량을 측정하여 밀도를 구한다.

(2) 밀도의 특징

① 밀도는 물질의 종류에 따라 다르고, 물질의 양에 관계없이 일정하다.
⇒ 밀도는 물질의 특성이다.

② 밀도는 물질을 이루는 분자의 종류나 배열에 따라 달라진다.

물질 (0 ℃, 1 기압)	수은	철	알루미늄	물	얼음	산소	이산화 탄소	메탄올
밀도 (g/cm^3)	13.6	7.8	2.7	1.0	0.92	0.0012	0.0019	0.79

(3) 밀도와 관계있는 그래프

물질	질량과 밀도	부피와 밀도	부피와 질량
그래프	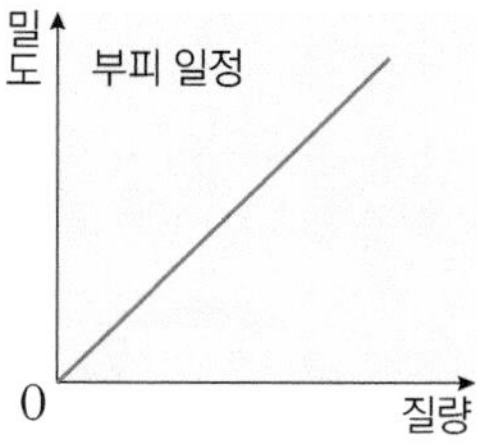	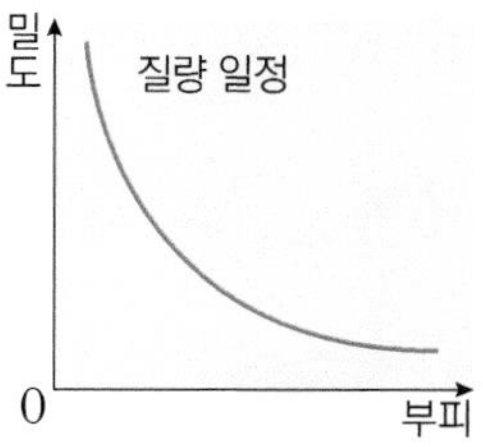	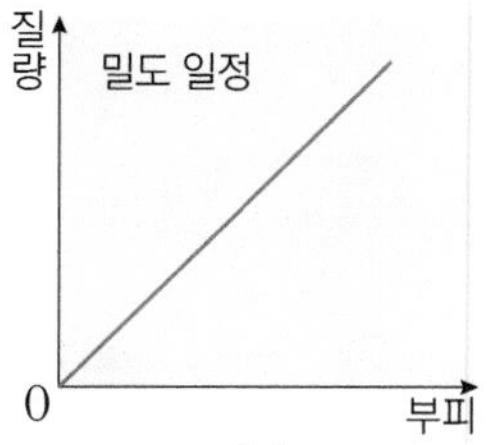 기울기 = $\frac{질량}{부피}$ = 밀도
관계	질량과 밀도는 비례한다.	부피와 밀도는 반비례한다.	부피와 질량은 비례한다.

생각해보기★★★
같은 물질을 반으로 쪼개면 쪼개기 전과 후 어떤 것의 밀도가 더 클까?

개념확인 3 **다음 밀도에 대한 설명 중 옳은 것은 ○표, 옳지 않은 것은 ×표 하시오.**

(1) 밀도는 부피를 질량으로 나눈 값이다. ( )
(2) 밀도는 물질의 특성이다. ( )
(3) 질량이 일정하면 부피와 밀도는 반비례한다. ( )

확인 +3 **다음 그래프는 어떤 물질의 부피와 질량을 나타낸 것이다. 이 물질의 밀도는?**

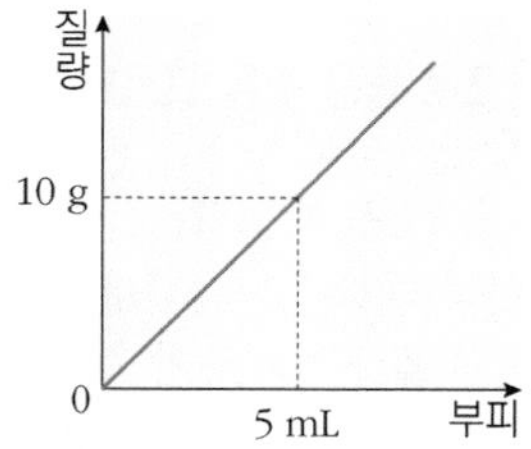

① 0.5 g/mL ② 1 g/mL ③ 2 g/mL ④ 10 g/mL ⑤ 50 g/mL

미니사전
밀도 [密 빽빽하다 度 헤아리다] 빽빽이 들어선 정도

4. 밀도 2

(1) 여러 가지 물질의 밀도 비교

① 밀도가 작은 물질은 밀도가 큰 물질 위로 뜬다.

밀도 : 수은 〉 동전 〉 글리세린 〉 포도알 〉 물 〉 식용유 〉 코르크 마개

(2) 온도와 압력에 따른 밀도 변화

구분	고체	액체	기체
온도의 영향	온도 증가 → 부피 약간 증가 → 밀도 약간 감소		온도 증가 → 부피 크게 증가 → 밀도 크게 감소
압력의 영향	거의 받지 않음		압력 증가 → 부피 크게 감소 → 밀도 크게 증가

(3) 밀도와 우리 생활

밀도가 작은 점을 이용하는 경우	밀도가 큰 점을 이용하는 경우
· 열기구 - 열기구 내부 공기를 가열 → 밀도 작아짐 → 하늘로 떠오름 · 구명조끼 - 물보다 밀도를 작게 만듦 → 물에 빠져도 가라앉지 않음 	· 잠수부 - 허리에 무거운 납덩어리 부착 → 물속으로 가라앉음 · 이산화 탄소 소화기 - 이산화 탄소는 공기보다 무거움 → 불이 난 곳의 산소를 차단 → 불을 끔 

고체, 액체, 기체 밀도 표시

① 고체와 액체의 밀도를 나타낼 때에는 온도를 함께 표시한다.온도에 따라 부피의 변화가 있기 때문이다.

② 기체의 밀도를 나타낼 때에는 온도와 압력을 함께 표시한다. 온도와 압력에 따라 부피의 변화가 있기 때문이다.

정답 및 해설 **26쪽**

개념확인 4 **다음 빈칸에 들어갈 알맞은 말을 고르시오.**

밀도가 큰 물질은 밀도가 작은 물질 (아래로 가라앉는다 , 위로 뜬다).

생각해보기★★★★

물의 밀도가 클까, 물 위에 떠다니는 배의 밀도가 클까?

확인 +4 **다음 중 밀도 차이를 이용하여 설명할 수 <u>없는</u> 현상은?**

① 얼음이 물 위로 뜬다.
② 탄산 음료의 뚜껑을 열면 거품이 발생한다.
③ 애드벌룬은 공기보다 가벼운 헬륨 기체로 채운다.
④ 불이 난 곳에 이산화 탄소를 분사하면 불을 끌 수 있다.
⑤ 잠수함 내부의 빈 탱크에 바닷물을 채우면 잠수함이 가라앉는다.

01 다음 〈보기〉 에서 물질의 특성을 모두 고른 것은?

〈 보기 〉

ㄱ. 겉보기 성질　　ㄴ. 질량　　ㄷ. 밀도　　ㄹ. 부피　　ㅁ. 용해도　　ㅂ. 온도

① ㄱ, ㄴ, ㄹ　② ㄱ, ㄷ, ㅁ　③ ㄴ, ㄷ, ㄹ　④ ㄷ, ㄹ, ㅂ　⑤ ㄷ, ㅁ, ㅂ

02 그림은 물체의 성질을 측정하는 방법이다. 이에 대한 설명으로 옳은 것을 〈보기〉 에서 모두 고른 것은?

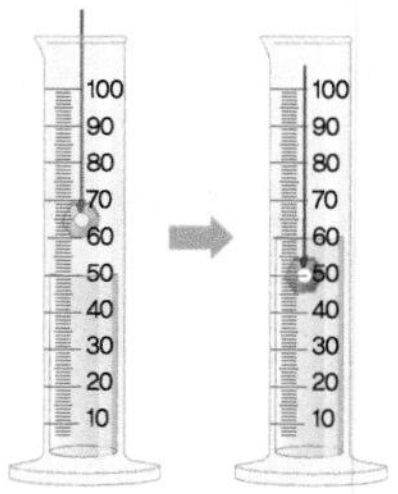

〈 보기 〉

ㄱ. 물질이 차지하는 공간의 크기를 측정하는 방법이다.
ㄴ. 이 양의 값은 더할 수 있으며, 물질의 특성이다.
ㄷ. 물질의 양에 따라 측정값이 변한다.

① ㄱ　② ㄴ　③ ㄱ, ㄷ　④ ㄴ, ㄷ　⑤ ㄱ, ㄴ, ㄷ

03 다음 그래프는 A, B, C, D, E 다섯 가지 물질의 부피와 질량의 관계를 나타낸 것이다. 다음 중 A ~ E 의 밀도 크기를 옳게 비교한 것은 무엇인가?

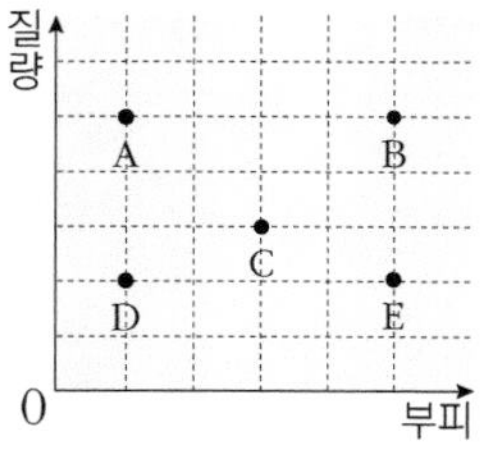

① A = B 〉 D = C 〉 E
② B = D 〉 C = E 〉 A
③ A 〉 D 〉 B = C 〉 E
④ A 〉 C 〉 E 〉 B 〉 D
⑤ B 〉 D 〉 A = C 〉 E

정답 및 해설 26쪽

04 **서로 다른 세 가지 액체 A, B, C 를 비커에 넣었더니 그림과 같이 되었다. 액체 A, B, C 의 밀도를 비교한 것으로 옳은 것은?**

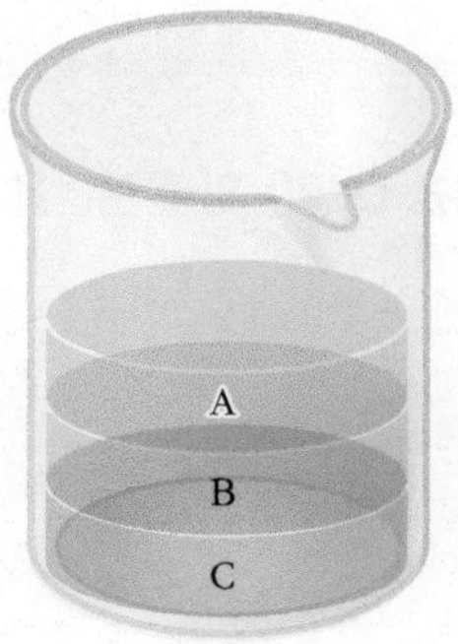

① A > B > C ② A > C > B ③ B > A > C ④ C > A > B ⑤ C > B > A

05 **질량이 10 g 인 금속을 50.0 mL 의 물이 담긴 눈금실린더에 넣었더니 물의 부피가 55.0 mL 가 되었다. 이 금속의 밀도는?**

(   ) g/mL

06 **다음 중 생활 속에서 밀도를 이용한 예가 아닌 것은?**

① 헬륨 풍선이 하늘로 떠오른다.
② 구명조끼를 입으면 물 위에 뜬다.
③ 난로는 아래쪽에 에어컨은 위쪽에 설치한다.
④ 잠수부가 내뿜는 공기 방울은 위쪽으로 올라간다.
⑤ 더운 여름철 물고기는 수면 가까이 올라와 뻐끔거린다.

유형 익히기 & 하브루타

[유형8-1] 물질의 성질

다음 〈보기〉 의 물질들을 구별하는 겉보기 성질을 옳게 짝지은 것은?

〈 보기 〉

㉠ 설탕과 소금　㉡ 금강석과 석고　㉢ 석영과 염화 나트륨　㉣ 물과 에탄올

	㉠	㉡	㉢	㉣
①	색깔	굳기	질량	냄새
②	맛	굳기	결정형	냄새
③	맛	광택	색깔	촉감
④	맛	굳기	결정형	촉감
⑤	두께	광택	색깔	촉감

Tip!

01 물질을 구별하는 특성이 될 수 없는 것만을 〈보기〉에서 옳게 짝지은 것은?

〈 보기 〉

ㄱ. 비열　ㄴ. 농도　ㄷ. 온도
ㄹ. 밀도　ㅁ. 부피　ㅂ. 용해도

① ㄱ, ㄴ, ㄷ　② ㄱ, ㄷ, ㄹ　③ ㄴ, ㄷ, ㅁ
④ ㄷ, ㄹ, ㅁ　⑤ ㄹ, ㅁ, ㅂ

02 물질의 특성에 대한 설명으로 옳지 않은 것은?

① 부피와 질량은 물질의 특성이 아니다.
② 유리와 금강석은 굳기로 구별할 수 있다.
③ 황과 황산 구리는 색깔로 구별할 수 있다.
④ 윗접시 저울과 용수철 저울로 물질을 구별할 수 있다.
⑤ 같은 물질일 경우 양이 달라져도 변하지 않는 것이다.

정답 및 해설 27쪽

[유형8-2] 물질의 양

다음 그림은 모양이 불규칙적인 고체를 실에 매달아 부피를 측정하는 방법이다. 이에 대한 설명으로 옳지 않은 것은?

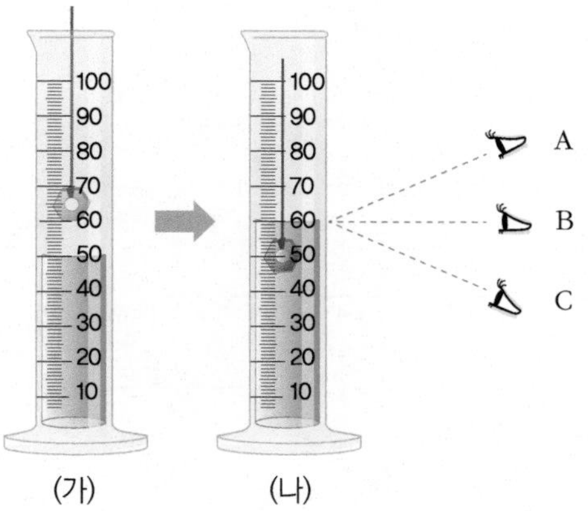

① (가)에서 물의 부피는 50.0 mL 이다.
② 눈금실린더는 평평한 곳에 놓아야 한다.
③ 액체의 부피를 읽을 때는 B 위치에서 읽어야 한다.
④ 각설탕의 부피를 측정할 때도 위와 같은 방법으로 측정한다.
⑤ (나)의 물의 높이에서 (가)의 물의 높이를 뺀 값이 고체의 부피이다.

03

다음은 부피와 부피 측정 방법에 대한 설명으로 옳지 않은 것은?

① 부피는 물질이 차지하는 공간의 크기를 말한다.
② 부피는 윗접시 저울이나 양팔 저울로 측정할 수 있다.
③ 액체의 부피를 측정할 때는 최소 눈금의 $\frac{1}{10}$까지 읽는다.
④ 돌맹이와 같은 물질의 부피는 액체에 넣어 증가한 액체의 부피로 측정한다.
⑤ 직육면체 모양인 물체의 부피는 가로, 세로, 높이의 길이를 측정하여 계산한다.

Tip!

04

윗접시 저울의 사용법으로 옳지 않은 것은?

① 분동은 가벼운 것부터 올려놓는다.
② 분동은 핀셋을 이용하여 올려놓는다.
③ 윗접시 저울을 사용할 때는 수평한 곳에 놓는다.
④ 왼손잡이의 경우 분동은 왼쪽 접시에 올려 질량을 측정하다.
⑤ 바늘의 위치를 보면 양쪽 윗접시가 평형이 되었는지 알 수 있다.

[유형8-3] 밀도 1

그래프는 다섯 개 물체의 질량과 부피를 측정한 결과이다. 이 그래프에 대한 해석으로 옳은 것만을 〈보기〉에서 있는 대로 고른 것은?

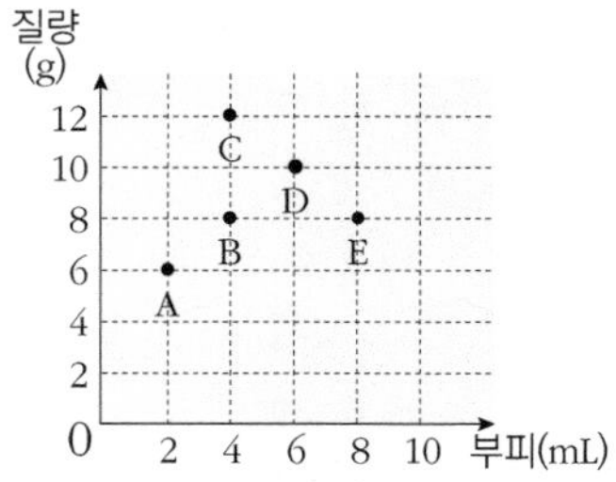

〈 보기 〉

ㄱ. A와 C는 같은 물질이다.
ㄴ. 밀도가 가장 큰 물질은 E이다.
ㄷ. 부피가 같을 때, C의 질량은 A의 2배이다.

① ㄱ ② ㄱ, ㄴ ③ ㄱ, ㄷ ④ ㄴ, ㄷ ⑤ ㄱ, ㄴ, ㄷ

Tip!

05 어떤 금속 물질 20 cm^3 의 질량이 210.0 g이었다. 여러 가지 물질의 밀도를 나타낸 표를 참고했을 때, 이 물질에 해당하는 것으로 옳은 것은?

물질 (0 ℃, 1 기압)	알루미늄	철	은	납	금
밀도 (g/cm^3)	2.7	7.8	10.5	11.3	19.3

① 알루미늄 ② 철 ③ 은 ④ 납 ⑤ 금

06 밀도에 대한 설명으로 옳은 것은?

① 물질의 상태가 변해도 밀도는 항상 일정하다.
② 기체의 온도가 올라가면 기체의 밀도는 감소한다.
③ 밀도의 단위로는 g/mL, g/cm^3, cc 등을 사용한다.
④ 같은 종류의 물질이라도 크기가 다르면 밀도는 달라진다.
⑤ 기체의 밀도는 온도와 압력에 따라 변하므로 물질의 특성이 아니다.

정답 및 해설 27쪽

[유형8-4] 밀도 2

서로 다른 세 가지 액체 A, B, C**를 비커에 같이 넣었더니 그림과 같이 되었다. 만일** A, B, C**와 섞이지 않는 질량이** 36 g **이고 부피가** 15 mL **인 액체를 이 비커에 넣을 때 이 액체의 위치는 어디가 되겠는가? (단** A**의 밀도는** 0.8 g/mL, B**의 밀도는** 1.0 g/mL, C**의 밀도는** 13.6 g/mL**이다.)**

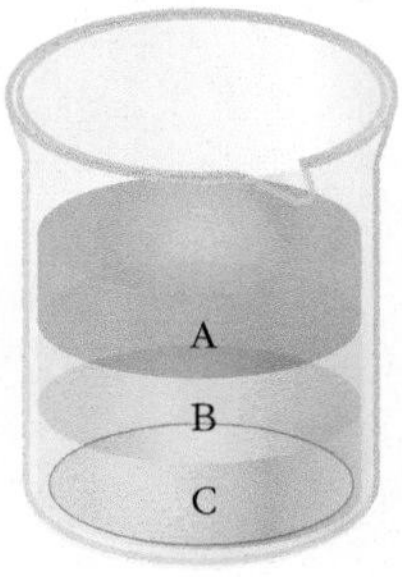

① A의 위쪽 ② A와 B 사이 ③ B의 중간 ④ B와 C 사이 ⑤ C의 아래쪽

07

밀도와 관련된 현상들에 대한 설명 중 옳지 않은 것은 무엇인가?

① 잠수부의 허리띠에는 납덩어리가 붙어 있다.
② 작은 얼음 조각과 커다란 빙산은 모두 물에 뜬다.
③ 헬륨을 채운 풍선은 위로 뜨지만 입으로 분 풍선은 아래로 가라앉는다.
④ 열기구 내부 공기를 가열하면 공기가 팽창하면서 밀도가 커지므로 열기구가 떠오른다.
⑤ 이산화 탄소는 공기보다 무거우므로 불이 난 곳에 이산화 탄소 소화기를 분사하면 불을 끌 수 있다.

08

오른쪽 그림은 비커에 여러 가지 액체와 고체를 넣었을 때의 결과를 나타낸 것이다. 이에 대한 설명으로 옳은 것만을 〈보기〉에서 있는 대로 고른 것은?

〈 보기 〉
ㄱ. 고체 A와 고체 C는 물보다 밀도가 크다.
ㄴ. 액체 B는 물보다 밀도가 작다.
ㄷ. 액체 D의 밀도가 가장 크다.

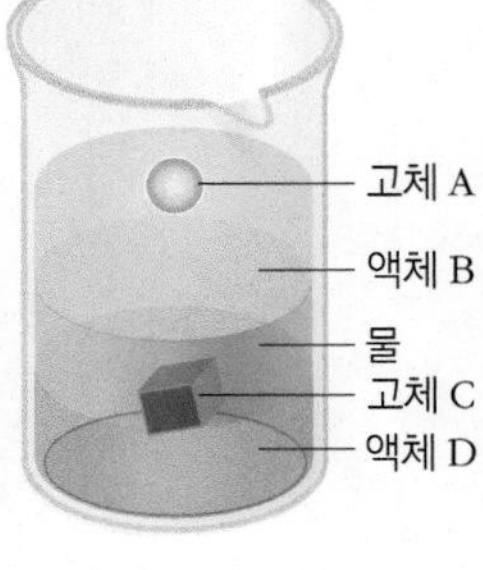

① ㄱ ② ㄱ, ㄴ ③ ㄱ, ㄷ ④ ㄴ, ㄷ ⑤ ㄱ, ㄴ, ㄷ

Tip!

창의력 & 토론마당

01 액체가 얇은 관이나 미세한 틈을 따라 올라가는 현상을 모세관 현상이라고 한다. 이러한 모세관 현상 때문에 눈금실린더에 액체를 담으면 다음 그림과 같이 액체에 따라 액면(메니스커스)의 모습이 달라진다. 물의 경우에는 액면이 아래로 오목하게 되고, 수은의 경우에는 액면이 위로 볼록하게 된다. 이와 같은 모세관 현상은 액체를 구성하고 있는 입자 사이의 힘인 응집력과 액체와 유리관 사이의 힘인 부착력에 의해 결정된다.

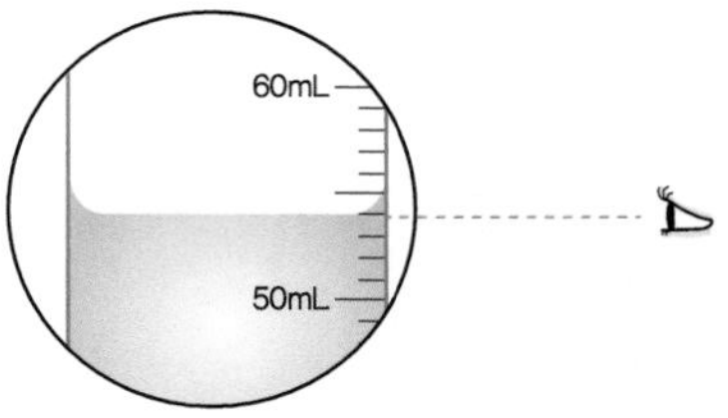

▲ 물

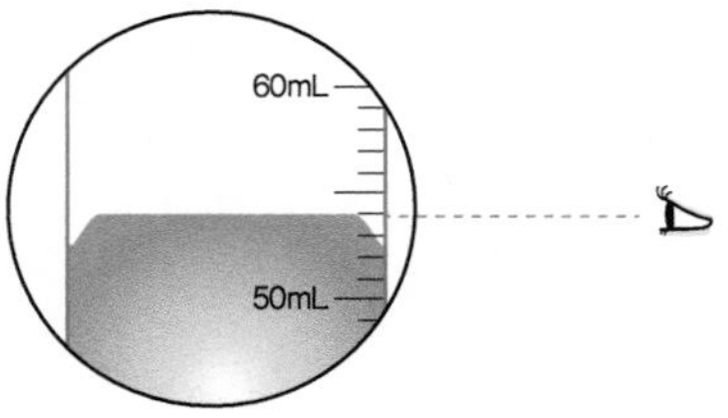

▲ 수은

(1) 물과 수은 각각의 경우 응집력과 부착력 중 무엇이 더 강하게 작용하는 것일까?

(2) 물의 모세관 현상과 관련 있는 현상에 대해 서술해 보자.

정답 및 해설 27쪽

02 LNG(액화 천연 가스, liquefied natural gas)는 천연 가스를 정제하여 얻은 메테인을 냉각해 액화시킨 것이고, LPG(액화 석유 가스, liquefied petroleum gas)는 석유 성분 중 프로페인 및 뷰테인 등 끓는점이 낮은 탄화 수소를 주성분으로 가스를 상온에서 가압하여 액화한 것이다. 다음 표는 공기와 LNG, LPG 의 밀도를 나타낸 표이다.

물질 (20 ℃, 1 기압)	공기	LNG	LPG
밀도 (g/cm^3)	0.00121	0.00075	0.00186

(1) 같은 질량의 공기, LNG, LPG 가 있을때, 부피가 큰 기체부터 순서대로 나열하시오.

(2) LNG 와 LPG 모두 가스이므로 폭발의 위험성이 있다. 그렇기 때문에 가스 누출 경보기를 설치해야 하는데, LNG 누출 경보기와 LPG 누출 경보기는 각각 천장과 바닥 중 어느 쪽에 설치해야 안전한지 쓰고, 그 이유를 서술하시오.

03 봉돌은 낚싯줄이나 그물의 아래쪽에 매다는 기구로, 낚싯줄이나 그물이 물 속에 빨리 가라앉게 하거나, 원하는 위치에 머무르게 하며, 물의 흐름에 쓸려가지 않게 한다. 또한 물속에서는 찌의 부력과 무게 평형을 맞추어 물고기가 미끼를 물 때 꿈틀하는 반응을 정확하게 찌에 전달한다. 이 봉돌은 여름철 낚시와 겨울철 낚시에서 사용하는 것이 다른데, 여름과 겨울에 사용하는 봉돌이 어떻게 달라야 하는지 서술해 보자,

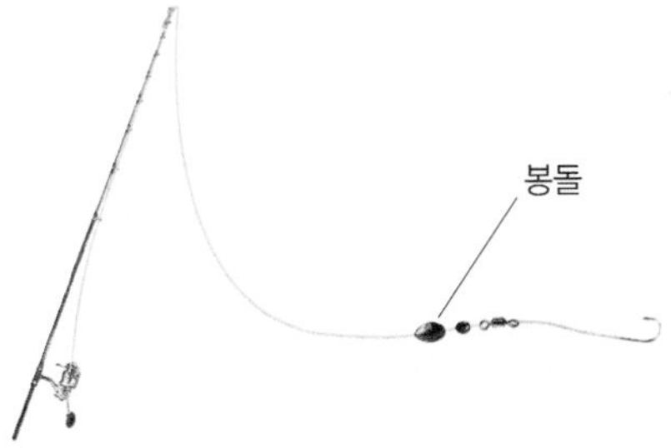

▲ 낚시대

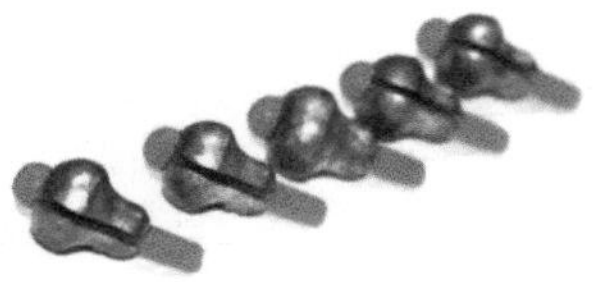

▲ 봉돌

정답 및 해설 28쪽

04

다음 그림과 같이 소금물 A에 달걀을 올려놓으면 그림 (가)와 같이 달걀이 소금물 위로 떠올랐다. 여기에 소금물 A와 농도가 다른 소금물 B를 섞었더니 그림 (나)와 같이 달걀이 소금물 아래로 가라앉았다. (단, 소금물의 농도가 진해질수록 밀도는 커진다.)

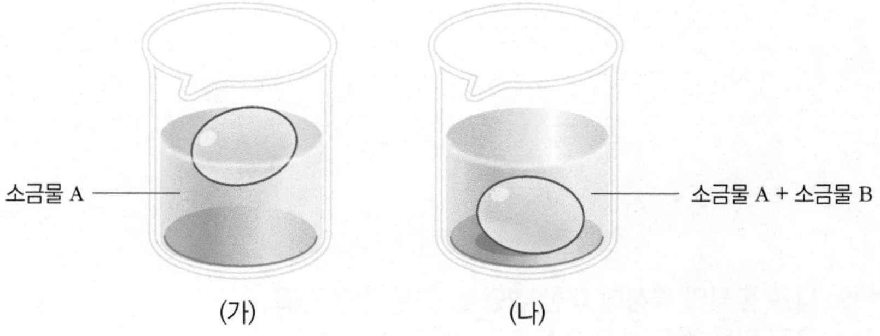

(1) 소금물 B 를 섞었을 때 달걀이 소금물 아래로 가라앉는 이유가 무엇일까?

(2) (나) 의 달걀을 다시 위로 떠오르게 하는 방법에는 무엇이 있을까?

스스로 실력 높이기

A

01 **물질을 구별할 수 있는 물질의 특성만을 〈보기〉에서 있는 대로 고르시오.**

〈 보기 〉

㉠ 녹는점	㉡ 끓는점	㉢ 색깔	㉣ 온도
㉤ 길이	㉥ 밀도	㉦ 부피	㉧ 용해도

(, , , ,)

02 **다음 물질의 특성에 대한 설명 중 옳은 것은 ○표, 옳지 않은 것은 ×표 하시오.**

(1) 물질의 특성을 비교하면 물질을 구별할 수 있다. ( )

(2) 끓는점, 밀도, 질량 등은 물질의 특성에 속한다. ( )

03 **다음 부피에 대한 설명 중 옳은 것은 ○표, 옳지 않은 것은 ×표 하시오.**

(1) 부피란 어떤 물질이 차지하고 있는 공간의 크기이다. ( )

(2) 부피의 단위로는 mg, g, kg, t 등이 있다.( )

04 **다음 그림은 액체가 담겨 있는 눈금실린더의 액체 표면을 확대한 모습이다. A ~ C 중 눈금실린더의 눈금을 읽는 눈의 위치로 옳은 것은?**

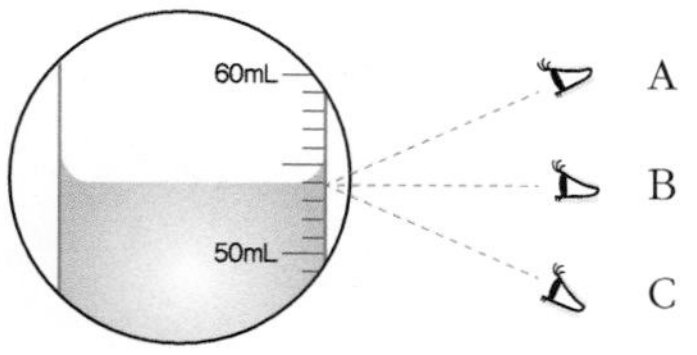

( )

05 **다음 질량에 대한 설명 중 옳은 것은 ○표, 옳지 않은 것은 ×표 하시오.**

(1) 질량은 장소에 관계없이 일정한 물체의 고유한 양이다. ( )

(2) 질량은 물질의 특성에 속한다. ( )

06 **질량과 무게 중 빈칸에 들어갈 알맞은 말을 고르시오.**

> 일정한 물체의 양을 측정할 때, ㉠( )은 장소에 관계없이 일정한 값으로 측정되지만, ㉡( )는 장소에 따라 변하는 값으로 측정된다.

07 **질량이 10 g 인 금속을 50.0 mL 의 물이 담긴 눈금실린더에 넣었더니 물의 부피가 60.0 mL 가 되었다. 이 금속의 밀도는?**

( ) g/mL

정답 및 해설 28쪽

[08~09] 다음 그래프는 어떤 액체의 부피와 질량을 측정하여 기록한 것이다. 그래프를 보고 물음에 답하시오. (단, 온도는 4 ℃ 로 일정하다.)

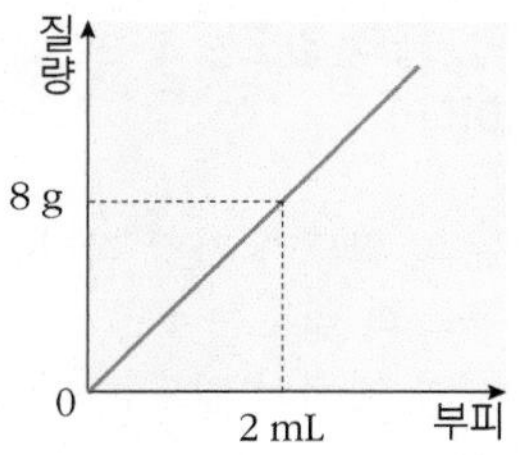

08 이 물질의 밀도는?

(　　　　) g/mL

09 이 물질의 부피가 10 mL 라면, 이 물질의 질량은?

(　　　　) g

10 서로 섞이지 않는 액체 A, B, C 를 용기에 담은 모습이 그림과 같다. 밀도가 가장 큰 액체는 무엇인지 쓰시오.

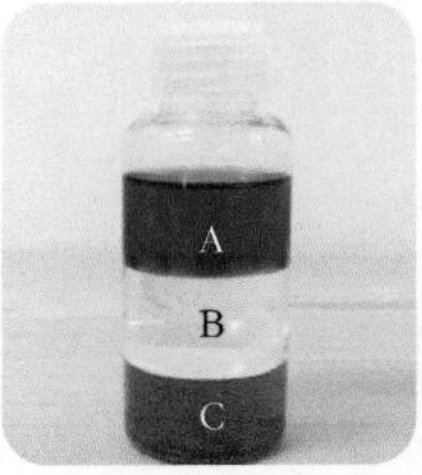

(　　　　　)

B

11 물질의 특성에 대한 설명으로 옳지 않은 것은?

① 물질의 고유한 성질이다.
② 물질의 양에 따라 변하지 않는다.
③ 끓는점, 녹는점은 물질의 특성에 속한다.
④ 색깔, 맛, 냄새 등은 물질의 특성에 속한다.
⑤ 겉보기 성질만으로 정확한 판단이 어려울 수 있으므로 물질의 특성이 될 수 없다.

12 물질의 부피에 대한 설명으로 옳은 것만을 있는 대로 고르시오. (2개)

① 부피는 물질의 특성이다.
② 에탄올의 부피는 양팔저울로 측정할 수 있다.
③ 부피는 물질이 차지하고 있는 공간의 크기이다.
④ 소금의 부피를 측정할 때는 물이 들어 있는 눈금실린더에 소금을 넣어서 측정한다.
⑤ 물에 뜨는 코르크의 부피는 가는 철사로 눌러 코르크를 물 속에 넣은 후 늘어난 물의 부피를 측정하면 된다.

13 다음 〈보기〉는 질량에 대한 설명이다. 옳은 것만을 있는 대로 고른 것은?

〈 보기 〉
ㄱ. 질량은 물질의 특성이다.
ㄴ. 측정 장소에 따라 값이 변한다.
ㄷ. g, kg 등의 단위로 나타낼 수 있다.

① ㄱ　　② ㄴ　　③ ㄷ
④ ㄱ, ㄴ　　⑤ ㄴ, ㄷ

14 **다음 〈보기〉는 윗접시 저울을 이용하여 물체의 질량을 측정하는 방법에 대한 설명이다. 옳은 것만을 있는 대로 고른 것은?**

〈 보기 〉
ㄱ. 물체를 올려놓기 전에 반드시 수평을 맞춘다.
ㄴ. 접시에 분동을 올릴 때는 질량이 작은 것부터 올려 놓는다.
ㄷ. 질량을 측정하려는 물체와 분동이 균형을 이루면 접시에 올려진 분동의 총 질량을 계산한다.

① ㄱ　② ㄴ　③ ㄷ
④ ㄱ,ㄴ　⑤ ㄱ,ㄷ

15 **다음 중 생활 속에서 밀도를 이용한 예가 아닌 것은?**

① 헬륨 풍선이 하늘로 떠오른다.
② 구명 조끼를 입으면 물 위에 뜬다.
③ 난로는 아래쪽에 에어컨은 위쪽에 설치한다.
④ LPG 누출 경보기는 바닥 쪽에 설치한다.
⑤ 물에 녹차 잎을 담가 놓으면 녹차 성분이 우러나온다.

16 **다음은 쇠구슬과 스타이로폼을 윗접시 저울에 올려놓은 모습을 나타낸 것이다. 이에 대한 설명으로 옳은 것만을 〈보기〉에서 있는 대로 고른 것은?**

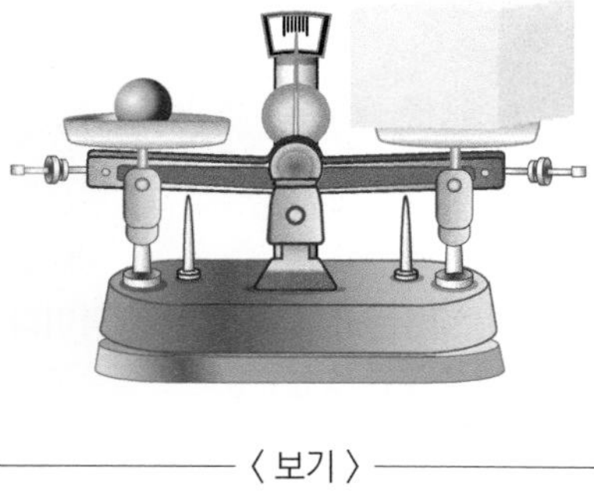

〈 보기 〉
ㄱ. 쇠구슬과 스타이로폼의 질량은 같다.
ㄴ. 스타이로폼의 부피가 크다.
ㄷ. 쇠구슬과 스타이로폼의 밀도가 같다.

① ㄱ　② ㄱ, ㄴ　③ ㄱ, ㄷ
④ ㄴ, ㄷ　⑤ ㄱ, ㄴ, ㄷ

17 **다음은 여러 가지 물질을 컵에 담았을 때의 모습이다. 이 모습을 참고하여 밀도를 비교할 때, 다음 설명 중 옳은 것은? (단, 물의 밀도는 1 g/mL이다.)**

① 수은의 밀도가 가장 작다.
② 식용유의 밀도는 1 g/mL보다 크다.
③ 고체와 액체의 밀도는 비교할 수 없다.
④ 동전의 밀도보다 코르크 마개의 밀도가 작다.
⑤ 식용유의 양을 2배로 늘리면 물 아래로 가라앉는다.

18 **어떤 금속 물질 10 cm^3 의 질량이 27 g 이었다. 여러 가지 물질의 밀도를 나타낸 표를 참고했을 때, 이 물질에 해당하는 것으로 옳은 것은?**

물질 (0 ℃, 1 기압)	알루미늄	철	은	납	금
밀도 (g/cm^3)	2.7	7.8	10.5	11.3	19.3

① 알루미늄　② 철　③ 은
④ 납　⑤ 금

19 **다음 중 물질의 밀도가 공기보다 큰 것을 이용하는 경우는?**

① 열기구

② 잠수함

③ 이산화 탄소 소화기

④ 애드벌룬

⑤ 헬륨 풍선

정답 및 해설 28쪽

20 **다음은 LNG와 LPG에 대한 설명이다. ㉠과 ㉡에 들어갈 말을 바르게 짝지은 것은?**

> LNG 는 공기보다 밀도가 작기 때문에 LNG 누출 경보기는 (㉠)에 가깝게 설치한다. LPG 는 공기보다 밀도가 크기 때문에 LPG 누출 경보기는 (㉡)에 가깝게 설치한다.

	㉠	㉡
①	천장	바닥
②	천장	천장
③	바닥	바닥
④	바닥	천장
⑤	외부	실내

C

[21~22] 다음은 서로 섞이지 않는 액체 A ~ E 의 상온(15 ℃)에서의 부피와 질량을 나타낸 그래프이다. 물음에 답하시오.

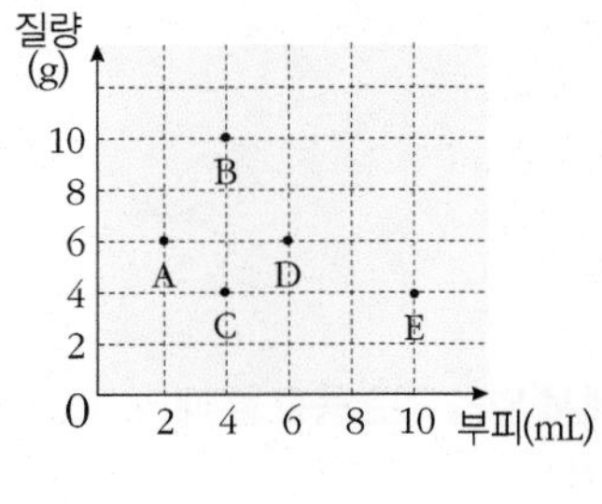

21 **액체 A ~ E 의 밀도로 옳지 않은 것은?**

① A - 3 g/mL ② B - 2.5 g/mL
③ C - 1 g/mL ④ D - 1 g/mL
⑤ E - 2.5 g/mL

22 **액체 A ~ E에 대한 설명으로 옳은 것은?**

① 액체 B와 액체 C는 같은 물질이다.
② 액체 A ~ E를 섞으면 액체 A가 가장 아래에 위치한다.
③ 액체 A ~ E를 섞으면 액체 E는 액체 B 밑에 위치한다.
④ 액체의 질량을 모두 동일하게 한다면 액체 A의 부피가 가장 크다.
⑤ 액체의 부피를 모두 동일하게 한다면 액체 C의 질량이 가장 크다.

23 **다음 그래프는 온도에 따른 물의 밀도 변화를 나타낸 것이다. 이에 대한 설명으로 옳지 않은 것은?**

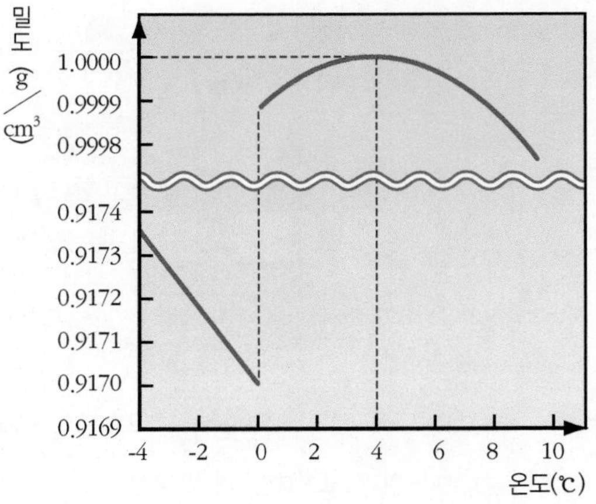

① 물의 부피는 4 ℃에서 가장 작다.
② 0 ℃에서 물은 얼음이 될 때 부피가 증가한다.
③ 4 ℃ 물에 0 ℃ 얼음을 넣으면 물이 가라앉게 된다.
④ 물과 얼음은 분자의 종류가 다르기 때문에 밀도가 다르다.
⑤ 물의 밀도는 온도에 따라 다르므로 밀도를 표시할 때는 온도를 함께 써주어야 한다.

24 다음은 어떤 액체 물질의 밀도를 구하기 위해 측정한 값이다. 이 액체의 밀도는 몇 g/cm^3 인가?

·액체가 담긴 비커의 질량 : 130 g
·빈 비커의 질량 : 110 g
·액체가 담긴 눈금실린더의 눈금 : 20 mL

① 0.5 g/cm^3　② 1 g/cm^3　③ 2 g/cm^3
④ 5 g/cm^3　⑤ 10 g/cm^3

25 서로 섞이지 않는 두 액체 (가), (나)를 아래 그림과 같이 크기와 질량이 같은 삼각 플라스크에 넣고 윗접시 저울에 올려놓았더니 수평을 이루었다. 이 실험에 대한 설명으로 옳은 것만을 〈보기〉에서 있는 대로 고른 것은? (단, (가)의 부피는 40 mL, (나)의 부피는 80mL 이다.)

〈 보기 〉
ㄱ. (나)의 밀도가 (가)의 밀도보다 2배 크다.
ㄴ. 같은 부피일 때 액체 (나)의 질량이 더 클 것이다.
ㄷ. 두 액체를 하나의 비커에 같이 넣으면 (가)는 아래층, (나)는 위층에 위치한다.

① ㄱ　② ㄷ　③ ㄱ, ㄴ
④ ㄴ, ㄷ　⑤ ㄱ, ㄴ, ㄷ

26 사람의 감각 기관이나 간단한 도구를 이용하여 쉽게 구별할 수 있는 성질을 겉보기 성질이라고 한다. 겉보기 성질에는 색, 맛, 굳기, 촉감, 냄새 등이 속하는데, 이러한 겉보기 성질을 구별하는 한계에 대해 서술하시오.

27 〈보기〉의 물질 중 밀도를 나타낼 때 반드시 온도와 압력을 함께 표시해야만 하는 물질은 무엇인지 기호를 쓰고, 그 이유를 서술하시오.

〈 보기 〉
ㄱ. 금　ㄴ. 얼음　ㄷ. 철
ㄹ. 에탄올　ㅁ. 이산화 탄소

28 물에서 얼음으로 응고될 때의 밀도 변화에 대해 서술하시오.

정답 및 해설 28쪽

29 메스실린더에 물 200 mL 를 넣고 콩 40 g 을 넣었더니 수면의 높이가 233 mL 가 되었다. 여기에 다시 좁쌀 30 g 을 넣었더니 수면의 높이는 261 mL 로 올라갔다. 여기에 소금을 넣어 콩은 뜨지 않고 좁쌀만 수면으로 뜨게 만들려고 할 때, 넣어야 하는 소금의 최소량은 몇 g 인가? (단, 물에 소금을 녹일 때 부피는 변하지 않는다고 가정한다.)

30 단면적이 0.02 cm^2 인 구리 전선이 89 g 이 필요하다. 저울이 없다면 몇 cm 정도 잘라야 하는지 계산 과정과 함께 구하시오. (단, 구리의 밀도는 8.9 g/cm^3이다.)

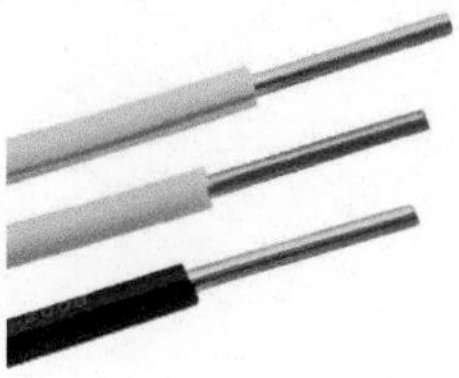

창의력 서술

31 다음은 아르키메데스가 왕관이 순금으로 만들어졌는지 조사하라는 명령을 받고 왕관과 같은 질량의 순금을 준비하여 왕관과 순금을 물이 가득 든 항아리에 각각 넣어 넘쳐흐르는 물의 부피를 측정하여 얻은 결과이다. 이 결과가 무엇을 뜻하는지 물질의 특성과 관련지어 서술하시오.

·왕관을 넣었을 때 넘친 물의 양 : 70 mL
·순금을 넣었을 때 넘친 물의 양 : 50 mL

32 10 mL의 0 ℃ 물과 10 mL의 8 ℃ 물을 섞으면 물 전체의 부피가 20 mL 가 되지 않는다. 왜 그런지 아래의 그래프를 참고하여 서술하시오.

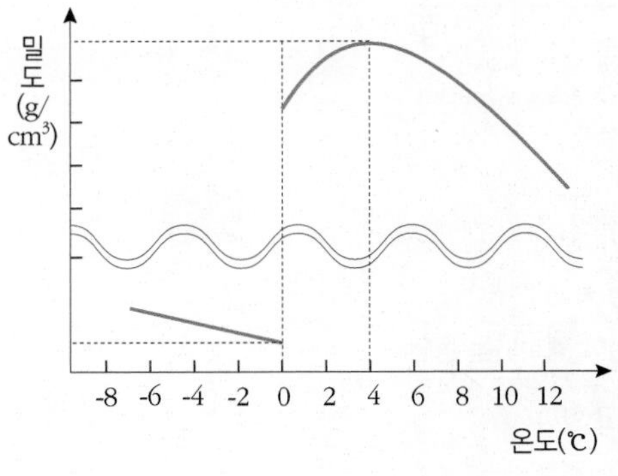

9강. 물질의 특성 II

1. 녹는점, 어는점, 끓는점

(1) 녹는점과 어는점

① 녹는점 : 고체 물질이 녹는 동안 일정하게 유지되는 온도

② 어는점 : 액체 물질이 어는 동안 일정하게 유지되는 온도

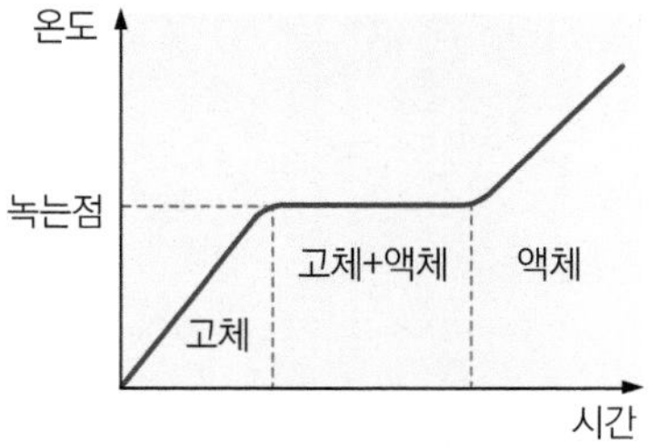

▲ 고체 물질의 가열 곡선

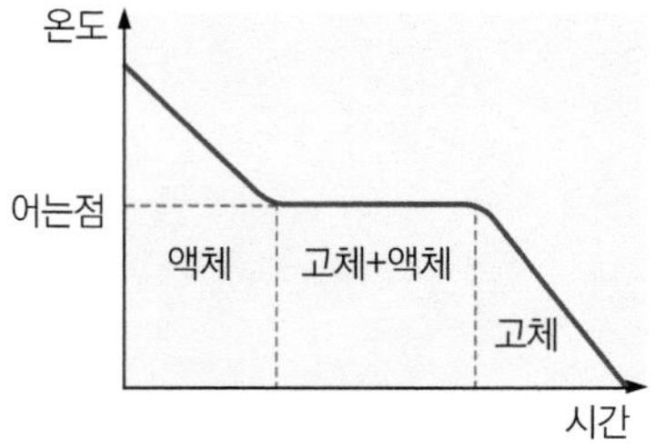

▲ 액체 물질의 냉각 곡선

③ 같은 종류의 물질은 녹는점과 어는점이 같다.

→ 얼음의 녹는점과 물의 어는점은 0 ℃로 같다.

④ 같은 종류의 물질은 양에 관계없이 녹는점과 어는점이 일정하다.

⑤ 물질의 종류에 따라 녹는점과 어는점은 다르다.

(2) 끓는점

① 끓는점 : 액체 물질이 끓는 동안 일정하게 유지되는 온도

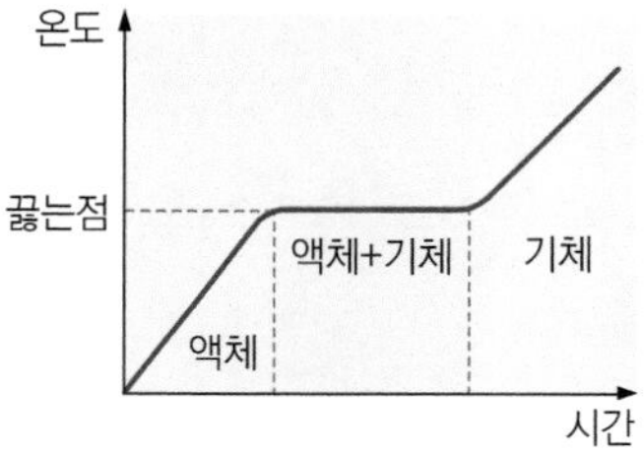

◀ 액체 물질의 가열 곡선

② 물질의 종류에 따라 끓는점이 다르다.

끓는점과 물질의 종류, 질량, 불꽃 세기

① 물질이 다르면 끓는점이 다르다.

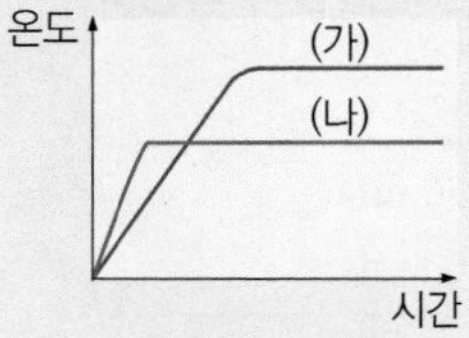

끓는점 : (가) > (나)

② 불꽃의 세기가 같을 때 물질의 질량이 작을수록 끓는점에 빨리 도달한다.

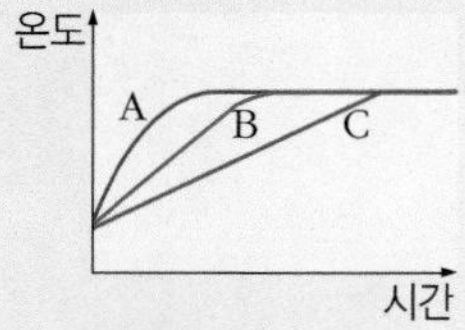

물질의 질량 : A < B < C
도달 속도 : A > B > C

③ 물질의 질량이 같을 때 불꽃 세기가 클수록 물질은 끓는점에 빨리 도달한다.

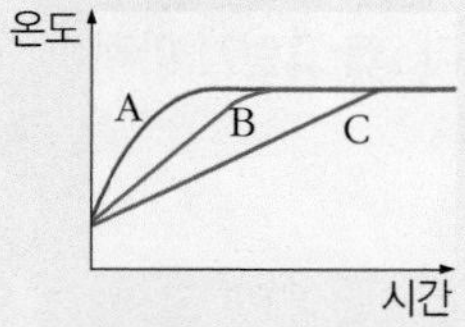

불꽃 세기 : A > B > C
도달 속도 : A > B > C

개념확인 1 오른쪽 그래프의 (가) 온도는 녹는점, 어는점, 끓는점 중 어떤 온도인지 쓰시오.

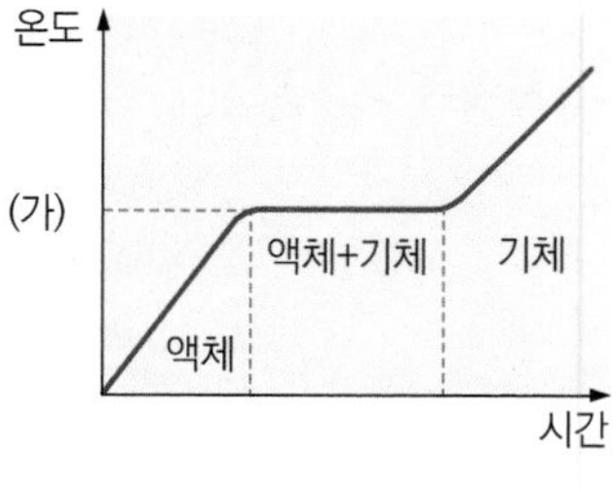

(가) : (   )

생각해보기★

기체 물질이 액화되는 동안 일정하게 유지되는 온도를 무엇이라고 할까?

확인 +1 녹는점, 어는점, 끓는점에 대한 설명으로 옳지 않은 것은?

① 끓는점에서는 액체와 기체가 공존한다.

② 같은 종류의 물질은 녹는점과 어는점이 같다.

③ 물질의 종류에 따라 녹는점과 끓는점이 다르다.

④ 어는점은 고체 물질이 어는 동안 일정하게 유지되는 온도이다.

⑤ 같은 종류의 물질은 물질의 양에 관계없이 녹는점, 어는점, 끓는점이 일정하다.

2. 녹는점, 끓는점과 물질의 상태

(1) 온도와 물질의 상태

① 녹는점보다 낮은 온도 : 고체 상태
② 녹는점과 끓는점 사이의 온도 : 액체 상태
③ 끓는점보다 높은 온도 : 기체 상태

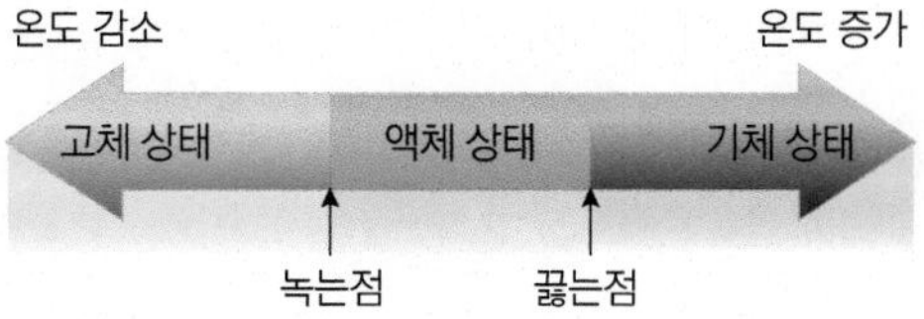

(2) 상온(25℃)에서 물질의 상태

① 상온 < 녹는점 : 고체
② 녹는점 < 상온 < 끓는점 : 액체
③ 끓는점 < 상온 : 기체

물질	에탄올	수은	철	프로페인
녹는점(℃)	-114	-39	1,535	-188
끓는점(℃)	78	357	2,750	-42
상태	액체	액체	고체	기체

(3) 물질에 따라 녹는점, 어는점, 끓는점이 다른 이유

① 물질을 구성하는 분자 사이의 인력의 세기가 다르기 때문이다.
→ 물질의 특성이 된다.
② 녹는점, 끓는점이 클수록 분자 사이의 인력의 세기가 크다.

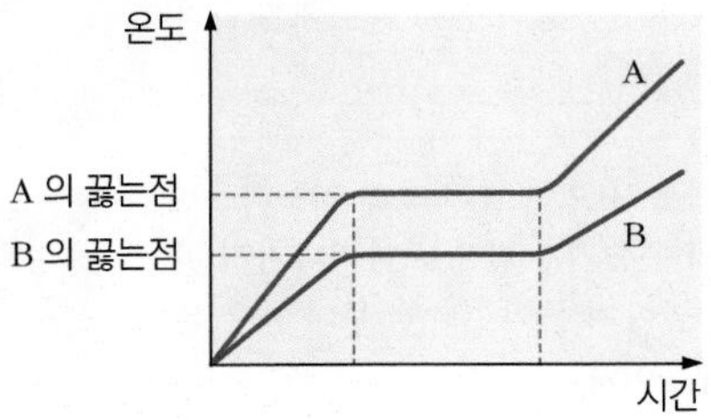

분자 사이 인력의 세기 : A > B

생각해보기★★
물에 소금을 넣어주면 끓는점이 100 ℃ 보다 높아진다. 이와 같이 혼합물의 끓는점이 순물질보다 더 높은 이유는 무엇일까?

정답 및 해설 30쪽

개념확인 2 **녹는점이 -10 ℃이고, 끓는점이 50 ℃인 물질은 상온(15 ℃)에서 어떤 상태로 존재하는지 쓰시오.**

(　　　　　) 상태

확인 +2 **다음 그래프는 물질 A와 B의 가열 곡선을 나타낸 것이다. 이에 대한 설명으로 옳지 <u>않은</u> 것은?**

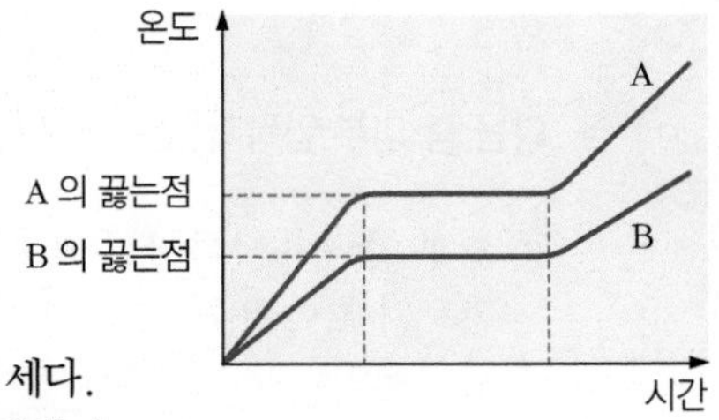

① 물질 A와 물질 B는 다른 물질이다.
② 물질 A의 분자 사이 인력이 물질 B보다 세다.
③ 물질 B가 A보다 낮은 온도에서 상태 변화한다.
④ 물질 B의 양을 더 늘리면 B의 끓는점이 증가한다.
⑤ 물질 A의 끓는점과 B의 끓는점 사이의 온도에서 물질 B는 기체로 존재한다.

미니사전
상온 [常 일정하다 溫 따뜻하다] 가열하거나 냉각하지 않은 자연 그대로의 기온. 보통 15℃를 가리킨다.

간단실험

진공 용기 안에서 뜨거운 물 끓게 하기

① 진공 용기에 뜨거운 물을 넣는다.
② 펌프로 공기를 뽑아낸다.
③ 물이 끓는 것을 관찰한다.

끓음

외부 압력과 증기 압력이 같아져서 액체 내부 전체에서 기화가 일어나는 현상

고도가 높은 곳에서 압력이 낮은 이유

고도가 높아질수록 공기의 양이 줄어들기 때문에 기압이 작아진다.

▲ 높이에 따른 물의 끓는점

생각해보기★★★

우주 공간에서 물의 끓는점은 얼마일까?

3. 끓는점과 외부 압력

(1) 기준 끓는점 : 외부 압력이 1 기압일 때의 끓는점이다.

(2) 외부 압력과 끓는점의 관계

① 외부 압력이 낮아지면 액체의 끓는점이 낮아지고, 외부 압력이 높아지면 액체의 끓는점이 높아진다.

② 액체가 끓기 위해서는 외부 압력을 이길 수 있을 만큼 액체의 분자 운동이 활발해야 한다. → 외부 압력 낮아지면 끓는점보다 낮은 온도에서 끓을 수 있다.

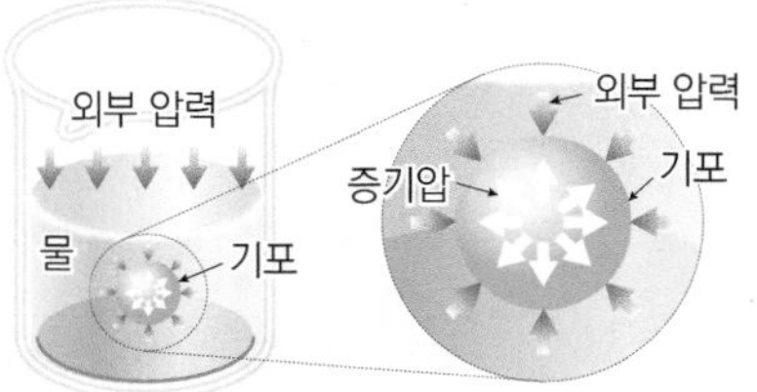

◀ 물이 끓을 때 발생하는 기포의 증기압과 외부 압력

구분	예
외부 압력이 낮아지면 끓는점이 낮아진다.	· 감압 용기에 뜨거운 물을 넣은 후, 펌프로 공기를 뽑아내면 물이 끓음 : 감압 용기 안의 공기의 양이 줄어들어 압력이 낮아지기 때문이다.  · 높은 산에서 밥을 지으면 쌀이 설익는다 : 높은 산에서는 기압이 낮으므로 물의 끓는점이 낮아져 쌀이 익을 만큼 충분히 높은 온도에 도달하지 못하기 때문이다. 
외부 압력이 높아지면 끓는점이 높아진다.	· 압력솥으로 밥을 지으면 쌀이 빨리 익는다 : 압력솥 내부의 수증기가 밖으로 빠져나가지 못하므로 압력이 높아져 물이 100 ℃ 보다 높은 온도에서 끓기 때문이다. 

개념확인 3 **다음 빈칸에 알맞은 답을 고르시오.**

높은 산에서 밥을 하면 대기압이 (낮아 , 높아) 물의 끓는점이 (낮아 , 높아)지므로 밥이 설익게 된다.

확인+3 **다음 중 외부 압력과 끓는점에 대한 설명으로 옳은 것은?**

① 외부 압력이 낮아지면 액체의 끓는점이 높아진다.
② 고도가 높아질수록 기압이 커지므로 끓는점이 낮아진다.
③ 압력솥으로 밥을 지을 때 쌀이 빨리 익는 이유는 물의 끓는점이 낮아졌기 때문이다.
④ 높은 산에서 밥을 지을 때 쌀이 설익는 이유는 물의 끓는점이 높아졌기 때문이다.
⑤ 액체가 끓기 위해서는 외부 압력을 이길 수 있을 만큼 액체의 분자 운동이 활발해야 한다.

4. 증기 압력과 끓는점

(1) 동적 평형 상태 : 액체의 증발 속도와 기체의 응결 속도가 같은 상태

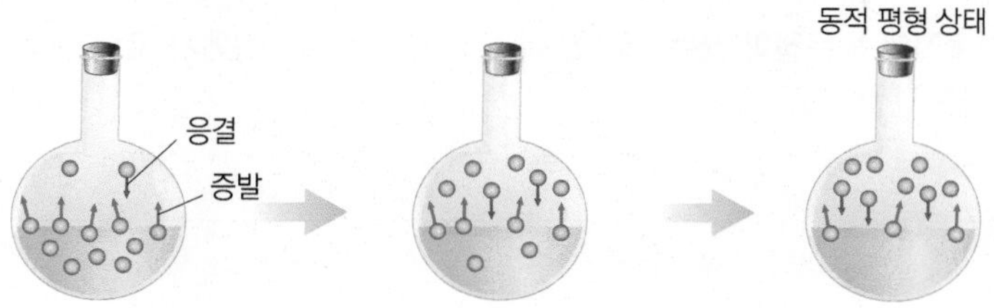

▲ 증발 속도와 응결 속도

(2) 증기 압력

① 증기 압력 : 일정한 온도에서 밀폐된 용기에 들어 있는 액체와 그 증기가 동적 평형 상태에 있을 때 증기가 나타내는 압력

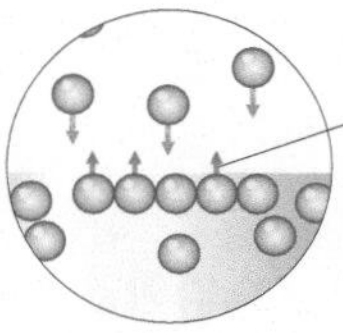

② 분자 사이의 인력이 작을수록 증기 압력이 크다.
③ 온도가 높을수록 분자 운동이 활발해지므로 증기 압력이 크다.

(3) 증기 압력과 끓는점

액체의 온도 증가 → 증기 압력 증가 → 증기 압력과 대기압이 같아짐
→ 액체 내부에서 기포 형성 (끓음) ⇒ 이때의 온도가 끓는점

외부 압력 < 1 기압	외부 압력 = 1 기압	외부 압력 > 1 기압
끓는점이 낮아짐 ⇒ 높은 산 정상은 물이 100 ℃ 보다 낮은 온도에서 끓는다.	기준 끓는점 ⇒ 대기압이 1기압일 때 물이 100 ℃ 에서 끓는다.	끓는점이 높아짐 ⇒ 압력솥의 내부는 물이 약 120 ℃ 가 되어야 끓는다.

● **간단실험**
액체의 증발 속도 비교
① 다이에틸 에테르, 에탄올, 물을 각각의 종이에 3 방울씩 떨어 뜨린다.
② 각 액체들이 증발되는 것을 관찰한다.
③ 어떤 액체의 증기 압력이 가장 클 지 예상해 본다.

● **증발과 응결**
① 증발 : 액체의 표면에서 일어나는 기화 현상
② 응결 : 수증기가 물방울로 맺히는 현상

● **액체의 증기 압력 곡선**
물질마다 온도에 따른 증기 압이 다르므로 물질의 특성이라 할 수 있다.

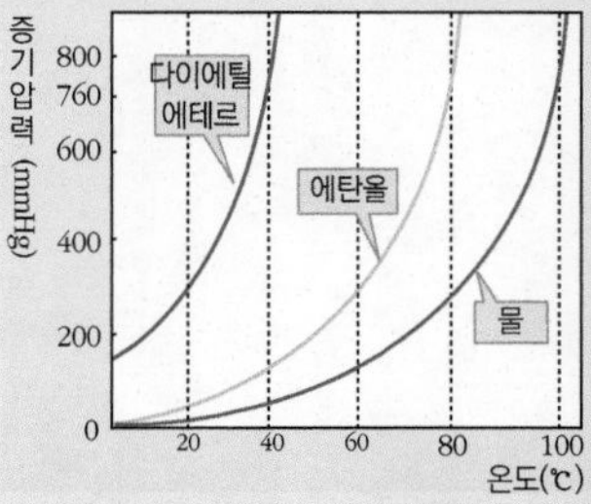

▲ 다이에틸 에테르, 에탄올, 물의 증기 압력 곡선

정답 및 해설 30쪽

개념확인 4 **액체의 증발 속도와 기체의 응결 속도가 같은 상태를 무슨 상태라고 하는지 쓰시오.**

(   ) 상태

확인 +4 **물의 끓는점을 낮출 수 있는 방법으로 옳은 것을 고르면?**

① 물의 양을 줄여 준다.
② 물에 소금을 넣어 준다.
③ 물에 끓임쪽을 넣어 준다.
④ 외부 압력을 낮추어 준다.
⑤ 불꽃의 세기를 더 세게 한다.

미니사전
평형 [平 평평하다 衡 고르다] 물체의 가장 안정적인 상태

01 **다음은 어떤 물질의 녹는점과 끓는점이다. 이 물질이 상온(25 ℃)에서 고체, 액체, 기체 중 어떤 상태로 존재하는지 쓰시오.**

·녹는점 : −188 ℃	· 끓는점 : −42 ℃

( ) 상태

02 **다음 그래프는 액체 A ~ D 의 가열 곡선을 나타낸 것이다. 이에 대한 설명으로 옳지 않은 것은?**

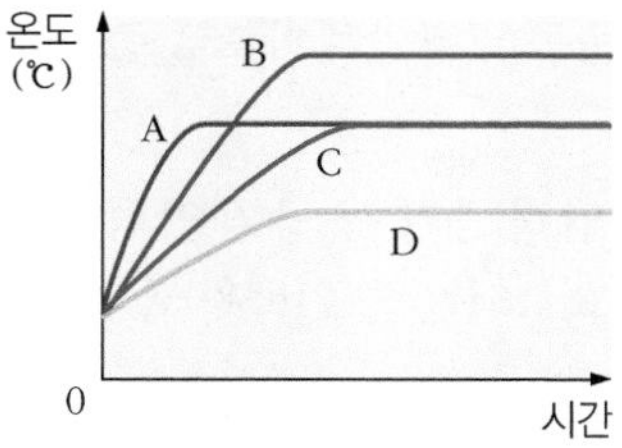

① A와 C는 같은 물질이다.
② A와 B는 다른 물질이다.
③ A보다 C의 질량이 더 크다.
④ B가 가장 먼저 끓기 시작한다.
⑤ 분자 사이의 인력이 가장 약한 물질은 D이다.

03 **다음 표는 1 기압에서 물질 A ~ E 의 녹는점과 끓는점을 나타낸 것이다. 상온(25 ℃)에서 액체 상태로 존재하는 물질을 모두 고른 것은?**

물질	A	B	C	D	E
녹는점(℃)	−114	−39	1,535	−188	1,538
끓는점(℃)	78	357	2,750	−42	2,861

① A, B ② A, C ③ A, E ④ B, D ⑤ C, E

정답 및 해설 30쪽

04 **다음 중 끓는점을 변화시킬 수 있는 요인은?**

① 질량　② 부피　③ 가열 시간　④ 불꽃의 세기　⑤ 압력

05 **다음 중 우리 생활에서 녹는점이 낮아야 좋은 경우가 아닌 것을 고르면?**

① 소방관이 입는 소방복
② 전류를 차단하는 퓨즈
③ 납땜할 때 사용하는 땜납
④ 화재를 알려주는 화재 경보기
⑤ 다른 물질로 재활용이 가능한 페트병

06 **다음 표는 1 기압에서 물질 A ~ E 의 녹는점과 끓는점을 나타낸 것이다. 이 중 분자 사이의 인력이 가장 작은 물질은?**

물질	A	B	C	D	E
녹는점(℃)	-114	-39	1,535	-188	1,538
끓는점(℃)	78	357	2,750	-42	2,861

① A　② B　③ C　④ D　⑤ E

유형 익히기 & 하브루타

[유형9-1] 녹는점, 어는점, 끓는점

그래프는 어떤 고체 물질의 가열, 냉각 곡선이다. 이에 대한 설명으로 옳지 않은 것은?

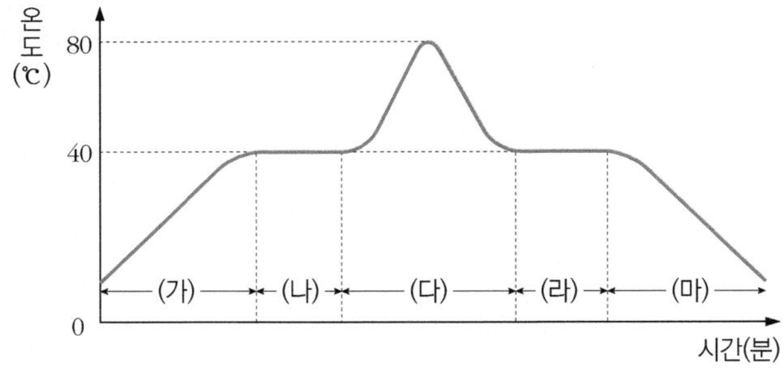

① 녹는점과 어는점은 40 ℃ 이다.
② (가)와 (마)의 물질의 상태는 같다.
③ (나)에서는 상태 변화가 일어난다.
④ (다) 구간에서 물질은 기체 상태이다.
⑤ (가), (나), (라), (마) 구간에서는 공통적으로 고체가 존재한다.

Tip!

01 다음 중 녹는점과 어는점에 대한 설명으로 옳은 것만을 〈보기〉에서 있는 대로 고른 것은?

〈 보기 〉

ㄱ. 같은 물질의 어는점과 녹는점은 같다.
ㄴ. 어는점과 녹는점에서는 상태 변화가 일어난다.
ㄷ. 기체에서 액체로 상태 변화하는 온도가 어는점이다.
ㄹ. 같은 물질이라도 물질의 양이 많아지면 녹는점이 낮아진다.

① ㄱ, ㄴ ② ㄱ, ㄷ ③ ㄴ, ㄷ ④ ㄴ, ㄹ ⑤ ㄷ, ㄹ

02 끓는점에 대한 설명으로 옳은 것은?

① 물질의 겉보기 성질에 해당한다.
② 외부의 압력에 관계없이 일정하다.
③ 끓는점에서는 물질이 기체 상태로만 존재한다.
④ 물질을 이루는 분자 사이의 인력이 클수록 끓는점이 낮다.
⑤ 가열하는 불꽃의 세기에 따라 끓는점에 도달하는 시간이 달라진다.

정답 및 해설 31쪽

[유형9-2] 녹는점, 끓는점과 물질의 상태

표는 물질 A ~ E의 녹는점과 끓는점을 나타낸 것이다. 이에 대한 설명으로 옳은 것만을 〈보기〉에서 있는 대로 고른 것은? (단, 상온은 25 ℃ 이다.)

물질	A	B	C	D	E
녹는점(℃)	−218.8	−38.8	80.2	16.6	1,538
끓는점(℃)	−183.0	356.6	217.9	118	2,861

〈 보기 〉

ㄱ. A는 상온에서 기체 상태이다.
ㄴ. B와 D는 상온에서 다른 상태로 존재한다.
ㄷ. C와 E는 상온에서 고체 상태이다.
ㄹ. D 는 −2 ℃에서 액체 상태로 존재한다.

① ㄱ, ㄴ ② ㄱ, ㄷ ③ ㄴ, ㄷ ④ ㄴ, ㄹ ⑤ ㄷ, ㄹ

03

표는 5 가지 물질의 녹는점과 끓는점을 나타낸 것이다. 상온(25 ℃)에서 기체 상태인 물질은 무엇인가?

물질	A	B	C	D	E
녹는점(℃)	−218.8	−38.8	80.2	16.6	1,538
끓는점(℃)	−183.0	356.6	217.9	118	2,861

① A ② B ③ C ④ D ⑤ E

04

표는 5 가지 물질의 녹는점과 끓는점을 나타낸 것이다. 100 ℃에서 액체 상태인 물질만을 있는 대로 고른 것은?

물질	A	B	C	D	E
녹는점(℃)	−218.8	−38.8	80.2	16.6	1,538
끓는점(℃)	−183.0	356.6	217.9	118	2,861

① A, B, C ② A, D, E ③ B, C, D
④ B, C, E ⑤ C, D, E

Tip!

[유형9-3] 끓는점과 외부 압력

다음 그림과 같이 둥근 바닥플라스크에 물을 반쯤 넣고 가열한 후, 플라스크의 입구를 막고 거꾸로 세워 잠시 물을 식혔다. 그런 다음 찬 물을 천천히 부었더니 플라스크 속의 물이 다시 끓었다. 이 현상과 관계가 있는 것은?

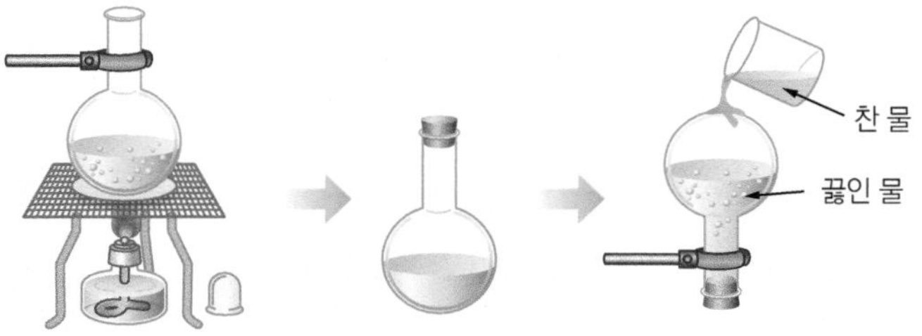

① 고무풍선이 하늘 높이 올라가면 터진다.
② 높은 산 위에서 밥을 지으면 쌀이 설익는다.
③ 무더운 날씨에 마당에 물을 뿌리면 시원하다.
④ 얼음이 든 음료수 컵 주위에 물방울이 생긴다.
⑤ 끓는 기름에 물 한 방울이 떨어지면 기름이 튄다.

05 주사기에 뜨거운 물을 넣고 공기를 뺀 후, 주사기 끝을 고무마개로 막은 다음 피스톤을 잡아 당기면 주사기 안에 있는 물이 끓기 시작한다. 물이 끓는 이유로 가장 알맞은 것은?

① 주사기 안의 온도가 상승해서
② 주사기 안의 기압이 낮아져서
③ 물의 끓는점이 높아지기 때문에
④ 물의 용해도가 증가하기 때문에
⑤ 물 분자 사이의 인력이 강해지기 때문에

06 다음 〈보기〉의 현상으로 알 수 있는 사실은?

〈 보기 〉
· 높은 산에서 밥을 할 때 밥이 설익는다.
· 압력 밥솥으로 밥을 하면 밥을 빨리 할 수 있다.

① 물질의 종류에 따라 끓는점이 달라진다.
② 외부 압력이 높을수록 끓는점이 낮아진다.
③ 외부 압력이 높을수록 끓는점이 높아진다.
④ 물질의 양이 많을수록 끓는점이 높아진다.
⑤ 물질의 종류에 관계없이 끓는점은 일정하다.

정답 및 해설 31쪽

[유형9-4] 증기 압력과 끓는점

다음 그래프는 다이에틸 에테르, 에탄올, 물의 증기 압력 곡선이다. 이에 대한 설명으로 옳지 않은 것은?

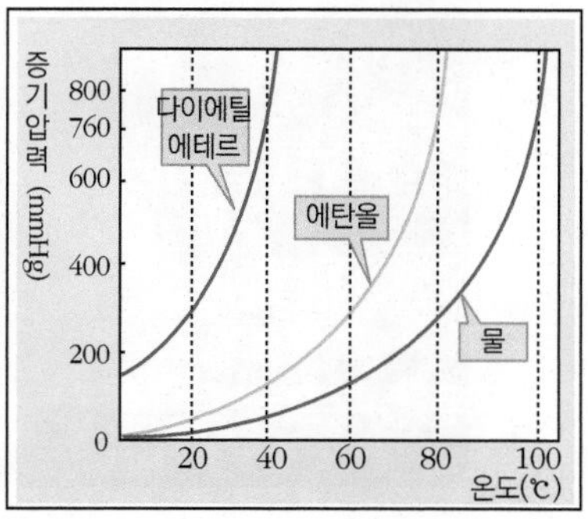

① 40 ℃ 에서 증기 압력은 다이에틸 에테르가 가장 크다.
② 액체 분자 사이의 인력은 다이에틸 에테르가 가장 크다.
③ 세 물질의 끓는점은 외부 압력이 증가할수록 올라간다.
④ 온도가 높을수록 분자 운동이 활발해지므로 증기 압력이 크다.
⑤ 물질마다 온도에 따른 증기압이 다르므로 증기 압력은 물질의 특성이다.

07

증기 압력과 끓는점에 대한 설명 중 옳은 것은?

① 온도가 높을수록 증기 압력이 작아진다.
② 증기 압력은 물질마다 다른 값을 갖는다.
③ 대기압이 증기 압력보다 클 때 액체는 끓는다.
④ 분자 사이의 인력이 작을수록 증기 압력이 작다.
⑤ 외부 압력이 1 기압보다 크면 끓는점이 낮아진다.

Tip!

08

다음 그림과 같이 일정한 온도에서 밀폐된 용기에 들어 있는 액체와 그 증기가 동적 평형 상태에 있을 때 증기가 나타내는 압력을 무엇이라 하는지 쓰시오.

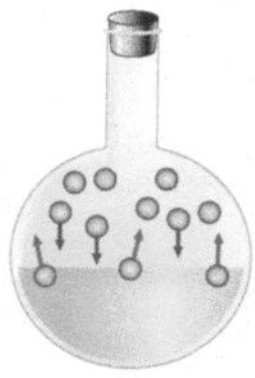

(　　　　　　　)

01

화산 지대에서 볼 수 있는 간헐천(geyser)은 100 ℃에 가까운 뜨거운 열수와 100 ℃가 넘는 수증기를 주기적으로 분출하는 온천이다.

(1) 간헐천이 땅 속에 있을 때 100 ℃ 가 넘는 물로 존재하는데, 100 ℃ 가 넘어도 액체 상태로 존재할 수 있는 이유는 무엇인지 서술하시오.

(2) 간헐천이 주기적으로 분출되는 이유를 설명해 보자.

정답 및 해설 31쪽

02

기준 끓는점은 외부 압력이 1 기압일 때의 끓는점이다. 다음은 해발 고도에 따른 물의 끓는점을 나타낸 것이다. 이를 통해 알 수 있는 물의 끓는점 변화에 대해 2가지 이상 서술하시오.

해수면에서의 물의 끓는점(기준 끓는점) : 100 ℃
해발 2,000 m에서의 물의 끓는점 : 93 ℃
해발 20,000 m에서의 물의 끓는점 : 38 ℃
많은 양의 소금을 넣었을 때 : 103 ℃

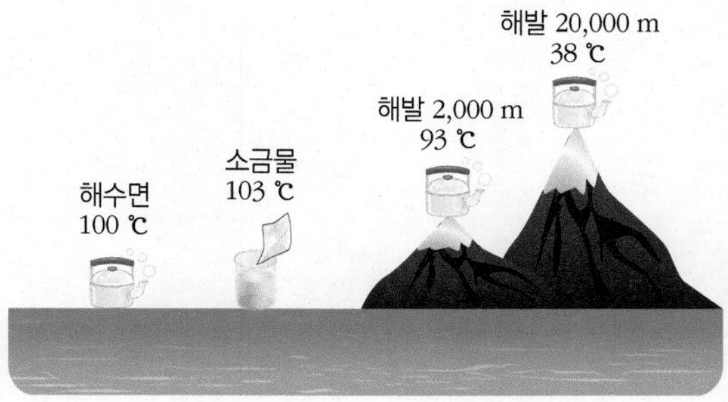

03

배가 고픈 무우는 압력 조절이 되는 솥에 라면을 끓이려고 한다. 아래의 글을 참고하여 라면을 최대한 빨리 익혀서 먹으려면 어떻게 하면 좋을지 2가지 이상 쓰고, 그렇게 생각한 이유를 서술해 보자.

· 소금물은 물보다 높은 온도에서 끓기 시작한다.
· 외부 압력이 낮아지면 액체의 끓는점이 낮아지고, 외부 압력이 높아지면 액체의 끓는점이 높아진다.

04 **물질의 상태는 온도와 압력에 따라 결정되는데, 이들 사이의 관계를 나타낸 그림을 상평형 그림이라고 한다. 상평형 그림의 곡선 상에서는 양쪽에 있는 두 상이 평형이 된다. 다음은 물의 상평형 그림을 나타낸 것이다.**

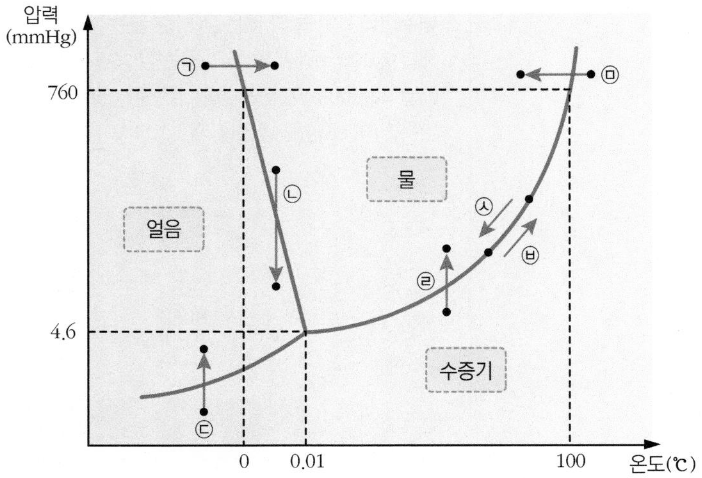

(1) 1 기압(760 mmHg)에서 온도가 -5 ℃인 얼음이 1 기압에서 0.005 ℃인 물로 상태 변화하는 것은 상평형 그림의 ㉠ ~ ㉦ 중 어떤 것에 해당하는지 쓰시오.

(2) 높은 산에서 냄비에 밥을 지으려다 잘 되지 않으면 뚜껑에 돌을 올려놓으면 되는데, 그 이유를 상평형 그림의 ㉠ ~ ㉦ 중에서 선택하고 설명하시오.

정답 및 해설 **32쪽**

05 **다음 글은 분자 모양에 따른 녹는점과 끓는점의 차이를 설명한 것이다. 이 글을 참고로 하여 포화 지방산과 불포화 지방산 중 녹는점이 더 높을 것으로 예상되는 것은 무엇인지 쓰고, 그렇게 생각한 이유를 서술하시오.**

물질의 녹는점과 끓는점은 분자 간의 인력뿐만 아니라 분자의 모양에도 영향을 받는다. 이웃하는 분자와 접촉 면적이 넓을수록 인력이 커지므로 녹는점과 끓는점이 높아진다. 예를 들어 같은 뷰테인(C_4H_{10})이라도 분자 구조에 따라 녹는점이 다르다.

물질	n - 뷰테인	iso - 뷰테인
분자 모양	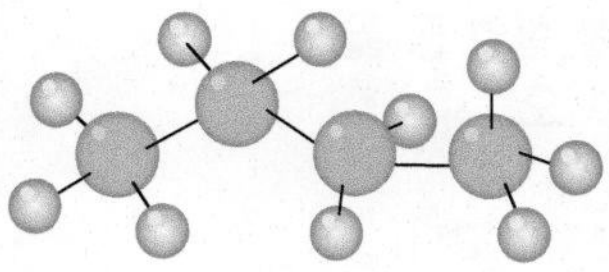	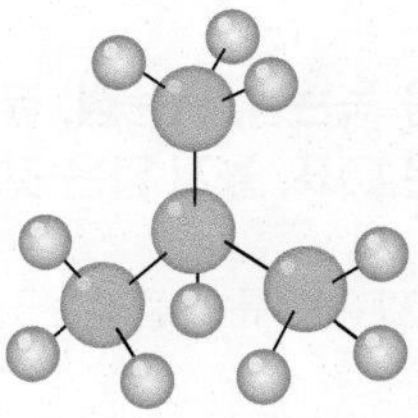
녹는점(℃)	−135	−159

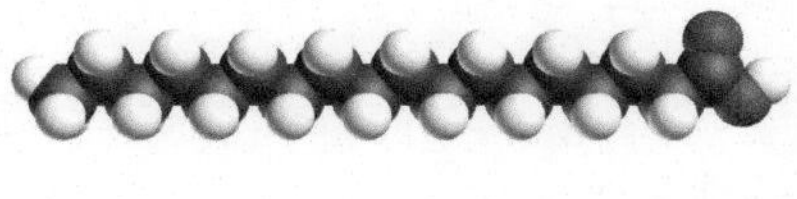

▲ 포화 지방산 분자 모형

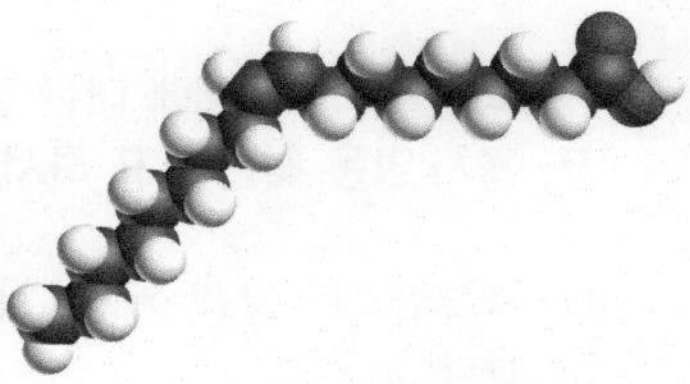

▲ 불포화 지방산 분자 모형

A

01 다음 〈보기〉에서 설명하는 것이 무엇인지 쓰시오.

〈 보기 〉

· 물질에 따라 각각 다른 값을 갖는다.
· 고체 물질이 녹는 동안 일정하게 유지되는 온도이다.

(　　　　)

02 다음 녹는점, 어는점, 끓는점에 대한 설명 중 옳은 것은 ○표, 옳지 않은 것은 ×표 하시오.

(1) 같은 종류의 물질은 녹는점과 어는점이 같다. (　　)

(2) 같은 종류의 물질은 양에 관계없이 끓는점이 일정하다. (　　)

03 온도와 물질의 상태에 대한 설명 중 옳은 것은 ○표, 옳지 않은 것은 ×표 하시오.

(1) 녹는점보다 낮은 온도에서는 고체 상태로 존재한다. (　　)

(2) 끓는점보다 높은 온도에서는 액체 상태로 존재한다. (　　)

04 다음 표는 여러 가지 물질의 녹는점과 끓는점을 나타낸 것이다. 각 물질이 상온(25 ℃)에서 고체, 액체, 기체 중 어떤 상태로 존재하는지 빈칸에 쓰시오.

물질	에탄올	수은	철	프로페인
녹는점(℃)	-114	-39	1,535	-188
끓는점(℃)	78	357	2,750	-42
상태	㉠ (　　)	㉡ (　　)	㉢ (　　)	㉣ (　　)

05 다음 그래프는 액체 A, B의 가열 곡선이다. 액체 A, B 중 분자 사이 인력이 더 센 것은?

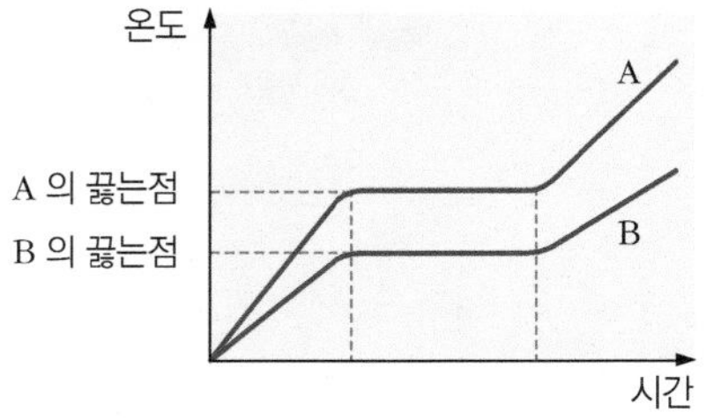

(　　　　)

06 다음 괄호에서알맞은 말을 쓰시오.

외부 압력이 낮아지면 액체의 끓는점이 (　　)진다.

07 다음 괄호에 알맞은 말을 고르시오.

분자 사이의 인력이 작을수록 증기 압력이 (크다 , 작다).

정답 및 해설 32쪽

[08~09] 다음 〈보기〉는 우리 생활 속 현상들을 나타낸 것이다.

〈보기〉

㉠ 높은 산에서 밥을 지으면 쌀이 설익는다.
㉡ 압력솥으로 밥을 지으면 쌀이 빨리 익는다.

08 외부 압력이 1 기압보다 작은 경우에 해당하는 현상은?

(　　　　)

09 외부 압력이 높아져서 끓는점이 높아진 현상으로 알맞은 것은?

(　　　　)

10 다음 그림과 같이 액체의 증발 속도와 기체의 응결 속도가 같은 상태를 무엇이라 하는지 쓰시오.

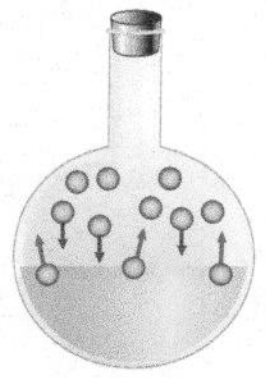

(　　　　　　) 상태

B

[11~12] 그래프는 여러 가지 고체 물질의 가열 곡선을 나타낸 것이다. 다음 물음에 답하시오.

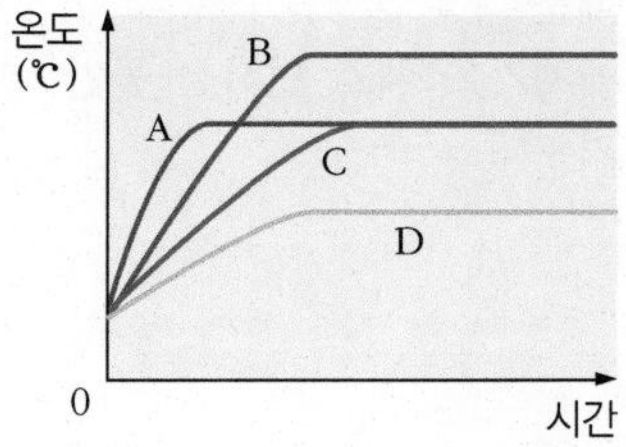

11 물질 A ~ D 중 같은 물질로 판단할 수 있는 것으로 옳게 짝지은 것은?

① A, B　② A, C　③ A, D
④ B, C　⑤ C, D

12 물질 A ~ D에 대한 설명으로 옳지 않은 것은?

① A가 가장 먼저 녹기 시작한다.
② A의 분자 사이의 인력이 가장 약하다.
③ B의 분자 사이의 인력이 가장 강하다.
④ C의 양이 A의 양보다 많다.
⑤ D의 양을 증가시켜도 녹는점은 변하지 않는다.

13 다음은 액체 A, B, C의 가열 곡선을 나타낸 것이다. 이에 대한 설명으로 옳은 것만을 〈보기〉에서 있는 대로 고른 것은?

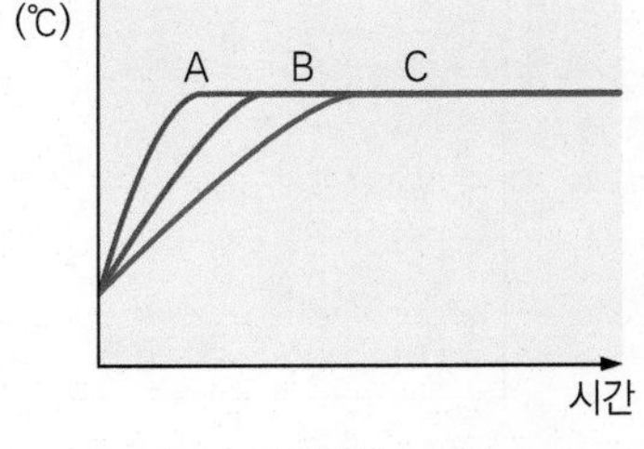

〈보기〉

ㄱ. A, B, C의 끓는점은 모두 같다.
ㄴ. A, B, C는 모두 같은 물질이다.
ㄷ. A, B, C의 질량은 모두 같다.

① ㄱ　② ㄴ　③ ㄷ
④ ㄱ, ㄴ　⑤ ㄱ, ㄷ

14 **물질마다 녹는점이 다른 이유는?**

① 물질의 질량이 다르기 때문
② 녹는점과 어는점이 서로 같기 때문
③ 가해지는 열이 모두 상태 변화에 사용되기 때문
④ 물질을 이루는 분자 사이의 인력이 서로 다르기 때문
⑤ 액체가 고체로 변하는 동안 열에너지를 방출하기 때문

15 **녹는점과 어는점에 대한 설명으로 옳지 <u>않은</u> 것은?**

① 녹는점과 어는점은 물질의 특성이다.
② 순수한 물질의 녹는점과 어는점은 같다.
③ 물질의 양이 변해도 녹는점은 변하지 않는다.
④ 분자 사이의 인력이 강할수록 녹는점이 높다.
⑤ 녹는점은 물질이 액체에서 고체로 변할 때의 온도이다.

16 **그래프는 어떤 고체 물질의 가열, 냉각 곡선이다. 이에 대한 설명으로 옳지 <u>않은</u> 것은?**

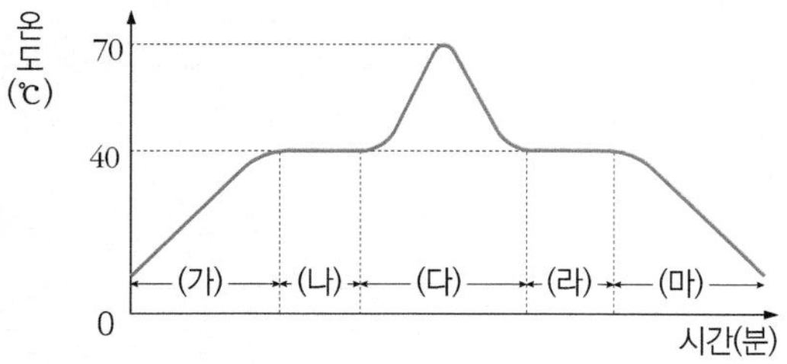

① 녹는점은 40 ℃ 이다.
② (가) 구간에서 이 물질은 고체 상태이다.
③ (나) 구간에서 액체로 상태 변화한다.
④ (다) 구간에서 물질은 고체와 액체 상태로 공존한다.
⑤ (라) 구간에서 고체로 상태 변화한다.

17 **끓는점에 대한 설명으로 옳지 <u>않은</u> 것은?**

① 끓는점은 물질의 양에 상관없이 일정하다.
② 분자 사이의 인력이 강할수록 끓는점이 높다.
③ 끓는점에서는 물질이 액체와 기체 상태로 존재한다.
④ 끓는점 이상의 온도에서 물질은 기체 상태로 존재한다.
⑤ 물은 외부 압력과 상관없이 항상 100 ℃ 에서 끓게 된다.

18 **물질 A ~ D 에 대한 설명으로 옳은 것만을 〈보기〉에서 있는 대로 고른 것은? (단, 상온은 25 ℃ 이다.)**

물질	A	B	C	D
녹는점(℃)	−218.8	−38.8	16.6	1,538
끓는점(℃)	−183.0	356.6	118	2,861

〈 보기 〉
ㄱ. A는 상온에서 기체 상태이다.
ㄴ. C는 상온에서 고체 상태이다.
ㄷ. B와 D는 상온에서 다른 상태로 존재한다.

① ㄱ ② ㄴ ③ ㄷ
④ ㄱ, ㄴ ⑤ ㄱ, ㄷ

19 **압력솥으로 밥을 하게 되면 냄비에 밥을 할 때보다 쌀이 빨리 익는다. 그 이유로 알맞은 것은?**

① 압력솥 안의 압력이 낮아져서 물의 끓는점이 낮아진다.
② 압력솥 안의 압력이 낮아져서 물의 끓는점이 높아진다.
③ 압력솥 안의 압력이 높아져서 물의 끓는점이 낮아진다.
④ 압력솥 안의 압력이 높아져서 물의 끓는점이 높아진다.
⑤ 압력솥 안의 압력이 낮아져서 물이 끓는 데 시간이 많이 걸린다.

정답 및 해설 32쪽

20 **다음과 같이 물 중탕으로 메탄올과 에탄올의 끓는점을 측정하는 실험을 했다. 실험의 결과가 아래의 표와 같을 때 이에 대한 설명으로 옳은 것만을 있는 대로 고르시오. (2개)**

물질	에탄올		메탄올	
부피(mL)	10	20	10	20
끓는점(℃)	78.3	78.3	64.6	64.6

① 같은 물질은 끓는점이 서로 같다.
② 끓는점은 물질의 양에 따라 다르다.
③ 에탄올의 끓는점은 물의 끓는점보다 높다.
④ 에탄올의 끓는점이 메탄올의 끓는점보다 높다.
⑤ 액체를 빨리 가열하기 위해 끓임쪽을 넣어준다.

C

21 **물 50 mL와 100 mL의 가열 곡선이다. 이에 대한 설명으로 옳은 것만을 〈보기〉에서 있는 대로 고른 것은?**

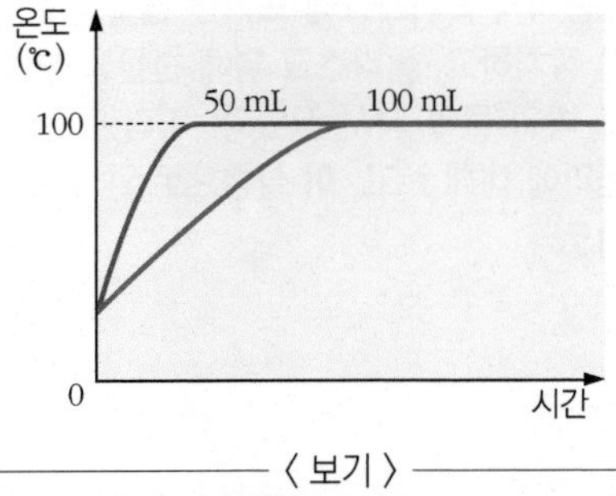

〈보기〉

ㄱ. 물의 양이 증가하면 끓는점도 증가한다.
ㄴ. 물의 양에 따라 끓기까지 걸리는 시간이 달라진다.
ㄷ. 물이 아닌 에탄올이라면 끓는점이 달라질 것이다.

① ㄱ ② ㄴ ③ ㄷ
④ ㄱ, ㄴ ⑤ ㄴ, ㄷ

22 **다음 그림과 같이 둥근바닥플라스크에 물을 반쯤 넣고 가열한 후, 플라스크의 입구를 막고 거꾸로 세워 잠시 물을 식혔다. 그런 다음 찬물을 천천히 부었더니 플라스크 속의 물이 다시 끓었다. 이에 대한 설명으로 옳은 것은?**

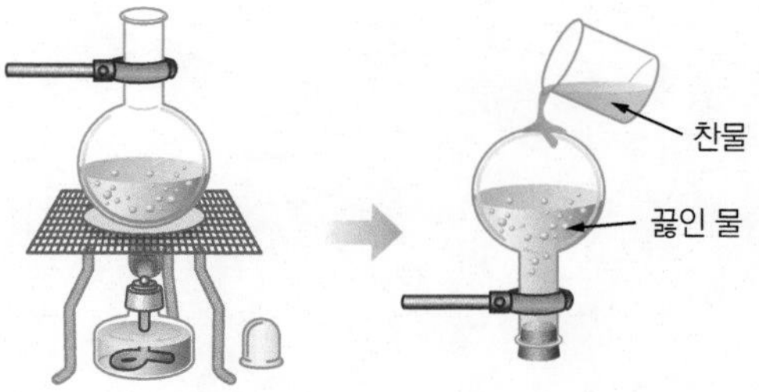

① 압력이 높아져서 물의 온도가 높아진다.
② 플라스크 속 물의 온도는 100 ℃ 가 넘는다.
③ 플라스크 속의 물의 끓는점은 100 ℃ 보다 높다.
④ 찬물을 부으면 플라스크 속 수증기가 액화된다.
⑤ 찬물을 부으면 플라스크의 내부 압력이 높아진다.

23 **다음 그림은 프로페인, 물, 에탄올이 각각 액체 상태로 존재하는 온도 구간을 나타낸 것이다. 이에 대한 설명으로 옳지 않은 것은?**

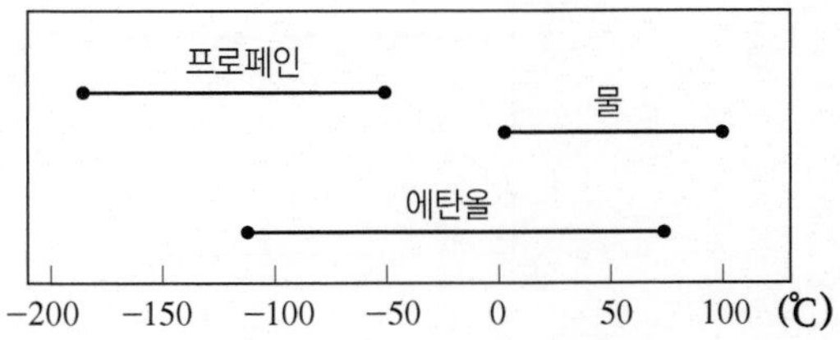

① 에탄올의 끓는점은 100 ℃ 이하이다.
② 프로페인은 0 ℃에서 기체 상태로 존재한다.
③ 물이 고체 상태일 때 에탄올도 고체 상태이다.
④ 프로페인이 액체 상태일 때 물은 고체 상태이다.
⑤ 120 ℃에서 프로페인, 물, 에탄올은 모두 기체 상태로 존재한다.

24 다음 그림과 같이 감압 용기에 80 ℃ 물을 담은 비커를 넣고 펌프로 공기를 뽑아내었다. 이에 대한 설명으로 옳은 것만을 〈보기〉에서 있는 대로 고른 것은?

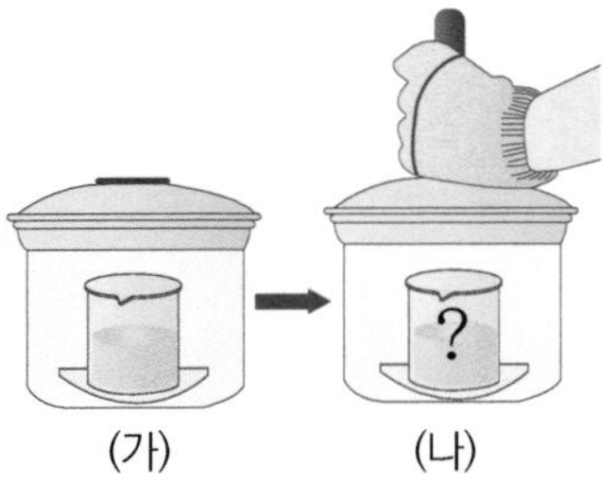

〈 보기 〉

ㄱ. 공기를 뽑아내면 용기 속의 압력이 작아진다.
ㄴ. 용기 속 물은 100 ℃ 이하에서 끓게 된다.
ㄷ. 압력이 낮아지면 용기 내 온도가 증가한다.

① ㄱ ② ㄴ ③ ㄷ
④ ㄱ, ㄴ ⑤ ㄱ, ㄷ

25 그래프는 두 액체 A, B를 같은 조건에서 가열할 때 시간에 따른 온도 변화를 나타낸 것이다. 이에 대한 설명으로 옳은 것만을 〈보기〉에서 있는 대로 고른 것은?

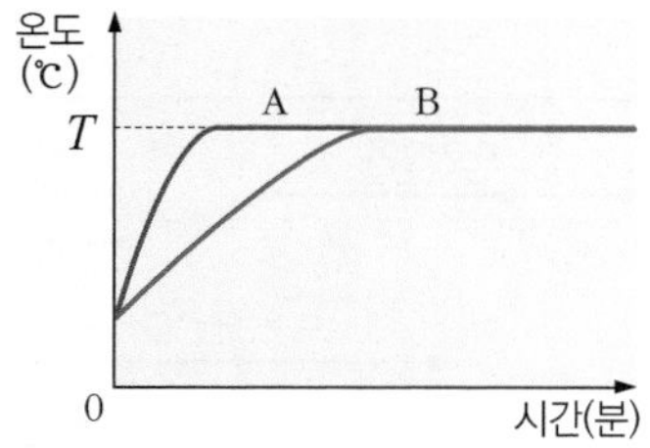

〈 보기 〉

ㄱ. A와 B는 다른 물질이다.
ㄴ. 불꽃을 약하게 하면 온도 T가 낮아진다.
ㄷ. 외부 압력이 높아지면 온도 T가 높아진다.

① ㄱ ② ㄴ ③ ㄷ
④ ㄱ, ㄴ ⑤ ㄱ, ㄷ

26 다음 그래프는 물 100 mL, 200 mL, 300 mL 와 에탄올 100 mL 의 가열 곡선이다. 이 그래프를 통해 알 수 있는 사실을 2 가지 이상 서술하시오.

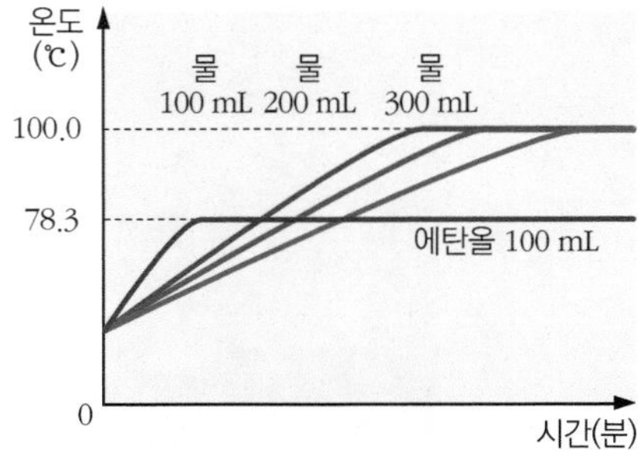

27 1 기압에서 물의 끓는점은 100 ℃이고, 수은의 끓는점은 357 ℃, 철의 끓는점은 2,750 ℃이다. 이와 같이 물질마다 끓는점이 다른 이유를 서술하시오.

28 둥근바닥 플라스크에 뜨거운 물을 넣은 후 그림과 같이 장치하고, 플라스크 위에 찬물을 부었더니 플라스크 속의 물이 다시 끓었다. 이러한 현상이 나타나는 원리에 대해 쓰고, 이 실험으로 알 수 있는 사실을 쓰시오.

정답 및 해설 32쪽

29 다음과 같이 메탄올과 에탄올의 끓는점을 측정하는 실험을 할 때, 에탄올과 메탄올을 물 중탕으로 가열하는 이유를 서술하시오.

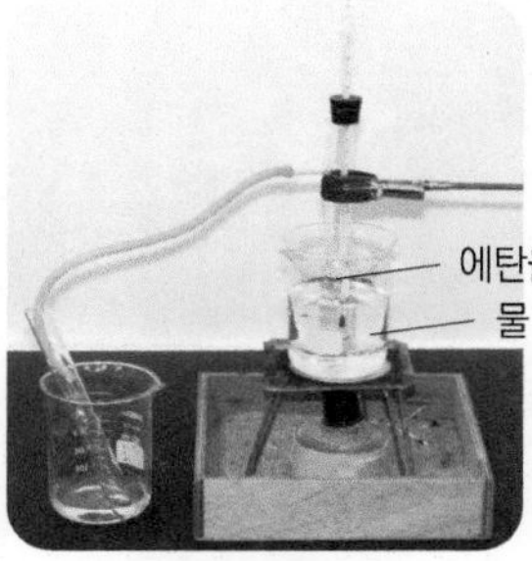

30 다음 〈보기〉는 물질의 끓는점이 변화되는 것과 관련 있는 현상들이다. 이 현상들로부터 알 수 있는 외부 압력과 끓는점의 관계에 대해 서술하시오.

〈 보기 〉

- 높은 산에서 밥을 지으면 쌀이 설익는다.
- 압력솥으로 밥을 지으면 쌀이 빨리 익는다.

창의력 서술

31 아래 그림은 다른 기체가 녹아 있지 않은 순수한 물을 비커에 넣고 가열한 것이다. 물이 끓기 시작하면 바닥으로부터 기포가 생성되어 올라온다. 기포는 올라오면서 점점 커지는데 그 이유는 무엇인지 서술하시오.

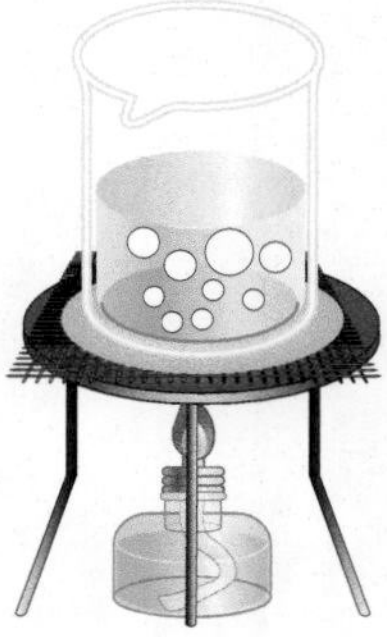

32 부동액은 자동차의 냉각수가 얼지 않도록 넣어주는 것인데, 겨울뿐만 아니라 여름에도 필요하다. 그 이유를 서술하시오.

10강. 물질의 특성 III

1. 용해와 용액

(1) 용해와 용액

① 용해 : 한 물질이 다른 물질에 녹아 고르게 섞이는 현상
② 용매 : 다른 물질을 녹이는 물질
③ 용질 : 다른 물질에 녹는 물질
④ 용액 : 용매와 용질이 고르게 섞여 있는 물질

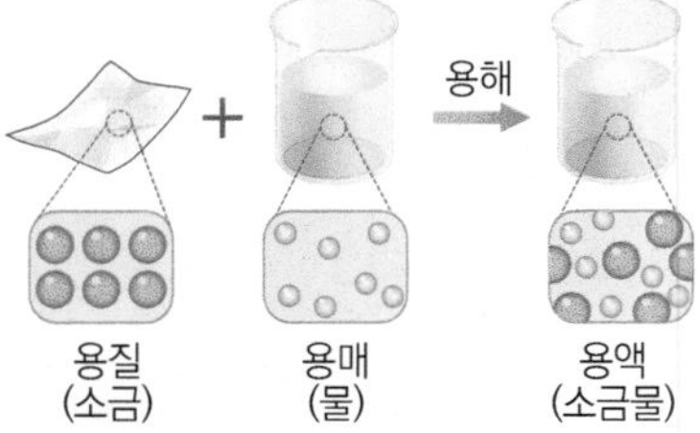

(2) 용액의 특징

① 균일 혼합물이다.
② 용질이 가라앉지 않는다.
③ 거름종이로 걸러도 걸러지는 물질이 없다.
④ 투명하다.(색이 있는 경우도 있다)

(3) 용해의 원리

① 분자 사이의 인력과 용해

용질 분자 사이의 인력, 용매 분자 사이의 인력 $\leq$ 용질 분자와 용매 분자 사이의 인력

⇒ 용질 분자들이 용매 분자 사이로 용해

② 용해 과정에서 부피의 변화

A 부피 + B 부피 > C 부피

③ 용해 과정에서 질량은 변하지 않음

A 질량 + B 질량 = C 질량

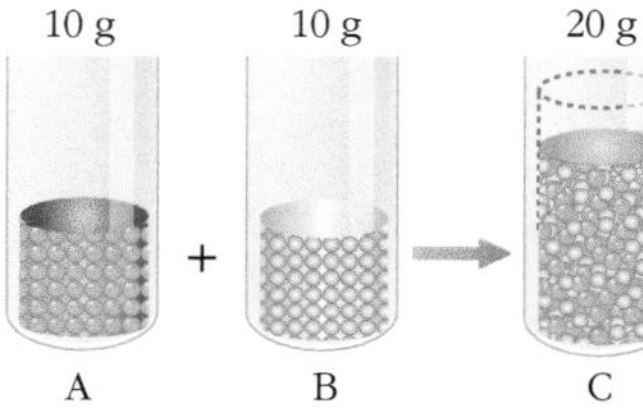

(4) 포화 용액

① 포화 용액 : 용매에 용질이 더 이상 녹을 수 없을 만큼 최대로 녹아 있는 용액
② 불포화 용액 : 용매에 용질이 더 녹을 수 있는 상태의 용액

간단실험

〈황산 구리 수용액 만들기〉
① 물 100 mL 가 들어 있는 비커와 황산 구리를 준비한다.
② 황산 구리를 약수저로 조금씩 넣어가며 용액을 만든다.
③ 용액의 특징을 관찰한다.

용질과 용매의 구분

용액	용질	용매
고체+액체	고체	액체
기체+액체	기체	액체
기체+기체	양 적은 것	양 많은 것
액체+액체	양 적은 것	양 많은 것

과포화 용액

포화 용액보다 용매에 용질이 더 많이 녹아 있는 용액

생각해보기★

바닷물은 용액일까?
공기는 용액일까?

개념확인 1 다음 ㉠ ~ ㉢에 알맞는 용어를 쓰시오.

㉠ (　　　　　　) : 다른 물질을 녹이는 물질
㉡ (　　　　　　) : 다른 물질에 녹는 물질
㉢ (　　　　　　) : 용매와 용질이 고르게 섞여 있는 물질

미니사전

포화 [飽 배부르다 和 화하다] 더 이상의 양을 수용할 수 없이 가득 참
용해 [溶 녹다 解 풀다] 녹거나 녹이는 일
용질 [溶 녹다 質 바탕] 용액에 녹아 있는 물질

확인 +1 다음 중 용액에 대한 설명으로 옳지 <u>않은</u> 것은?

① 용질이 가라앉지 않는다.
② 거름종이로 걸러도 걸러지는 물질이 없다.
③ 용질과 용매의 부피의 합이 용액의 부피이다.
④ 용매와 용질이 고르게 섞여 있는 균일 혼합물이다.
⑤ 용매에 용질이 더 녹을 수 있는 상태의 용액을 불포화 용액이라고 한다.

2. 농도

(1) 용액의 농도

(가) (나)

◀ 농도 : (가) < (나)

① 농도 : 용액의 묽고 진한 정도로, 용액 속에 녹아 있는 용질의 비율을 나타낸다.
② 용액은 농도에 따라 색깔, 밀도, 맛, 끓는점 등이 달라진다.

(2) 농도의 종류 : 퍼센트 농도(%), 부피 백분율(%) 등

① 퍼센트 농도(%) : 용액 100 g 속에 녹아 있는 용질의 질량(g)

$$\text{퍼센트 농도(\%)} = \frac{\text{용질의 질량(g)}}{\text{용액의 질량(g)}} \times 100 = \frac{\text{용질의 질량(g)}}{\text{(용매+용질)의 질량(g)}} \times 100$$

② 부피 백분율(%)

$$\text{부피 백분율(\%)} = \frac{\text{용질의 부피}}{\text{용액의 부피}} \times 100$$

(3) 농도에 따른 밀도 변화

① 일반적으로 용질이 고체일 때, 용액의 농도가 진할수록 용액의 밀도가 커진다.

15 % 의 소금물 5 % 의 소금물

달걀이 뜬다. 달걀이 가라앉는다.

밀도 : 5 % 의 소금물 〈 달걀 〈 15 % 의 소금물

간단실험
〈달걀 뜨게 하기〉
① 물 100 mL 에 소금 5 g 을 유리컵에 넣고 녹인다.
② 달걀을 넣고 달걀이 가라앉는 것을 확인한다.
③ 유리컵에 소금을 조금씩 더 넣어가며 잘 녹인다.
④ 달걀이 떠오르는 것을 관찰한다.

▲ 달걀 띄우기

ppm 과 ppb
ppm : 100만분율
ppb : 10억분율
ppb = 1/1000 ppm

생각해보기★★
오래된 달걀은 달걀 속에 있던 수분이 점차 증발하고, 그 공간에 공기가 들어가게 된다. 소금물을 이용해 오래된 달걀과 신선한 달걀을 구분하는 방법은 무엇일까?

개념확인 2 **다음 용액의 퍼센트 농도를 구하시오.**

정답 및 해설 34쪽

물 95 g 에 소금 5 g 을 녹인 용액

확인+2 10 % **소금물** 200 g **에 포함된 물과 소금의 질량을 알맞게 짝지은 것은?**

	물의 질량	소금의 질량
①	180 g	20 g
②	170 g	30 g
③	160 g	40 g
④	150 g	50 g
⑤	140 g	60 g

미니사전
농도 [濃 짙다 度 정도] 용액 따위의 진함과 묽음의 정도

3. 용해도 1

(1) 용해도

① 용해도 : 일정한 온도에서 용매 100 g에 최대로 녹을 수 있는 용질의 질량(g)
② 일정 온도와 압력에서 같은 용매에 대한 용해도는 용질에 따라 다르다.
⇒ 물질의 특성

(2) 고체의 용해도

① 일반적으로 고체의 용해도는 온도가 높을수록 증가하고, 압력의 영향은 거의 받지 않는다.
② 고체의 용해도를 나타낼 때는 용매의 종류와 온도를 표시해야 한다.
③ 여러 가지 고체 물질의 용해도 (g/물 100 g)

물질	0 ℃	20 ℃	40 ℃	60 ℃	80 ℃
염화 나트륨	35.7	36.0	36.6	37.3	38.4
질산 나트륨	73.0	88.0	104.0	124.0	148.0
질산 칼륨	13.3	31.6	63.9	110.0	169.0
붕산	2.8	5.0	8.9	14.9	23.5

(3) 용해도 곡선 : 온도 변화에 따른 용해도 변화를 나타낸 그래프

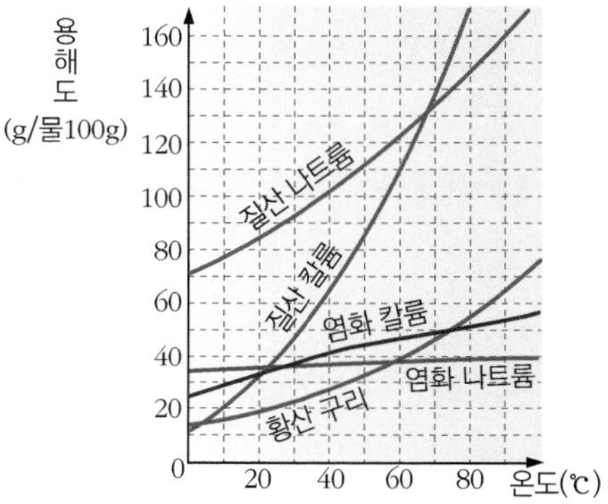

▲ 여러 가지 물질들의 용해도 곡선

(4) 용해도 곡선의 해석

- 용해도 곡선 상의 점 : 포화 용액
- 용해도 곡선 아래의 점 : 불포화 용액
- 용해도 곡선 위의 점 : 과포화 용액

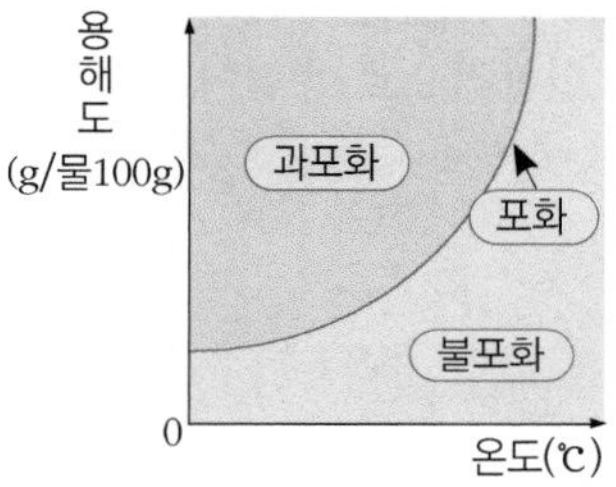

▲ 용해도 곡선

● 극성과 무극성
분자 내에서 양전하와 음전하의 분포가 균일하지 않는 것을 극성 분자라고 하고, 극성을 가지지 않는 것을 무극성 분자라고 한다. 알코올·암모니아·물 등은 극성이지만 메탄·벤젠·이산화 탄소 등은 무극성이다. 일반적으로 극성 용질은 극성 용매에 대한 용해도가 높고, 무극성 용질은 무극성 용매에 대한 용해도가 높다.

● 생각해보기★★★
포화 소금물 용액에 설탕을 더 넣었을 경우 설탕이 녹을까?

개념확인 3 **다음 용해도에 대한 설명 중 옳은 것은 ○표, 옳지 않은 것은 ×표 하시오.**

(1) 용해도 곡선 상의 점은 포화 용액이다. (　　)
(2) 일반적으로 고체의 용해도는 온도가 높아질수록 작아진다. (　　)
(3) 용해도는 물질의 특성에 속한다. (　　)

확인 +3 **다음 〈보기〉는 용해도에 대한 설명이다. 〈보기〉에서 옳은 것만을 있는 대로 고른 것은?**

〈 보기 〉
ㄱ. 용해도는 어떤 온도에서 용액 100 g 에 최대로 녹을 수 있는 용질의 질량(g)이다.
ㄴ. 용해도는 온도에 관계없이 일정한 값을 나타낸다.
ㄷ. 고체의 용해도는 온도의 영향을 받는다.

① ㄱ　② ㄴ　③ ㄷ　④ ㄱ, ㄷ　⑤ ㄴ, ㄷ

미니사전
용해도 [溶 녹다 解 풀다 度 정도] 일정한 온도에서 일정한 양의 용매에 녹을 수 있는 용질의 최대 양

4. 용해도 2

(1) 용질의 석출량 구하기

① 포화 용액 만들기

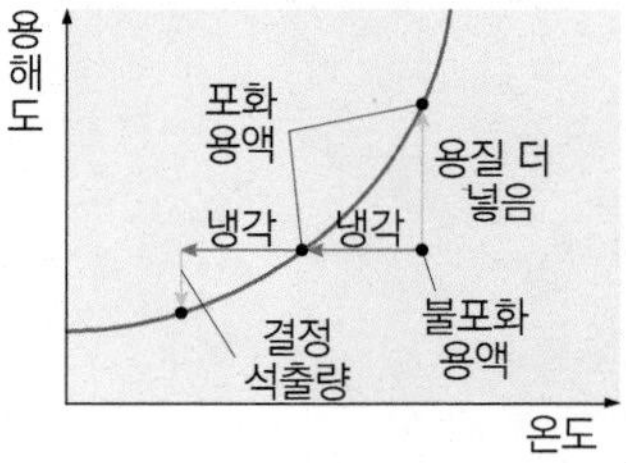

② 용질의 석출량 구하기

처음에 녹아 있던 용질의 양 - 냉각시킨 온도에서 녹을 수 있는 용질의 양 = 용질의 석출량

(2) 기체의 용해도

① 기체의 용해도는 온도가 낮을수록, 압력이 높을수록 증가한다.
② 기체의 용해도를 나타낼 때는 용매의 종류와 온도, 압력을 표시해야 한다.

▲ 온도에 따른 기체의 용해도

③ 여러 가지 기체 물질의 용해도 (g/물 100g)

물질	암모니아	염소	이산화 탄소	산소	질소	수소
0℃, 1기압	87.5	1.46	0.337	0.007	0.003	0.0002

(3) 기체의 용해도와 우리 생활

① 온도가 높아져 기체의 용해도가 감소하는 현상
· 여름철에 물고기가 수면 가까이 올라와 입을 뻐끔거리며 호흡한다. → 물의 온도가 높아져 물에 녹아 있던 산소의 용해도가 감소하기 때문

② 압력이 낮아져 기체의 용해도가 감소하는 현상
· 탄산 음료의 마개를 열면 거품이 발생한다.
→ 병 내부의 압력이 낮아져 탄산 음료에 녹아 있던 이산화 탄소의 용해도가 감소하기 때문

간단실험
〈탄산 음료의 마개 열기〉

① 캔에 들어 있는 탄산 음료를 준비한다.
② 캔을 딴 후, 탄산 음료 입구에서 나오는 기체를 관찰한다.
③ 기체가 발생한 이유를 생각해 본다.

기체의 종류에 따른 용해도
① 물에 잘 녹는 기체
: 암모니아, 염화 수소, 이산화 황 등
② 물에 잘 녹지 않는 기체
: 수소, 산소, 질소, 헬륨, 이산화 탄소 등

정답 및 해설 34쪽

개념확인 4 **다음 기체의 용해도에 대한 설명 중 옳은 것은 ○표, 옳지 않은 것은 ×표 하시오.**

(1) 기체의 용해도는 온도가 낮을수록 증가한다. ( )
(2) 기체의 용해도는 압력이 높을수록 감소한다. ( )
(3) 기체의 용해도는 용매의 종류와 온도, 압력을 표시해야 한다. ( )

확인 +4 **60 ℃ 질산 나트륨 포화 용액 224 g을 20 ℃로 냉각시킬 때 석출되는 질산 나트륨의 양은? (단, 질산 나트륨의 물에 대한 용해도는 20 ℃에서는 88 이고, 60 ℃에서는 124 이다.)**

( ) g

미니사전
석출 [析 나누어지다 出 나다] 액체 속에서 고체가 생김

01 **다음 그림은 소금이 물에 녹을 때의 과정을 모형으로 나타낸 것이다.** A ~ C **에 해당하는 용어를 알맞게 짝지은 것은?**

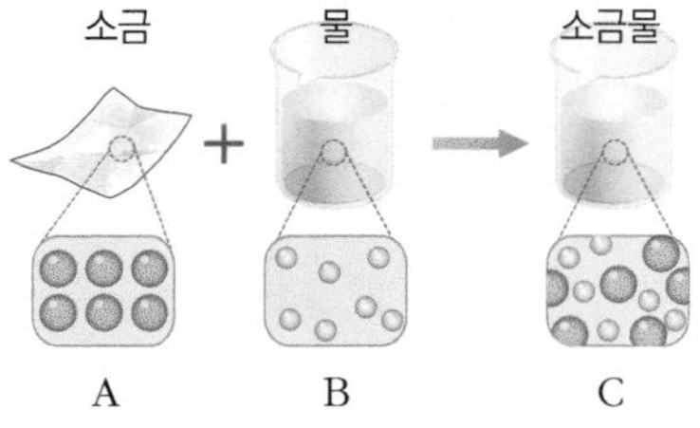

	A	B	C
①	용매	용액	용질
②	용매	용질	용액
③	용질	용액	용매
④	용질	용매	용액
⑤	용액	용질	용매

02 20 % **설탕물** 120 g **에 들어 있는 설탕의 질량은?**

① 20 g ② 22 g ③ 24 g ④ 26 g ⑤ 28 g

03 **용해도에 대한 설명으로 옳은 것은?**

① 기체의 용해도는 온도와 압력이 낮을수록 증가한다.
② 일반적으로 고체의 용해도는 온도가 높을수록 증가한다.
③ 일정 온도와 압력에서 같은 용매에 대한 용해도는 모든 용질이 같다.
④ 고체의 용해도를 나타낼 때는 용매의 종류와 온도, 압력을 함께 표시해야 한다.
⑤ 용해도는 일정한 온도에서 용액 100 g에 최대로 녹을 수 있는 용질의 질량(g)이다.

정답 및 해설 34쪽

04 상온(25 ℃)에서 물 100 g에 어떤 고체 물질 100 g을 녹였더니 8 g이 녹지 않고 가라앉았다. 25 ℃ 에서 물에 대한 이 물질의 용해도(g/물100g)는?

① 8　② 82　③ 92　④ 148　⑤ 192

[05~06] 다음 그래프는 여러 가지 고체 물질의 용해도 곡선을 나타낸 것이다.

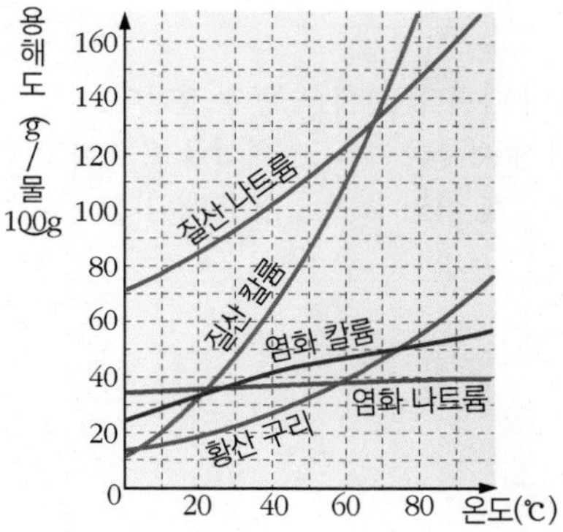

05 60 ℃ 의 물 100 g 에 각 용질을 녹여서 포화 상태가 되게 하였다. 각각의 포화 용액을 40 ℃ 로 냉각시킬 때 석출되는 결정의 양이 가장 많은 고체 물질을 쓰시오.

06 60 ℃ 의 물 100 g 에 각 용질을 녹여서 포화 상태가 되게 하였다. 각각의 포화 용액을 40 ℃ 로 냉각시킬 때 석출되는 결정의 양이 가장 적은 고체 물질을 쓰시오.

[유형10-1] 용해와 용액

다음 그림은 소금이 물에 녹을 때의 과정을 모형으로 나타낸 것이다. 이에 대한 설명으로 옳은 것만을 〈보기〉에서 있는 대로 고른 것은?

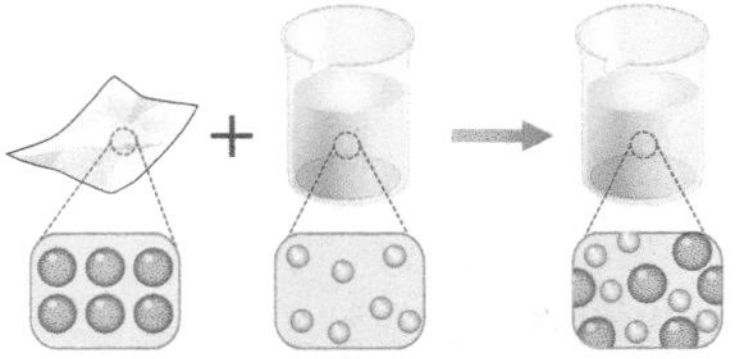

〈 보기 〉

ㄱ. 소금은 용질이며 다른 물질에 녹는 물질이다.
ㄴ. 소금과 물이 섞여 소금물이 되는 현상을 용해라고 한다.
ㄷ. 소금과 물이 고르게 섞인 소금물은 용매이다.

① ㄱ ② ㄱ, ㄴ ③ ㄱ, ㄷ ④ ㄴ, ㄷ ⑤ ㄱ, ㄴ, ㄷ

Tip!

01 **용해와 용액에 대한 설명으로 옳지 않은 것은?**

① 용액은 용질이 가라앉지 않는다.
② 용액은 모든 부분의 농도가 같다.
③ 용질과 용매의 부피의 합은 용액의 부피와 같다.
④ 용질과 용매의 질량의 합은 용액의 질량과 같다.
⑤ 용질 분자들이 용매 분자 사이로 섞여야 용액이 된다.

02 **다음은 A와 B를 섞어서 만든 용액 C의 모습을 나타낸 것이다. 이에 대한 설명으로 옳지 않은 것은?**

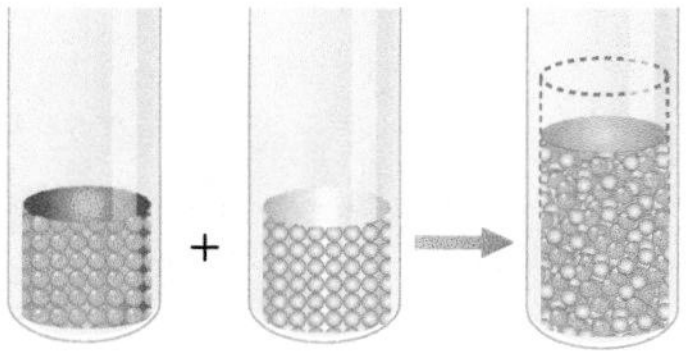

① C는 포화 용액이다.
② 용해 과정에서 질량은 변하지 않는다.
③ A가 고체이고, B가 액체라면 용질은 A이다.
④ A의 부피와 B의 부피를 합한 값이 C의 부피보다 크다.
⑤ A의 분자와 B의 분자 사이의 인력은 A의 분자 사이의 인력보다 더 크거나 비슷하다.

정답 및 해설 35쪽

[유형10-2] 농도

다음 〈보기〉는 몇 가지 용액을 나타낸 것이다. 각 용액의 퍼센트 농도를 비교한 것으로 옳은 것은?

〈 보기 〉

㉠ 물 100 g에 소금 20 g을 녹인 용액
㉡ 소금이 30 g 들어간 소금물 200 g
㉢ 5 % 소금물 100 g에 20 % 소금물 200 g을 섞은 용액

① ㉠ = ㉡ = ㉢　② ㉠ < ㉡ < ㉢　③ ㉠ > ㉡ = ㉢　④ ㉠ > ㉡ > ㉢　⑤ ㉡ > ㉠ > ㉢

03 물 100 g 에 설탕 10 g 을 녹여 만든 설탕물에 대한 설명으로 옳은 것만을 있는 대로 고르시오. (2개)

① 용매는 물이고, 용질은 설탕이다.
② 설탕물의 질량은 110 g 보다 작다.
③ 설탕물의 퍼센트 농도는 10 % 이다.
④ 설탕이 20 g 들어간 설탕물 220 g 과 퍼센트 농도가 같다.
⑤ 이 용액에 설탕을 더 넣는다면 밀도는 더 작아질 것이다.

Tip!

04 다음 용액 중 용질의 질량이 가장 큰 것은?

① 20 %의 소금물 240 g
② 30 %의 소금물 150 g
③ 물의 질량이 100 g 인 30 % 의 소금물
④ 10 % 소금물 100 g에 소금 10 g을 더 넣은 용액
⑤ 10 % 소금물 100 g과 20 % 소금물 100 g을 섞은 용액

[유형10-3] 용해도1

다음 그래프는 어떤 고체 물질의 용해도 곡선을 나타낸 것이다. 이에 대한 설명으로 옳지 않은 것은? (단, A ~ D 용액의 물의 질량은 100 g 이다.)

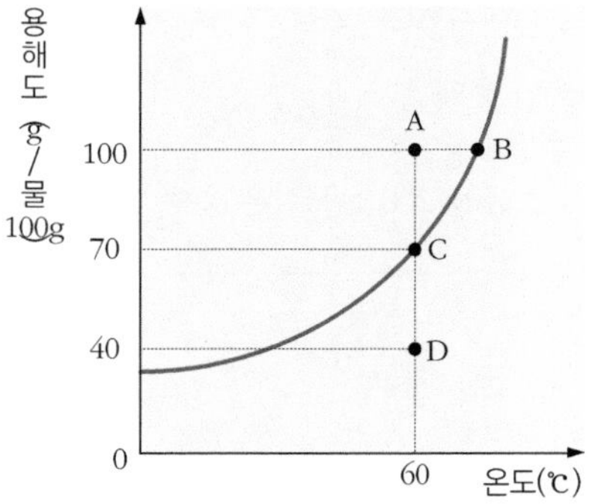

① A는 과포화 용액이다.
② A 용액보다 B 용액에 더 많은 용질이 들어있다.
③ C 용액은 포화 용액이다.
④ D 용액은 용질 30 g이 더 녹을 수 있다.
⑤ 이 고체 물질의 용해도는 온도가 높을수록 증가한다.

05 10 mL 의 물에 소금과 질산 칼륨, 스테아르산을 녹지 않을 때까지 녹여보고 얼마나 녹는지 기록하였더니 그 결과가 다음 표와 같았다. 이 실험 결과에 대한 해석으로 옳지 않은 것은?

온도	소금	질산 칼륨	스테아르산
상온(25 ℃)의 물	3.6 g	3.2 g	녹지 않음
50 ℃의 물	3.8 g	8.5 g	녹지 않음

① 물에 대한 스테아르산의 용해도는 0 이다.
② 온도가 높아지면 고체의 용해도는 증가한다.
③ 상온에서 소금의 용해도가 질산 칼륨보다 작다.
④ 같은 용질이라도 온도에 따라 용해도가 달라진다.
⑤ 온도에 따른 용해도의 변화는 질산 칼륨이 소금보다 크다.

06 다음 그림은 어떤 고체 물질의 용해도 곡선이다. 이에 대한 설명 중 옳은 것은? (단, A ~ D 용액의 물의 질량은 100 g 이다.)

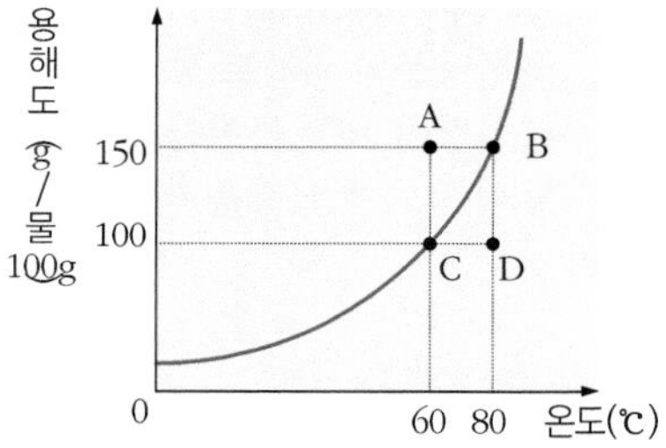

① A 용액은 용질을 더 녹일 수 있다.
② B 용액의 농도는 100 % 이다.
③ B 용액 농도가 C 용액 농도보다 작다.
④ C 와 D 용액의 농도는 같다.
⑤ D 용액은 과포화 용액이다.

정답 및 해설 35쪽

[유형10-4] 용해도2

기체의 용해도를 알아보기 위하여 다음 그림과 같이 탄산 음료를 각각 얼음물, 상온(25 ℃)의 물, 80 ℃ 물에 넣어 실험하였다. 이에 대한 설명으로 옳은 것만을 〈보기〉에서 있는 대로 고른 것은?

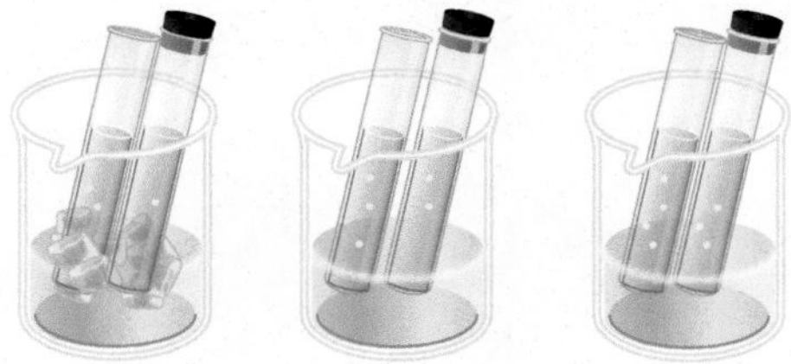

(가) 얼음물 (나) 상온의 물 (다) 80℃의 물

〈 보기 〉

ㄱ. 비커 (가)의 탄산 음료에서 기포가 가장 많이 발생한다.
ㄴ. 뚜껑을 닫지 않은 시험관에서 뚜껑을 닫은 시험관보다 기포가 더 많이 발생한다.
ㄷ. 기체의 용해도는 온도가 낮을수록, 압력이 높을수록 증가한다는 것을 확인할 수 있는 실험이다.

① ㄱ ② ㄱ, ㄴ ③ ㄱ, ㄷ ④ ㄴ, ㄷ ⑤ ㄱ, ㄴ, ㄷ

07

다음 중 압력이 낮아져서 기체의 용해도가 작아지는 현상은?

① 여름철에는 화장실 냄새가 더 심하게 난다.
② 탄산 음료의 병뚜껑을 따면 거품이 나온다.
③ 높은 산에 올라가면 물의 끓는점이 낮아진다.
④ 기포가 수면 위로 올라올수록 크기가 커진다.
⑤ 휴대용 가스를 사용하면 가스통이 차가워진다.

Tip!

08

어떤 고체 물질이 70 ℃에서 물에 대한 용해도가 150 이다. 70 ℃ 의 물에 이 물질을 녹여서 50 % 수용액 200 g 을 만들었다. 이 수용액을 포화 용액으로 만들기 위해는 얼마나 용질을 더 넣어야 하는가?

① 50 g ② 150 g ③ 200 g ④ 250 g ⑤ 300 g

01 **다음 그림과 같이 60 ℃의 물 100 g에 어떤 고체 물질을 50 g 녹인 후 2 시간 동안 60 ℃로 유지한 후 용액을 확인하였다. (단, 물은 1 시간 동안 전체의 $\frac{1}{10}$ 씩 증발한다. 또한 이 고체 물질의 60 ℃에서의 용해도는 50 이다.)**

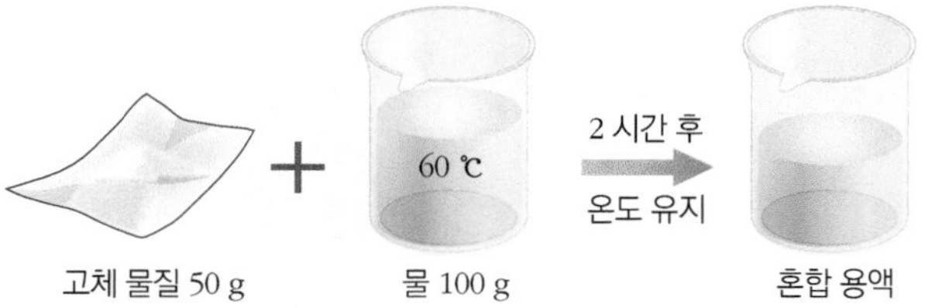

(1) 2 시간이 지난 후 석출되는 고체 물질의 양을 계산 과정과 함께 서술하시오.

(2) 2 시간이 지난 후 남아있는 용액의 퍼센트 농도를 계산 과정과 함께 서술하시오.

정답 및 해설 36쪽

02 탄산 음료와 생수의 페트병은 다르게 제작된다. 그림과 같이 탄산 음료 제품들은 '내압용 페트병'을 사용하는데, 이렇게 음료수마다 다른 페트병을 사용해야 하는 이유를 서술하시오.

▲ 생수의 페트병

▲ 탄산 음료의 페트병

03

1.5 L 페트병에 들어 있는 탄산 음료를 마시고 나서 남은 탄산 음료를 냉장고에 넣었다. 며칠이 지난 후 탄산 음료를 다시 꺼내 마시면 김이 많이 빠져 있는 것을 관찰 할 수 있는데, 기체의 용해도와 관련지어 시간이 지난 후에 다시 탄산 음료를 마실 때에도 음료수에 탄산이 많이 녹아 있을 수 있는 방법에는 무엇이 있을지 설명해 보자.

▲ 마시고 남은 탄산 음료

정답 및 해설 37쪽

04 깊은 바닷속에서는 사람이 호흡하기 위해 들이마신 산소통의 질소가 높은 압력에 의해 혈액에 많이 녹게 된다. 그런데 잠수부가 갑자기 수면으로 올라오면 압력이 급격히 낮아지므로 혈액으로부터 질소 기체가 빠져나와 기포를 만든다. 이 기포가 모세 혈관을 막거나 터뜨려 혈액의 흐름을 방해하는데 이로 인해 생기는 질병이 잠수병이다.

(1) 최근에는 잠수병을 방지하기 위해 산소통에 질소 대신 헬륨을 채워서 사용한다. 질소와 헬륨의 차이점이 무엇일지 설명해 보자.

(2) 잠수병을 방지하는 방법을 2 가지 이상 서술하시오.

스스로 실력 높이기

A

01 **다음 용액에 대한 설명 중 옳은 것은 ○표, 옳지 않은 것은 ×표 하시오.**

(1) 용액은 균일 혼합물이다. ( )

(2) 용액을 거름종이로 걸러내면 용질과 용매로 분리된다. ( )

(3) 용매에 용질이 더 이상 녹을 수 없을 만큼 최대로 녹아 있는 용액을 포화 용액이라 한다. ( )

02 **다음 그림은 용질 A 와 용매 B를 섞어서 용액 C 를 만드는 모습을 나타낸 것이다. 다음의 빈칸에 들어갈 적절한 부등호(>, =, <)로 표시하시오.**

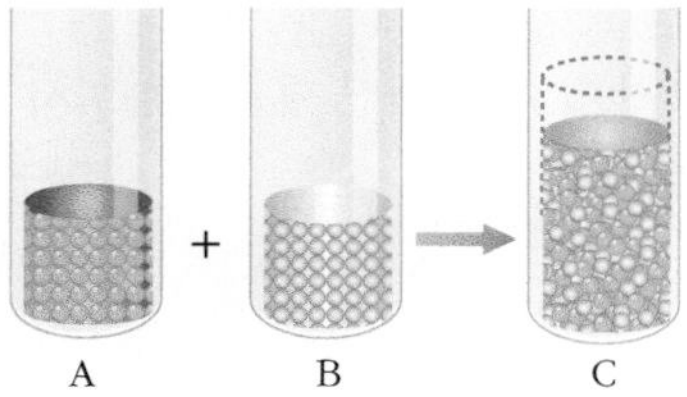

㉠ 부피 : A + B ☐ C
㉡ 질량 : A + B ☐ C

03 **다음 설명에 해당하는 알맞은 용어를 〈보기〉에서 골라 쓰시오.**

〈 보기 〉

용해 용매 용질 용액

(1) 한 물질이 다른 물질에 녹아 고르게 섞이는 현상 ( )

(2) 용매와 용질이 고르게 섞여 있는 물질 ( )

04 **다음 농도에 대한 설명 중 옳은 것은 ○표, 옳지 않은 것은 ×표 하시오.**

(1) 농도는 용액의 묽고 진한 정도이다. ( )

(2) 일반적으로 용질이 고체인 경우, 용액의 농도가 진할수록 용액의 밀도가 작아진다. ( )

(3) 농도는 용액 속에 녹아 있는 용질의 비율을 나타낸다. ( )

05 10 % **소금물** 200 g **에 포함된 물과 소금의 질량을 구하시오.**

㉠ 물의 질량 : ( ) g
㉡ 소금의 질량 : ( ) g

06 **물** 200 g **에 소금** 50 g **을 녹인 용액의 퍼센트 농도를 구하시오.**

( ) %

07 20 % **설탕물** 200 g **과** 30 % **설탕물** 200 g **을 혼합하였다. 이 혼합 용액의 퍼센트 농도는?**

( ) %

정답 및 해설 37쪽

08 **다음 용해도에 대한 설명 중 옳은 것은 ○표, 옳지 않은 것은 ×표 하시오.**

(1) 용해도는 일정 온도에서 용액 100g에 최대로 녹을 수 있는 용질의 질량이다. ( )

(2) 용해도는 물질의 특성이 된다. ( )

(3) 기체의 용해도는 온도가 낮을수록, 압력이 높을수록 증가한다. ( )

[09~10] 다음 그림은 어떤 고체 물질의 용해도 곡선이다.

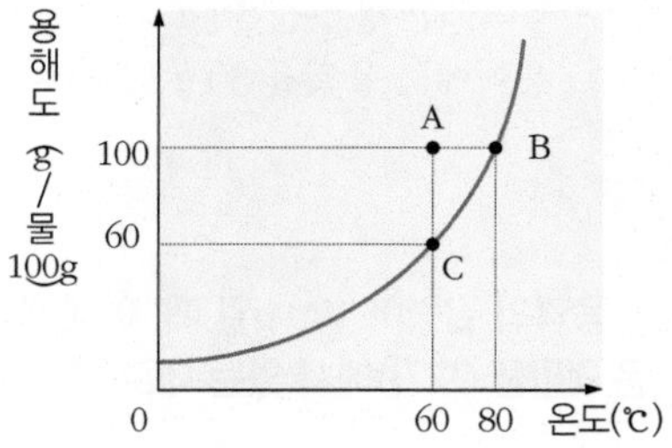

09 **A ~ C 중 포화 용액의 기호를 모두 쓰시오.**

(,)

10 **B 용액 200 g의 온도를 60 ℃로 낮췄을 때 석출되는 고체 결정의 양은?**

( ) g

B

11 **물 20 mL와 에탄올 80 mL를 섞은 용액에서 용질과 용매, 혼합 용액의 부피와 질량 변화를 바르게 짝지은 것은?**

	용질	용매	부피	질량
①	에탄올	물	감소	일정
②	에탄올	물	증가	증가
③	물	에탄올	감소	일정
④	물	에탄올	증가	감소
⑤	물	에탄올	일정	일정

12 **다음 그림 (가)와 같이 5 %의 소금물에 달걀을 넣었더니 소금물 위로 달걀이 떠올랐다. 이 달걀을 그림 (나)와 같이 가라앉게 하는 방법으로 옳은 것을 고르면?**

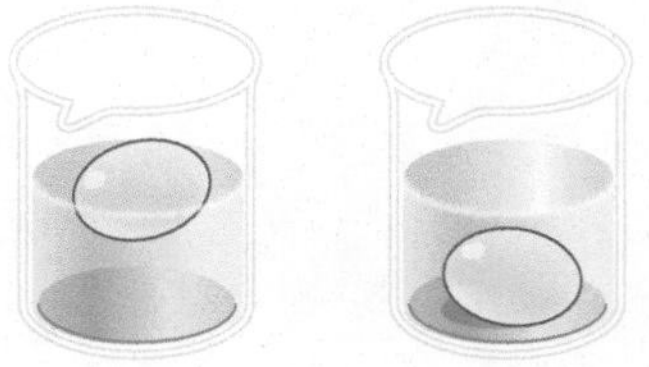

(가) (나)

① 물을 더 넣는다.
② 소금을 더 넣는다.
③ 설탕을 더 넣는다.
④ 물을 가열해서 증발시킨다.
⑤ 소금물의 농도를 진하게 한다.

13 **다음 중 포화 용액에 대한 옳은 설명만을 있는 대로 고르시오. (2개)**

① 기체의 포화 용액은 만들 수 없다.
② 용액의 농도는 언제나 100 % 이다.
③ 온도에 관계없이 용해도가 일정하다.
④ 용질이 고체인 경우 온도를 낮추면 용질의 일부가 석출된다.
⑤ 용매에 용질이 더 이상 녹을 수 없을 만큼 최대한 녹아 있다.

14 **그림은 소금을 물에 모두 녹여 소금물을 만드는 것을 나타낸 것이다. 이에 대한 설명으로 옳은 것만을 있는 대로 고르시오. (2개)**

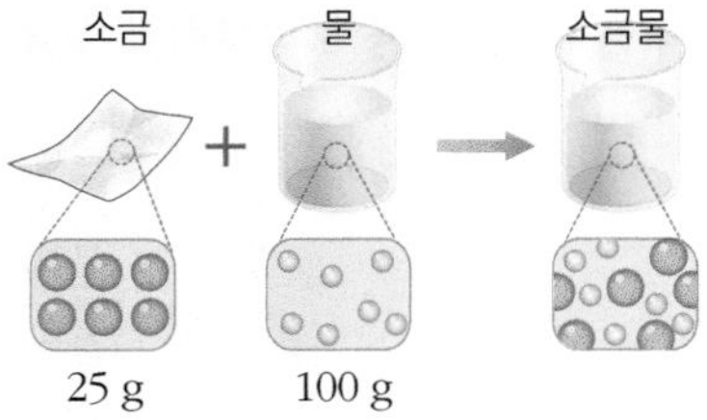

① 용액의 농도는 25 % 이다.
② 소금은 용질이고 물은 용액이다.
③ 소금물의 밀도는 물의 밀도보다 크다.
④ 소금 입자들이 물 분자 사이로 용해되었다.
⑤ 소금을 물에 녹이면 소금물의 부피는 각각의 부피의 합보다 크다.

15 **농도가 20 % 인 설탕물 100 g 에 물 300 g 을 섞었다. 이 설탕물의 퍼센트 농도는?**

① 5 % ② 10 % ③ 12 %
④ 14 % ⑤ 15 %

[16 ~18] 다음 그래프는 어떤 고체 물질의 용해도 곡선이다. (단, A ~ D 용액에 포함된 물의 질량은 100 g 이다.)

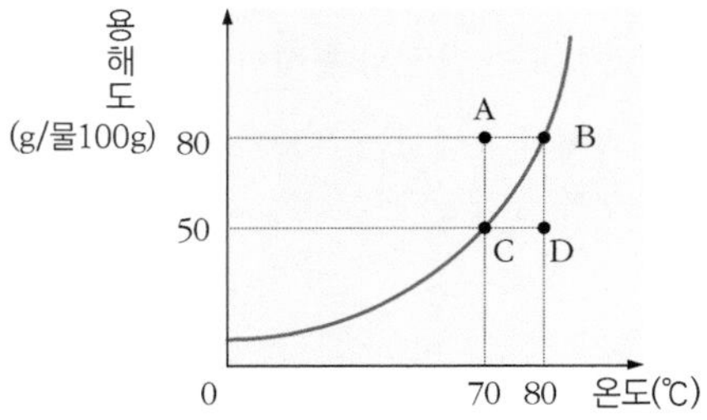

16 **위 그래프에 대한 설명으로 옳지 않은 것은?**

① B 용액은 포화 용액이다.
② D 용액은 불포화 용액이다.
③ A와 B 용액의 퍼센트 농도는 같다.
④ A 용액에는 용질을 30 g 더 녹일 수 있다.
⑤ D 용액에는 용질을 30 g 더 녹일 수 있다.

17 **C 용액의 질량이 150 g일 때, 이에 대한 설명으로 옳은 것만을 〈보기〉에서 있는 대로 고른 것은?**

〈 보기 〉
ㄱ. C 용액은 포화 용액이다.
ㄴ. C 용액의 퍼센트 농도는 40 % 이하이다.
ㄷ. C 용액에 들어있는 용질의 질량은 50 g 이다.

① ㄱ ② ㄱ, ㄴ ③ ㄱ, ㄷ
④ ㄴ, ㄷ ⑤ ㄱ, ㄴ, ㄷ

18 **A~D 용액의 퍼센트 농도를 비교한 것으로 옳은 것은?**

① A = B > C = D ② A > B > C > D
③ A < B < C < D ④ A > B = C > D
⑤ A = B = C = D

정답 및 해설 37쪽

19 **다음은 질산 칼륨의 물에 대한 용해도 표이다. 60 ℃ 물 200 g에 질산 칼륨 220 g을 넣은 후 용액의 온도를 20℃로 냉각시키니 결정이 석출되었다. 석출된 질산 칼륨의 양은 얼마인가?**

온도	0℃	20℃	40℃	60℃
용해도(g/물100g)	17.3	31.9	62.9	110

① 78.1 g ② 90.6 g ③ 120.4 g
④ 140.6 g ⑤ 156.2 g

20 **다음 중 기체의 용해도와 관련이 <u>없는</u> 현상은?**

① 탄산 음료의 뚜껑을 열면 기포가 발생한다.
② 수돗물을 가열하면 수돗물의 소독약 냄새가 사라진다.
③ 더운 여름날 어항 속의 물고기가 수면 위로 입을 내밀고 뻐끔거린다.
④ 사람이 깊은 물속에서 갑자기 수면 위로 올라오면 잠수병에 걸리기 쉽다.
⑤ 열기구 내부의 기체를 가열하면 열기구가 부풀어 올라 공중으로 떠오른다.

C

21 **20% 설탕물 100 g에 물을 더 넣어 5 %의 설탕물을 만들려고 한다. 이때 더 넣어야 하는 물의 질량은?**

① 80 g ② 200 g ③ 300 g
④ 320 g ⑤ 400 g

22 **다음 표는 붕산의 용해도 표이다. 붕산 25 g을 60 ℃의 물 200 g에 녹인 후, 이 용액을 20 ℃로 냉각하면 석출되는 붕산의 양은?**

물질	0 ℃	20 ℃	40 ℃	60 ℃	80 ℃
용해도(g/물100g)	2.8	5.0	8.9	14.9	23.5

① 10 g ② 14.4 g ③ 15 g
④ 20 g ⑤ 22.2 g

23 **다음 그래프는 염화 나트륨과 붕산의 온도에 따른 용해도를 나타낸 것이다. 염화 나트륨과 붕산을 각각 20 g 씩 혼합한 것을 100 ℃ 물 100 g 에 완전히 용해 시킨 후 온도를 20 ℃로 낮추었을 때 석출되는 물질과 그 물질의 질량은? (단 20 ℃에서 염화 나트륨의 용해도는 36, 붕산의 용해도는 5 이다.)**

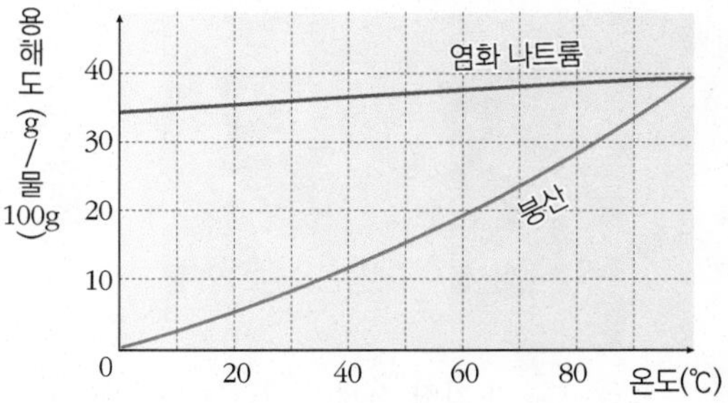

	물질	질량
①	염화 나트륨	16
②	염화 나트륨	20
③	붕산	5
④	붕산	15
⑤	붕산	20

24 **다음 그래프는 몇 가지 고체 물질의 용해도 곡선을 나타낸 것이다. 60 ℃ 포화 용액 중에서 퍼센트 농도가 가장 큰 물질은? (단, 용매인 물의 질량은 모두 같다.)**

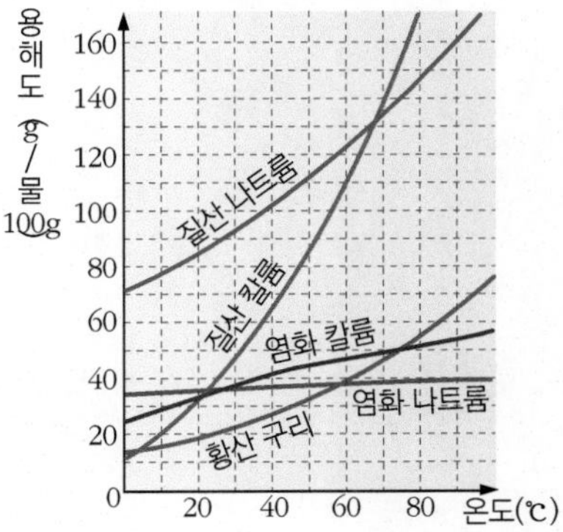

① 질산 나트륨 ② 질산 칼륨 ③ 염화 칼륨
④ 황산 구리 ⑤ 염화 나트륨

25 **다음 그림과 같이 6 개의 시험관에 탄산 음료를 30 mL 씩 넣고 이 중 세 개의 시험관은 고무마개로 막은 후, 각 시험관에서 발생하는 기포의 수를 세어 보았다. 이 실험에 대한 설명으로 옳은 것만을 있는 대로 고르시오.**

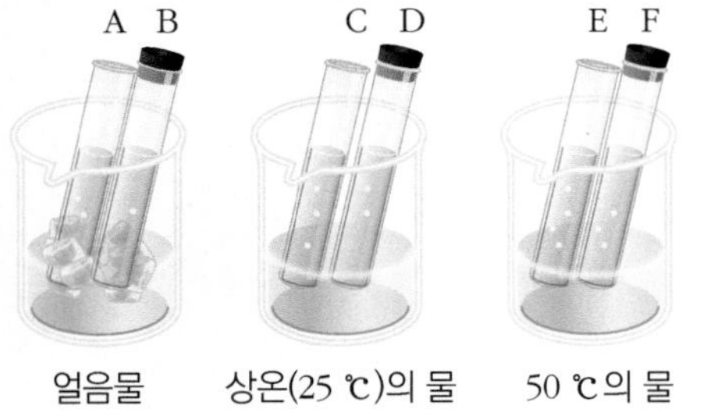

① 기포가 가장 적게 발생하는 것은 B 이다.
② 기체의 용해도와 압력은 관계가 거의 없다.
③ 온도가 낮을수록 액체의 용해도는 증가한다.
④ 온도가 높을수록 기체의 용해도는 증가한다.
⑤ 압력이 높을수록 기체의 용해도는 증가한다.

26 **15 % 의 소금물 200 g 의 농도를 20 % 로 만들기 위하여 몇 g 의 소금을 더 녹여야 하는지 계산 과정과 함께 서술하시오.**

27 **다음 그래프는 어떤 고체 물질의 용해도 곡선을 나타낸 것이다. 용질의 양을 변화시키지 않고 A 용액을 포화 용액으로 만드는 방법을 2 가지 서술하시오.**

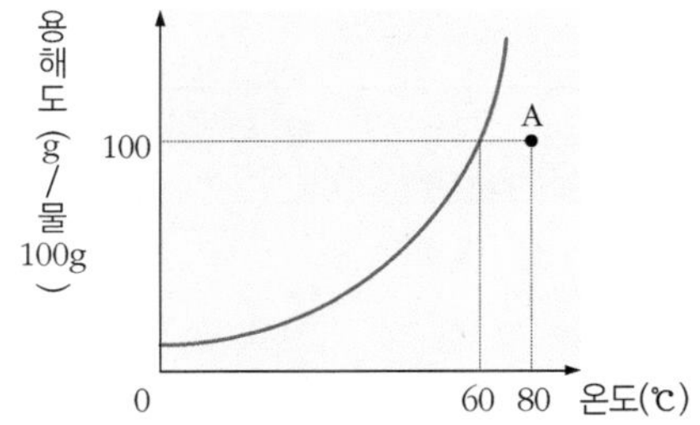

28 **30 ℃에서 물 25 g에 고체 A를 50 g을 녹였더니 5 g 이 녹지 않고 남았다. 30 ℃에서 고체 A의 물에 대한 용해도는 얼마인지 계산 과정과 함께 구하시오.**

정답 및 해설 37쪽

29 다음 그림과 같이 6 개의 시험관에 탄산 음료를 30 mL 씩 넣고 이 중 세 개의 시험관은 고무마개로 막은 후, 각 시험관에서 발생하는 기포의 수를 세어 보았다. 온도가 기체의 용해도에 미치는 영향을 알아보기 위해 비교해야 하는 시험관은 무엇인지 쓰고, 그 이유를 서술하시오.

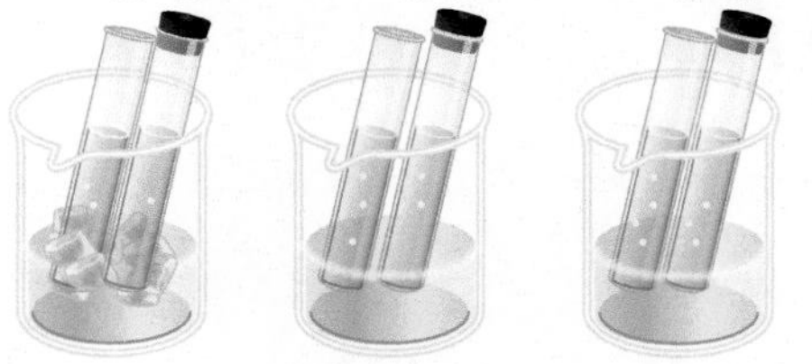

▲얼음물 ▲상온(25 ℃)의 물 ▲50 ℃의 물

30 캔 탄산음료의 마개를 따면 거품이 나는 이유를 설명하시오.

창의력 서술

31 물이 들어 있는 유리 컵을 시원한 냉장고에 넣어 두었다가 꺼내서 식탁 위에 놓아두면 아래 사진과 같이 컵 안에 기포가 생기는 것을 볼 수 있다. 이러한 현상이 일어나는 이유를 용해도와 관련지어 설명하시오.

32 아래의 표는 0 ℃ 와 100 ℃ 에서 고체 A 와 고체 B 의 용해도를 나타낸 것이다. A와 B가 1 : 1 의 질량비로 섞여 있는 100 g 혼합물이 있을 때, 용해도 차이를 이용하여 질량비가 1 :10 인 혼합물을 얻는 과정을 서술하시오.

용질	용해도(g/물100g)	
	0 ℃	100 ℃
고체 A	35.7	39.8
고체 B	27.6	57.6

마의 삼각지대
- 버뮤다 삼각지대

버뮤다 삼각 지대의 진실은 무엇일까?

버뮤다 삼각지대는 1492년 콜롬버스가 아메리카 신대륙을 발견한 때부터 이 지점에서 많은 선박과 항공기들이 감쪽같이 사라졌다는 기록이 남아있을 만큼 악명이 높은 해역이다. 버뮤다를 정점으로, 플로리다와 푸에르토리코를 잇는 선을 밑변으로 하는 3각형의 해역에서는 비행기와 배의 사고가 자주 일어났는데, 시체나 배·비행기의 파편도 발견되지 않는 경우가 많아 '마(魔)의 바다'라고 불리운다.

◀ 버뮤다 삼각지대

세계의 불가사의 중 하나로 손꼽히는 이 해역은 수많은 사람들의 호기심을 자극했다. 또한, 이 해역에서 발생하는 일들의 원인을 찾기 위한 과학적인 노력도 이어졌다. 그 중 메테인 층에 의한 현상이라는 가설이 많은 지지를 받았다.

1998년 지구의 구조와 진화를 밝혀내기 위해 전세계 과학자들과 연구기관이 모여 심해굴착계획(Ocean Drilling Program, ODP)사업에 착수했는데, 버뮤다 심해저에 메테인 하이드레이트 층이 존재한다는 것이 밝혀졌다. 이 사업에 참가했던 미국 석유화학회사 엑슨모빌의 리처드 맥클버 박사는 이 지역의 메테인 하이드레이트 층이 갑자기 붕괴된다면 가스가 포함된 저밀도의 진흙이 분출되어 엄청난 위력을 발휘할 수 있다고 설명했다.

정답 및 해설 40쪽

이후 2010년에 호주의 조세프 모니건 교수에 의해 버뮤다 미스테리의 진실이 규명되었다. 조세프 모니건 교수가 버뮤다 삼각지대의 선박·항공기 실종 원인은 메테인 가스로 인한 자연 현상 때문이라는 논문을 발표한 것이다. 모니건 교수는 해저의 갈라진 틈에서 거대한 메테인 거품이 대량으로 발생한다면, 수면으로 상승하면서 사방으로 팽창하는 거대한 메테인 거품이 생길 것이라고 주장하였다. 어떠한 선박이라도 이 메테인 거품에 붙잡히면 즉시 부력을 잃고 바다 밑으로 가라앉는다. 선박이 바다에 떠 있을 수 있는 이유는 선박의 무게보다 물에 뜨려는 힘인 '부력'이 더 크기 때문이다. 따라서 메테인 거품에 의해 부력을 잃게 된다면, 선박은 그 무게를 이기지 못하고 그대로 침몰하게 된다.

또한 거품의 크기와 밀도가 충분히 크다면, 엄청난 양의 메테인 가스가 발생해 하늘에 떠 있는 항공기를 순식간에 덮칠 수 있다. 선박이나 항공기가 실종되는 원인은 밝혀졌지만 메테인 거품의 발생 시기나 빈도를 예측하는 것은 아직까지 연구 과제로 남아 있다. (※메테인 하이드레이트(methane hydrate) : 대체 에너지로 주목받고 있는 고체 메테인 에너지원)

▲ 1945년 12월 5일 , 다섯 대의 해군 아벤저 비행기가 길을 잃었다고 통신을 보낸 후 사라져 버렸다.

▲ 미군은 1963년 버뮤다 삼각지대에서 핵 잠수함을 잃어버렸다.

Q1 버뮤다 삼각지대에서 항공기가 사라지는 과정을 본인이 생각하여 단계적으로 서술하시오.

Project - 탐구

[탐구-1] 온도와 압력에 따른 기체의 용해도

준비물 시험관, 비커, 고무 마개, 사이다, 얼음, 물

실험 과정

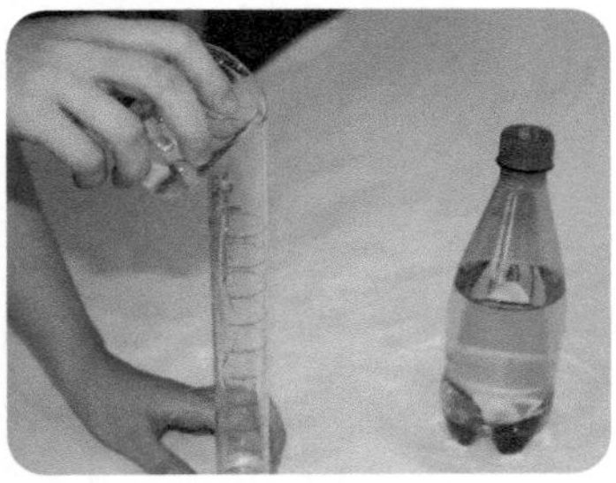

① 시험관 6개에 사이다를 20mL씩 넣고, 각각 A~F까지 이름을 붙인다.

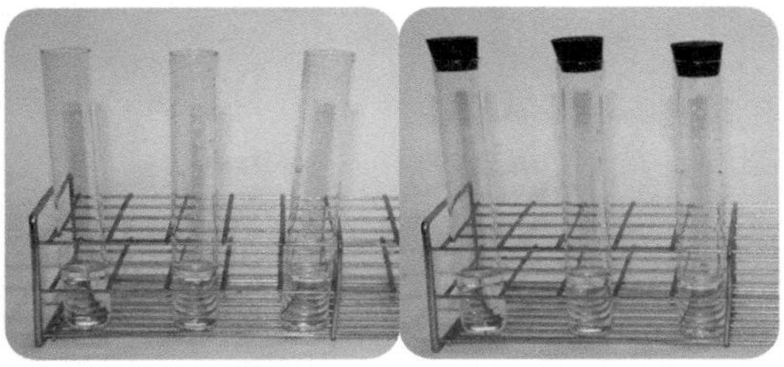

A B C D E F

② 6개의 시험관 중 A~C 시험관은 그대로 두고, D~F는 고무마개로 막는다.

A, D 얼음물 B, E 상온 C, F 뜨거운 물

③ 3개의 비커를 준비하여 각각 얼음물, 상온, 뜨거운 물을 넣고, 각각의 비커에 고무마개를 하지 않은 시험관과 고무마개를 한 시험관을 한 쌍씩 넣는다. (A,D/ B,E/ C,F 시험관)

④ 시간이 지날수록 각 시험관에서 기포가 발생하는 정도를 관찰한다.

정답 및 해설 40쪽

탐구 결과

1. 위 실험에 대한 아래의 질문에 답하시오.

(1) 시험관을 고무 마개로 막은 이유는 무엇인가?

(2) 기포가 발생하는 정도로 알 수 있는 사실은 무엇인가?

(3) 시험관 A~F를 비교하여 다음에 답하시오.

① 기포 발생량이 가장 많은 시험관 :
② 용해도가 가장 큰 시험관 :

(4) 위 실험 결과에 따른 온도와 압력에 대한 기체의 용해도를 그래프로 그려보시오.

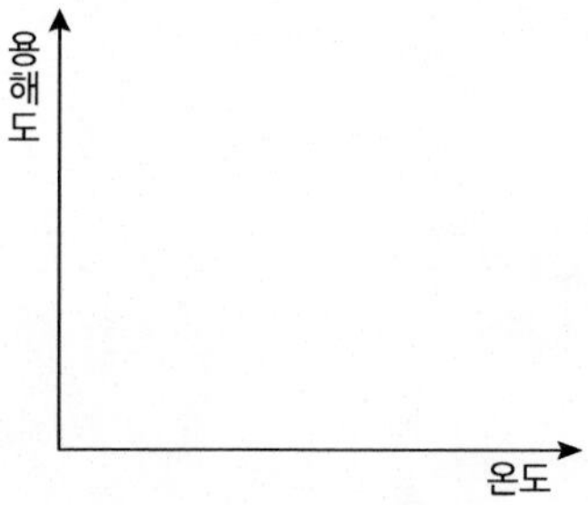

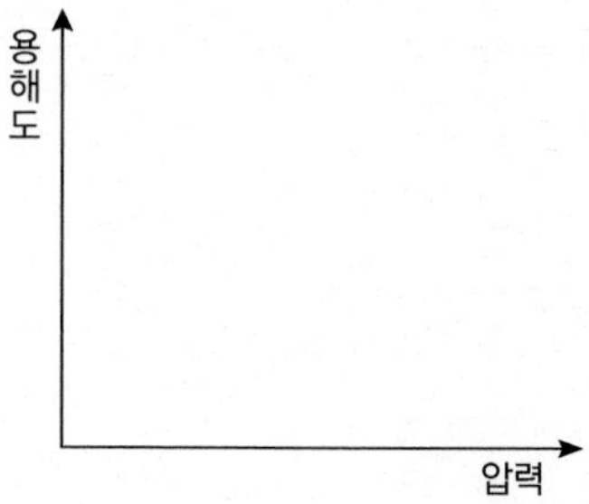

탐구 문제

1. 다음 중 기체의 용해도로 설명할 수 있는 현상만을 있는 대로 고르시오.

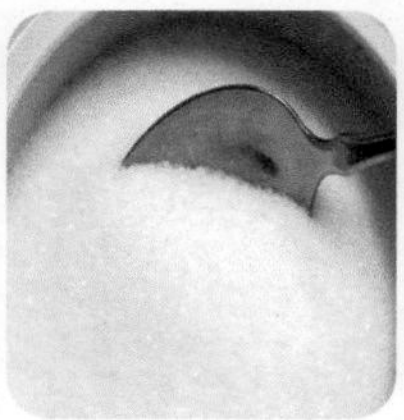

① 헬륨 기체를 넣은 풍선을 위로 뜬다.
② 설탕을 따뜻한 물에 넣으면 더 잘 녹는다.
③ 탄산 음료가 든 병은 냉장고에 보관해야 한다.
④ 샴페인 뚜껑을 열었더니 '펑'소리가 나며 거품이 흘렀다.
⑤ 날씨가 무더운 날 물고기가 수면 위로 올라와 입을 뻐끔거린다.

[탐구-2] 온도에 따른 고체의 용해도

준비물 시험관, 알코올 램프, 삼발이, 온도계, 질산 칼륨, 물

탐구 과정

① 시험관 4개에 질산 칼륨을 각각 2g, 4g, 6g, 8g과 물을 5mL씩 넣고 그림과 같이 장치한다.

② 물중탕으로 가열하여 질산 칼륨을 모두 녹인다.

③ 시험관 속의 질산 칼륨이 모두 녹으면 불을 끈다.

④ 시험관 속의 질산 칼륨을 식히면서 중간마다 유리 막대로 저어 준다.

⑤ 각 시험관에서 결정이 생기기 시작하는 온도를 측정한다.

정답 및 해설 40쪽

탐구 결과

1. 위 실험에서 결정이 생기기 시작하는 온도와 용해도를 구하시오.

물 5mL에 녹은 질산칼륨의 양(g)	2	4	6	8
결정이 석출되는 온도(℃)				
용해도				

2. 온도와 용해도의 그래프를 그리시오.

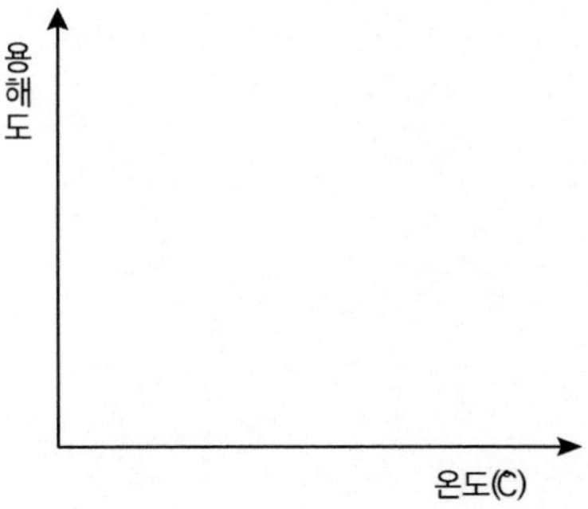

탐구 문제

1. 위 실험에서 결정이 생기는 이유는 무엇일까?

2. 결정이 생기기 전과 후의 용액의 상태는 어떻게 달라질까? 아래의 괄호에 알맞은 답을 쓰시오.

(　　　　) 상태	→	(　　　　) 상태
용매에 용질을 더 녹일 수 있는 상태		용매에 용질이 최대한 녹아있는 상태

3. 물의 양이 많을수록 결정이 석출되는 온도는 어떻게 변하겠는가?

MEMO

세페이드

세페이드

창의력과학

세페이드

2F. 화학(상) 개정판

정답과 해설

〈온라인 문제풀이〉

[스스로 실력 높이기] 는 동영상 문제풀이를 합니다.

http://cafe.naver.com/creativeini

무한상상

세페이드 I 변광성은 지구에서 은하까지의 거리를 재는 기준별이며 우주의 등대라고 불린다.

사람은 누구나 창의적이랍니다.
창의력 과학의 세계로 오심을 환영합니다!

창의력과학

세페이드

2F. 화학(상)

정답과 해설

무한상상 http://cafe.naver.com/creativeini

I 물질의 상태

1강. 물질의 상태 변화

개념 확인 10~13쪽

1. (1) O (2) X (3) X (4) O
2. (1) O (2) O (3) X
3. ㉠ 상태 변화 ㉡ 온도 ㉢ 압력
4. (1) X (2) O (3) X

1. (2) [바로알기] 분자의 종류에 따라 모양과 크기가 모두 다르다.
(3) [바로알기] 분자가 쪼개지면 물질의 성질을 잃는다.

2. (3) [바로알기] 고체 상태에서는 분자 사이의 거리가 매우 가까워 분자 사이 인력이 크게 작용하기 때문에 분자는 고정되어 제자리에서 진동 운동만을 한다.

4. (1) [바로알기] 물은 수소 결합을 하기 때문에 응고할 때 빈 공간이 많은 육각 구조로 물 분자가 배열된다. 그로 인해 빈 공간이 많이 생기고, 부피가 증가하게 된다.
(3) [바로알기] 물은 기체 상태일 때 가장 부피가 크다.

확인+

1. ④ **2.** ③
3. A:기체, B:고체, C:액체 **4.** ①

1. 고무, 나무, 흑연은 상온에서 고체 상태이고, 물, 에탄올, 식용유는 상온에서 액체 상태이며, 질소, 산소, 수증기는 상온에서 기체 상태이다. 따라서 이 물질들을 세 가지로 나눈 기준은 물질의 상태이다.

2. [바로알기] (가)는 고체 상태의 분자 모형, (나)는 액체 상태의 분자 모형, (다)는 기체 상태의 분자 모형이다. (가) ~ (다) 중 분자 운동이 가장 활발한 것은 기체 상태의 분자 모형인 (다)이다.

3. 고체 → 액체 : 융해, 액체 → 고체 : 응고,
액체 → 기체 : 기화, 기체 → 액체 : 액화, 고체 ↔ 기체 : 승화

4. ① 얼음이 물로 융해될 때, 얼음의 수소 결합이 깨지면서 육각 구조로 배열되어 있던 분자들이 불규칙하게 배열되고, 빈 공간이 줄어들어 부피는 더 작아진다.
[바로알기] ② 물이 응고될 때, 분자들이 규칙적으로 배열된다.
③, ④ 물이 응고될 때, 분자 사이 인력이 더 강해져서 육각 구조로 분자가 배열되어 부피가 더 커진다.
⑤ 얼음이 물로 융해될 때, 내부 공간이 큰 육각 구조가 깨지므로 부피는 줄어들게 된다.

생각해보기 10~12쪽

★ 분자는 물질의 고유한 성질을 가지고, 원자는 물질의 성질을 가지지 않는다. 따라서 수소 기체 분자인 H_2는 수소의 성질을 띠고, 수소 원자인 H 는 수소의 성질을 띠지 않고 물질의 구성 원소로 쓰인다.
★★ 상온, 1기압일 때 물이 수증기로 기화하면 부피는 약 2000배가 된다. $1cm^3$의 물은 약 $2000cm^3$의 수증기가 된다.
★★★ 휴대용 뷰테인 가스통에는 뷰테인이 액체 상태로 존재한다. 뷰테인이 조금 남아있는 상태에서 뷰테인 가스통에 구멍을 뚫지 않고 버렸을 경우, 온도가 올라가면서 액체가 기화되어 부피가 급격히 늘어나므로 폭발의 위험이 있기 때문이다.

개념 다지기 14~15쪽

01. ① **02.** ④ **03.** ④
04. ② **05.** ④ **06.** ③

01. ① [바로알기] 고체 상태의 분자는 진동 운동을 하므로 움직임이 없는 것은 아니다.
분자는 물질의 고유한 성질을 가지는 가장 작은 입자이고, 크기가 매우 작아 눈으로 직접 관찰할 수 없다. 같은 물질은 같은 종류의 분자로 이루어져 있고, 물질에 따라 물질을 이루는 분자의 종류가 다르다. 또한 분자는 항상 스스로 운동하고 있다.

02. 표는 물질을 물질의 상태별로 나눈 표이다. 고무, 나무, 흑연은 고체 상태이고, 물, 에탄올, 식용유는 액체 상태이며, 질소, 산소, 이산화 탄소는 기체 상태이다.
④ [바로알기] (가) 고체는 흐르는 성질이 없어서 모양이 변하지 않는다.
① 고체와 액체 상태의 물질은 온도와 압력에 따른 부피 변화가 거의 없다.
②, ③ 액체와 기체는 흐르는 성질이 있으므로 모양이 쉽게 변한다.
⑤ 기체는 분자 사이가 멀어 빈 공간이 많으므로 압축이 잘 된다.

03. [바로알기] ④ 물을 제외한 대부분의 물질은 고체 상태일 때 부피가 가장 작다.
① (가) 는 분자들이 규칙적으로 배열된 고체 상태, (나) 는 분자들이 자유롭게 운동하는 액체 상태, (다) 는 분자들이 매우 활발하게 운동하는 기체 상태이다.
② 고체 상태에서 분자 사이 인력은 매우 강하다.
③ 고체 상태의 물질은 압축해도 부피가 잘 변하지 않는다.

⑤ 고체 상태의 물질은 그릇 모양에 상관없이 일정한 모양을 유지한다.

04. A 는 기체에서 고체로 되는 승화, B 는 고체에서 기체로 되는 승화, C 는 기체에서 액체로 되는 액화, D 는 액체에서 기체로 되는 기화, E 는 고체에서 액체로 되는 융해, F 는 액체에서 고체로 되는 응고이다.

05. 주전자 안쪽에서는 액체에서 기체가 되는 상태 변화인 기화가 일어나고 있다. 주전자 안쪽에서 물이 기화되어 주전자 입구로 나오므로 (나)에 해당하는 물의 상태는 기체이다.
(다)는 기체가 외부의 상대적으로 차가운 공기와 접촉하여 액화된 김이다.

06. ③ [바로알기] 물은 기체일 때 가장 부피가 크다.
물이 얼음으로 응고될 때 분자들이 내부에 빈 공간이 많은 육각 구조로 배열되기 때문에 부피가 증가하고, 융해될 때 부피가 감소한다. 물에서 수증기로 기화될 때는 부피가 크게 증가하고, 액화될 때는 부피가 크게 감소한다. 물의 부피는 액체보다 고체가 크고, 고체보다 기체가 크다.

유형 익히기 & 하브루타 16~19쪽

[유형 1-1] ②	01. ②	02. ②
[유형 1-2] ③, ④	03. ③	04. C
[유형 1-3] ③	05. ③	06. ④
[유형 1-4] ②	07. ②	08. B, C

[유형 1-1] (가) 는 고체, (나) 는 액체, (다) 는 기체 상태를 나타낸 모형이다.
② 액체 상태의 물질은 흐르는 성질이 있으므로 담는 그릇에 따라 모양이 변한다.
[바로알기] ① 고체 상태의 물질은 분자 사이에 빈 공간이 거의 없기 때문에 압축을 해도 압축이 잘 되지 않는다.
③ 액체 상태의 물질은 온도와 압력에 의해 부피가 크게 변하지 않는다.
④ 기체 상태의 물질은 흐르는 성질이 있다.
⑤ (가) ~ (다)는 분자 모형을 이용해서 물질의 세 가지 상태를 나타낸 것이다. 실제 분자는 매우 작아 직접 관찰할 수 없다.

01. 얼음, 암석, 밀가루, 소금, 드라이아이스는 고체 상태이다. 물, 우유, 에탄올, 안개, 식초는 액체 상태이다. 수증기, 산소, 이산화탄소, 질소는 기체 상태이다.

02. ② [바로알기] 액체 상태의 물 분자는 스스로 회전, 병진, 진동 운동을 하고 있다.
①, ③ 분자는 원자로 구성되어 있고, 크기가 매우 작아 눈으로 직접 관찰할 수 없다.
④ 분자는 물질의 고유한 성질을 가지는 가장 작은 입자이다.
⑤ 물질에 따라 물질을 이루는 분자의 종류가 다르다.

[유형1-2] ① [바로알기] (가)는 고체 상태의 모형으로 고체 상태의 분자는 제자리에서 진동 운동한다.
② [바로알기] (나)는 액체 상태의 모형으로 액체 상태의 분자는 비교적 자유로운 운동을 하는데 진동, 회전, 병진 운동을 한다.
③ 액체 상태가 기체 상태보다 분자 사이의 인력이 강하다.
④ (다)는 기체 상태의 모형으로 기체 상태에서는 분자 사이 인력이 거의 없다.
⑤ [바로알기] 기체 상태의 분자는 진동, 회전, 병진 운동이 매우 활발하다.

03. ㄱ. 고체 상태의 분자는 분자 사이의 거리가 가까워 분자 사이의 인력이 액체나 기체 상태보다 훨씬 강하므로 고정되어 제자리에서 진동 운동만을 한다.
ㄴ. [바로알기] 액체 상태의 분자는 분자 사이의 인력이 고체보다 약하므로 비교적 자유로운 운동을 한다.
ㄷ. 기체 상태의 분자는 분자 사이의 거리가 매우 멀어 분자간 인력이 매우 작아서 서로 영향을 받지 않고 활발하게 분자 운동할 수 있다.

04. A : 기체 상태, B : 액체 상태, C : 고체 상태
분자 사이의 거리가 가까울수록 분자 사이의 인력은 강해진다.
분자 사이의 인력은 고체 〉 액체 〉 기체 순이다.

[유형1-3] 분자들이 규칙적으로 가깝게 존재하는 모형이 고체 상태이고, 조금 자유롭게 운동하는 모형이 액체 상태이다. 그리고 분자들 사이가 가장 멀고, 가장 활발하게 운동하는 것이 기체이다.
따라서 A 는 기체에서 고체로 상태 변화하는 승화이고, B 는 고체에서 액체로 상태 변화하는 융해이다.

05. ③ [바로알기] 대부분의 물질은 기체에서 액체로, 액체에서 고체로, 변할 때 각각 부피가 감소한다. 단, 물의 경우 액체(물)에서 고체(얼음)로 변할 때 부피가 증가한다.
①, ②, ⑤ 물질의 상태가 변해도 물질을 이루는 분자는 변하지 않으므로 물질의 성질과 질량은 변하지 않는다.
④ 물질의 고유한 성질을 가지는 가장 작은 입자를 분자라고 한다.

06. 창문에 성에가 끼는 현상이나 추운 겨울날 아침 들판에 서리가 내리는 현상은 기체가 고체로 상태 변화하는 승화에 해당한다.
[바로알기] ① 응고 - ㉣ ② 융해 - ㉢ ③ 액화 - ㉤ ⑤ 승화 - ㉠

[유형1-4] ④, ⑤ 물을 제외한 대부분의 물질은 액체에서 고체로 상태 변화할 때 분자 사이의 거리가 가까워지면서 분자 사이의 인력이 강해지고, 부피가 감소한다.
①, ②, ③ 물의 경우에는 물에서 얼음으로 응고되면서 분자들이 수소 결합이라는 강한 결합을 하기 때문에 내부에 빈 공간이 많은 육각 구조로 분자들이 배열된다. 따라서 분자 사이의 인력이 강해지고, 부피가 증가하게 된다. 그러나 물이 얼음으로 응고될 때 분자의 갯수는 변하지 않는다.

07. ② 물이 얼음으로 응고될 때 내부에 빈 공간이 많은 육각 구조로 분자들이 배열되기 때문에 같은 양의 물보다 얼음의 부피가 더 크다.

[바로알기] ① 물이 얼음으로 상태 변화해도 분자가 변하지 않기때문에 질량은 일정하다.
③ 물이 응고될 때 분자 사이의 인력은 더 강해진다.
④ 얼음이 융해될 때 분자 사이의 거리가 더 가까워져서 부피가 줄어든다.
⑤ 얼음이 융해될 때 분자 사이에 빈 공간이 더 줄어든다.

08. 물은 얼음으로 응고될 때 부피가 증가하고, 수증기로 기화할 때 부피가 크게 증가한다. 물의 부피는 액체일 때 가장 작다.

창의력 & 토론마당 20~23쪽

01 얼음에 압력이 가해지면 육각 구조로 배열되어 있던 물 분자 사이의 결합이 깨지면서 부피가 줄어들고 배열이 불규칙해지면서, 얼음이 물로 융해된다.

해설 물질의 상태 변화는 온도와 압력에 의해 일어난다. 스케이트가 얼음 위를 지나면서 얼음에 압력을 가하면 수소 결합에 의해 육각 구조로 규칙적이게 배열되어 있던 물 분자 사이의 결합이 깨지면서 불규칙적으로 배열되고, 순간적으로 얼음은 물로 상태 변화한다.

02 (1) 4 ℃의 물이 4 ℃ 미만의 물보다 밀도가 더 크므로 4 ℃의 물이 4 ℃ 미만의 물 아래로 가라앉는다.
(2) 물의 온도가 4 ℃ 이하가 되면 0 ~ 4 ℃의 물이 위로 올라오고 가장 밀도가 큰 4 ℃의 물이 아래로 가라앉으므로 물은 위에서 부터 얼기 시작하며, 표면에 형성된 얼음이 찬 바람을 막아 주어 호수 바닥의 물이 어는 일이 없도록 해준다. 그래서 물고기는 얼음이 언 호수 바닥에서 살아 남을 수 있다.

해설 (1) 밀도는 질량을 부피로 나눈 값이므로 부피가 작을수록 밀도가 크다. 따라서 부피가 더 작은 4 ℃의 물이 4 ℃ 미만의 물보다 밀도가 더 크다. 그리고 밀도가 큰 물질은 밀도가 작은 물질 아래로 가라 앉으므로 4 ℃의 물이 4 ℃ 미만의 물 아래로 가라앉는다.
(2) 호수 물의 온도가 4 ℃ 이하로 떨어지면 0 ~ 4 ℃의 물이 4 ℃의 물보다 밀도가 더 작으므로 0 ~ 4 ℃ 물이 4 ℃의 물 위로 뜨게 된다. 그래서 호수의 물은 표면에서부터 얼기 시작하고, 표면에 형성된 얼음이 오히려 찬 바람을 막아 주어 호수의 아래쪽 물이 얼지 않도록 해준다. 이러한 이유로 물고기들은 얼음이 얼어 있는 호수 바닥에서 살 수 있는 것이다.

03 (1) 물이 얼음으로 응고되면서 분자 사이에 빈 공간이 생기고, 그 빈 공간에 기체(공기)가 들어가서 갇혀 있게 되는 것이다.
(2) 물을 끓인 후 천천히 냉각시키며 얼린다.

해설 (1) 물이 얼음으로 응고되면서 강한 수소결합을 하며 물 분자들은 육각 구조로 배열되는데 이때, 분자 사이에 빈 공간이 생기고, 그 빈 공간에 기체(공기)가 들어가서 갇혀 있게 된다. 얼음이 불투명한 흰색으로 보이는 이유는 빛이 얼음 속의 공기 분자를 통과할 때, 빛이 난반사되어 얼음이 하얗게 보이는 것이다.
(2) 기체의 용해도는 액체의 온도가 높을수록 감소하므로 물을 끓여주면 물 속에 용해되어 있던 기체들이 빠져나오게 되므로 끓인 물을 얼리면 투명하게 얼릴 수 있다. 또한 물을 빨리 얼리면 표면부터 얼기 때문에 기체가 빠져나오지 못한 상태로 얼게 된다. 따라서 물을 천천히 냉각시키며 얼리면 보다 투명한 얼음을 만들 수 있다.

04 고체의 분자 사이 거리가 액체, 기체보다 가까우므로 분자의 진동이 더 빠르게 전달되기 때문에 소리의 속력은 매질이 고체일 때 가장 빠르다.

해설 분자의 운동 속도는 기체가 가장 빠르지만 그만큼 분자 사이 거리가 매우 멀다. 소리는 물체의 진동에 의해 발생하고, 매질을 진동시켜 전달된다. 따라서 분자 사이의 거리가 가장 가까운 고체 분자들이 진동을 가장 빠르게 전달할 수 있다.

스스로 실력 높이기 24~29쪽

01. 분자 **02.** (1) X (2) O
03. (1) 고 (2) 기 (3) 액 **04.** (1) O (2) X
05. (가) : 고체 (나) : 액체 (다) : 기체
06. (1) ㄷ, ㅇ, ㅈ (2) ㄴ, ㅂ, ㅅ (3) ㄱ, ㄹ, ㅁ
07. (1) ㄱ, ㄹ, ㅁ, ㅂ (2) ㄴ, ㄷ, ㅅ, ㅇ
08. ㉡, ㉢, ㉥ **09.** ㉠, ㉣, ㉤
10. (1) X (2) X **11.** ② **12.** ④
13. ③ **14.** ③ **15.** ① **16.** ③
17. ③ **18.** ① **19.**④ **20.** ①
21. ⑤ **22.** ⑤ **23.** ③ **24.** ①
25 ① **26.** ③ **27.~ 32.** 〈해설 참조〉

01. 분자는 너무 작아 맨눈으로 볼 수 없고, 물질의 성질을 가지는 가장 작은 입자이므로 상태 변화할 때 분자의종류가 변하지 않는다.

02. (1) [바로알기] 물질이 상태 변화해도 물질을 이루는 분자의 종류는 변하지 않는다.
(2) 원자들이 결합하여 분자를 이룬다.

03. (1) 고체는 모양과 부피가 일정하다.
(2) 흐르는 성질이 있고 쉽게 압축되는 것은 기체이다.
(3) 액체도 흐르는 성질이 있지만 분자 사이의 거리가 기체보다 훨씬 가까워 쉽게 압축되지 않는다.

04. (2) [바로알기] 담는 그릇에 따라 모양은 변하지만 부피는 일정한 것은 액체 상태의 물질이다.

05. (가) 강한 인력으로 입자가 규칙적으로 배열되어 있고 진동 운동만 가능한 것은 고체이다.
(나) 분자 사이의 인력이 작아 자유롭게 운동할 수 있고 흐르는 성질도 있지만 온도, 압력에 대해 부피 변화가 작은 것은 액체이다.
(다) 분자 사이의 거리가 멀어 자유롭게 운동할 수 있고, 흐르는 성질이 있으며 온도, 압력에 따라 부피 변화가 큰 것은 기체이다.

06. (1) 상온에서 고체 상태로 존재하는 물질은 ㄷ. 소금, ㅇ. 플라스틱, ㅈ. 철이다.
(2) 상온에서 액체 상태로 존재하는 물질은 ㄴ. 식초, ㅂ. 에탄올, ㅅ. 아세톤이다.
(3) 상온에서 기체 상태로 존 라는 물질은 ㄱ. 수소, ㄹ. 헬륨, ㅁ. 공기이다.

07. (1) 물질이 상태 변화할 때 변하는 것으로는 ㄱ. 분자의 배열, ㄹ. 분자 사이의 거리, ㅁ. 분자 사이의 인력, ㅂ. 물질의 부피 이다.
(2) 물질이 상태 변화할 때 변하지 않는 것으로는 ㄴ. 분자의 종류, ㄷ. 분자의 개수, ㅅ. 물질의 질량, ㅇ. 물질의 성질이 있다.

08. 고체→액체, 액체→기체, 고체→기체로 상태 변화할 때 분자 사이의 인력이 약해지므로 분자 배열이 불규칙해진다. 이러한 상태 변화는 ㉡ 승화(고체→기체), ㉢ 융해, ㉥ 기화이다.

09. ㉣ 액체→고체, ㉤ 기체→액체, ㉠ 기체→고체로 상태 변화할 때 분자 사이의 인력이 강해진다.

10. (1) [바로알기] 물은 응고될 때 부피가 증가한다.
(2) [바로알기] 물은 기체일 때 부피가 가장 크다.

11. 물질의 상태 변화는 온도와 압력에 의해 일어나고, 일상 생활에서는 주로 온도에 의해 많이 일어난다.

12. (가)의 상태는 고체 상태이다. 상온(25℃)에서 고체 상태로 존재하는 것은 철, 플라스틱, 구리, 나무 등이다.

13. 부피 100 mL 밀폐 용기에 들어 있는 액체와 기체를 400 mL 밀폐 용기로 옮기면 액체의 부피는 변함없이 100 mL이지만 기체는 용기의 부피와 동일한 400 mL가 된다.

14. ③ 목욕탕 거울에 물방울이 맺혀 흐르는 것(액화)은 물이 기체에서 액체로 상태 변화한 것이므로 부피가 감소한다.
[바로알기] ① 물이 얼어서 얼음이 되는 경우 부피는 증가한다.
② 아이스크림이 녹아 액체로 흘러내리는 것(물의 융해)은 부피가 증가한다.
④ 빨랫줄에 널어놓은 빨래가 모두 마르는 것(기화)은 액체가 기체로 상태 변화한 것이므로 부피가 증가한다.
⑤ 풀잎에 맺힌 이슬이 낮이 되면 사라지는 것(기화)이므로 부피가 증가한다.

15. A : 승화(기체→고체), B : 승화(고체→기체), C : 융해, D : 응고, E : 기화, F : 액화

16. C는 융해이다. ① 응고 ② 액화 ③ 융해 ④ 기화 ⑤ 승화

17. ③ 드라이아이스는 고체이고 이산화 탄소로 승화(고체→기체) 된다.
[바로알기] ① 젖은 빨래의 물이 수증기로 기화된다.(E)
② 용암은 액체이므로 암석으로 응고된다.(D)
④ 이른 아침 온도가 내려가면 공기 중 수증기가 풀잎에 물방울로 액화된다.(F)
⑤ 콜라 속의 얼음이 물로 융해된다.(C)

18. ① [바로알기] (가)에서 액체 촛농이 타서 기체로 상태 변화한다.
② (나)에서 고체 양초가 액체 촛농으로 융해가 일어난다.
③ (다)에서 액체 촛농이 흘러내려 고체로 상태 변화한다.
④ 상태 변화가 일어나도 물질의 성질은 변하지 않는다.
⑤ 양초에 불이 붙기까지 고체 → 액체 → 기체의 상태 변화가 일어난다.

19. 물질의 상태가 변해도 물질을 이루는 분자는 변하지 않으므로 ㄴ.물질의 질량, ㄹ.물질의 성질, ㅅ.분자 수는 변하지 않는다.

20. 비닐팩 안에서 드라이아이스는 고체에서 기체로 승화한다. 따라서 분자 사이의 거리가 멀어지고, 분자 사이의 인력이 약해지며 분자 배열이 불규칙적으로 변한다. 그러나 비닐팩은 묶여 있으므로 분자가 비닐팩 밖으로 빠져나가지 못해 전체 질량은 변하지 않는다.
① [바로알기] 상태 변화해도 물질의 질량은 일정하다.

21. ⑤ 물이 끓어서 나온 수증기의 일부가 외부의 찬 공기와 만나 작은 물방울로 액화되어 우리 눈에 하얗게 보이는 것이 김이다.

22. 아이오딘은 드라이아이스와 같은 승화성 물질이다.
(가) 는 아이오딘 고체이고, (나) 는 아이오딘 기체, (다) 는 아이오딘 고체이다.
⑤ [바로알기] A에서는 아이오딘 기체가 찬 시험관 표면에서 고체로 상태 변화하는 승화가 일어나 달라붙고, B에서는 승화성 아이오딘 고체가 상온에서 기체로 상태 변화하는 승화가 일어난다.

23. ③ 물이 수증기로 기화하면 분자간 거리가 멀어지고 더 불규칙적으로 분자 배열이 변한다.
[바로알기] ①, ② 얼음이 물로 상태 변화하거나 물이 얼음으로 상태 변화해도 질량은 변하지 않는다.
④ 수증기가 물이 되면 부피가 크게 감소한다.
⑤ 수증기가 물이 되면 분자 사이의 간격이 더 좁아진다.

24. ① 물이 응고되면 부피가 증가해서 가운데가 볼록하게 올라온다. 반면에 양초는 응고되면 부피가 감소해서 가운데가 움푹 들어가게 된다.
[바로알기] ② 액체에서 고체로 상태 변화가 일어나도 질량은 변하지 않는다.
③ 물이 응고되면서 분자 배열이 육각 구조로 규칙적으로 변하게 되는데 이때 분자 사이의 거리는 더 멀어진다.
④ 양초가 응고되면서 분자 사이의 거리는 더 가까워진다.
⑤ 물과 양초 모두 응고될 때 분자 사이 인력이 증가한다.

25. ① [바로알기] 분자는 매우 작아 눈으로 직접 관찰할 수 없으므로 분자 모형으로 나타낸다.
② 분자 모형을 통해 분자가 물질을 구성하고 있는 모습을 알 수 있다.
③ 상태가 변해도 분자의 모양과 크기는 변하지 않고, 분자 배열만 달라진다.
④ 고체인 얼음의 분자는 수소 결합에 의해 육각형 구조로 배열된다.
⑤ 상태가 변하면 분자 사이의 거리가 달라지므로 같은 크기의 공간 안에 있는 분자 수가 달라진다.

26. 그림 (가)의 Y축에는 물의 질량이 증가해도 변하지 않는 물리량으로 밀도, 온도가 가능하다. 그림 (나)의 Y축에는 물의 질량이 증가함에 따라 함께 증가하는 물리량으로 부피, 분자수가 가능하다.

27. 답 물질의 상태가 변해도 물질을 이루는 분자는 변하지 않으므로 물질의 성질과 질량은 변하지 않는다.

28. 답 물이 얼음으로 응고될 때, 부피가 증가하므로 겨울철 장독대에 물을 가득 담아두면 장독대가 깨질 수 있다.

29. 답 고체를 이루는 분자들은 다른 상태일 때보다 더 강하게 결합되어 있어서 일정한 모양을 유지한다.

30. 답 쇳물이 응고되면서 부피가 작아지므로 거푸집의 크기가 만들려고 하는 솥의 크기보다 커야 쇳물이 응고되고 나서 원하는 크기의 솥이 된다.

31. 답 ㉠, 설탕이 물에 녹는 것은 상태 변화가 아니라 설탕 분자가 물 분자 사이에 고르게 섞이는 용해 현상이다.

32. 답 81 g
해설 물은 온도가 변함에 따라 밀도는 변하지만 질량은 변하지 않는 것을 이용한다. 밀도는 질량을 부피로 나눈 값이므로, 질량은 밀도와 부피를 곱한 값이다. 얼음은 0 ℃이므로 밀도는 약 0.9 (g/cm^3)이고, 물은 4 ℃라고 했으므로 밀도는 1 (g/cm^3)이다.

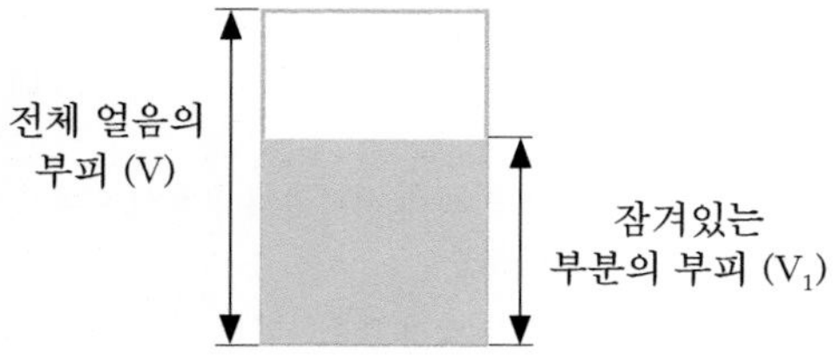

얼음을 물 위에 뜨게 하는 힘은 부력이다. 부력은 얼음이 밀어낸 물의 무게와 같다. 이 경우 얼음의 무게와 부력이 서로 평형을 이룬다.
질량 × 중력 가속도(g) = 무게, 질량 = 부피 × 밀도 이므로
∴ 무게 = 부피 × 밀도 × 중력가속도(g)이다.
따라서 전체 얼음의 무게 = 부력 = 얼음이 밀어낸 물의 무게
→ 전체 얼음의 부피 × 얼음의 밀도 × 중력가속도(g)
= 잠겨 있는 부분의 부피 × 물의 밀도 × 중력가속도(g)
$100 \times 0.9 \times g = V_1 \times 1 \times g \rightarrow V_1 = 90\ cm^3$
∴ 물에 잠겨 있는 얼음의 질량 = V_1 × 얼음의 밀도
= 90 × 0.9 = 81 g

2강. 물질의 상태 변화와 열에너지

개념 확인 30~33쪽

1. (1) O (2) X (3) O	**2.** ㉠ 기화 ㉡ 응고
3. D, E, F	**4.** (1) O (2) X (3) X

1. (2) [바로알기] 분자가 열에너지를 방출하면 분자 운동이 둔해지고, 물질의 온도는 내려간다.
(3) 같은 물질인 경우 두 물체의 온도가 같으면 분자 운동 속도도 같다.

4. (2) [바로알기] 끓는점에서는 액체가 기체로 상태 변화하기 때문에 액체와 기체가 공존한다.
(3) [바로알기] 물질은 어는점에서 응고열을 방출한다.

확인+

1. ①	**2.** ㅁ > ㄹ > ㄷ > ㄴ > ㄱ
3. ⑤	**4.** B, D

1. ① 열에너지는 물질의 온도를 변화시키거나 상태 변화를 일으키는 에너지이다.
[바로알기] ②, ③ 물질이 열에너지를 흡수하면 물질의 분자 운동이 활발해지고, 물질의 온도는 상승되지만 열에너지를 뺏기크로 주변의 온도는 낮아진다.
④ 열에너지는 온도가 높은 물질에서 온도가 낮은 물질로 이동한다.
⑤ 열에너지를 흡수하면 물질의 분자 사이의 거리는 더욱 멀어진다.

2. 같은 물질, 같은 질량일 때 같은 상태에서는 온도가 높을수록 열에너지가 크고, 같은 온도에서는 고체보다 액체, 액체보다는 기체의 열에너지가 크다.

3. ⑤ [바로알기] 얼음으로 채운 아이스박스에 음식을 넣어 차갑게 보관하는 것은 얼음이 녹을 때 융해열을 흡수하여 주변의 온도가 낮아지는 것을 이용한 것이다.
① ~ ④ 액체가 기체로 상태 변화하며 기화열을 흡수하는 현상이다.

4. 답 B, D
해설 A : 얼음의 온도가 증가하는 구간, B : 얼음이 물로 융해되는 구간, C : 물의 온도가 증가하는 구간, D : 물이 수증기로 기화되는 구간, E : 수증기의 온도가 증가하는 구간

생각해보기 30~33쪽

★ 분자 운동 속도는 온도와 상태, 분자량의 영향을 받는다. 따라서 상태와 분자량이 다른 물질이라면 온도가 같아도 분자 운동 속도가 다르다.

★★ 현재까지 알려진 바로는 우주의 성간 물질이 질량당 열에너지가 가장 작다. 그러나 우주에 존재하는 성간 물질은 총 질량이 매우 크므로 총 열에너지가 매우 크다.

★★★ 드라이아이스는 고체에서 기체로 승화하기 위해 주위의 열에너지를 흡수하여 주위의 온도가 낮아지게 한다. 또한 드라이아이스는 승화하므로 상태 변화 시 액체가 생기지 않아 아이스크림에 손상을 주지 않는다.

★★★★ -10 ℃는 물의 녹는점보다 낮은 온도이지만, 압력이 매우 큰 상태이면 액체 상태로 존재할 수 있다.

개념 다지기 34~35쪽

01. ①	02. ②	03. ⑤
04. ②	05. ㄷ	06. ④

01. ① 열에너지는 물질의 온도나 상태를 변화시킨다.
[바로알기] ② 물질이 열에너지를 흡수하면 물질의 분자 운동이 활발해진다.
③ 물질이 열에너지를 흡수하면 물질 주변의 온도는 하강하고, 물질의 온도는 상승한다.
④ 열에너지는 온도가 높은 물질에서 온도가 낮은 물질로 이동한다.
⑤ 열에너지를 흡수하면 물질의 분자 운동이 활발해져 분자 사이의 거리는 더욱 멀어진다.

02. 고체보다 액체, 액체보다 기체 상태의 열에너지가 크다.

03. ⑤ [바로알기] ㉥은 기화이며 기화열이 흡수된다.
① ㉠ 은 승화(기체→고체)이며 승화열이 방출된다.
② ㉠ 은 승화(고체→기체)이며 승화열이 흡수된다.
③ ㉢ 은 융해이며 융해열이 흡수된다.
④ ㉣ 은 응고이며 응고열이 방출된다.

04. (가) 마당에 뿌린 물이 기화하며 열을 흡수한다.
(나) 피부의 알코올이 기화되며 몸의 열을 흡수한다.
(다) 물이 응고될 때 방출되는 열이 주위의 온도를 높여 화초가 어는 것을 방지할 수 있다.
(라) 주스가 기화되며 열을 흡수하므로 주스의 온도가 낮아진다.
(마) 물이 응고되며 열을 방출하기 때문에 주위의 온도가 높아진다.

05. 이글루 안에 물을 뿌리면 물이 응고되며 열을 방출하기 때문에 이글루 안이 따뜻해진다. 겨울에 화초 주변에 물을 뿌리면 물이 응고되며 열을 방출하기 때문에 화초가 어는 것을 방지할 수 있다.

06. 액체 물질의 가열 곡선이므로 (나)구간은 기화되는 구간이다. 끓는점에서 온도가 일정한 이유는 흡수한 열에너지가 물체의 온도를 높이는 데 쓰이지 않고 상태 변화하는 데 모두 쓰이기 때문이다.

유형 익히기 & 하브루타 36~39쪽

[유형 2-1] ③	01. ②	02. ⑤
[유형 2-2] B, C, E	03. (1) ㄱ, ㄷ, ㅁ	
	(2) ㄴ, ㄹ, ㅂ	04. ⑤
[유형 2-3] ①	05. ①	06. ⑤
[유형 2-4] ②, ⑤	07. ①	08. ⑤

[유형 2-1] 열은 두 물체의 온도 차이에 의해서 이동하며 항상 온도가 높은 물체(가)에서 온도가 낮은 물체(나)로 이동한다.
③ 열을 잃은 물체 (가)는 온도가 낮아지고, 열을 얻은 물체 (나)는 온도가 높아진다.
[바로알기] ① 열이 (가)에서 (나)로 이동하므로 (가)가 (나)보다 온도가 높다는 것을 알 수 있다.
② (나)는 열을 얻어서 온도가 높아질수록 분자 운동이 활발해질 것이다. 반대로 (가)는 열을 잃어 온도가 낮아질수록 분자 운동이 둔해질 것이다.
④ 분자 운동 정도는 온도와 비례하므로 온도가 더 높은 (가)의 분자 운동이 더 활발하다.
⑤ 시간이 흐르면 물체 사이의 온도가 같아져 더 이상 열에너지의 이동이 없는 상태인 열평형 상태에 도달하므로 (가)와 (나)의 분자 운동 속도는 같아진다.

01. ② [바로알기] 절대온도가 1 K 증가하면 섭씨온도도 1 ℃ 증가한다. 절대온도 = 섭씨온도 + 273
① 물질의 온도가 높아질수록 분자 운동은 활발해진다.
③ 온도는 물체의 차갑도 뜨거운 정도를 숫자로 표현한 것이다.
④ 섭씨 온도는 물의 어는점을 0℃, 끓는점을 100℃로 하였다.
⑤ 같은 물질인 경우 열평형 상태에서 분자 운동 속도는 같다.

02. ⑤ 시간이 흘러 열평형 상태에 도달하면 수조의 물과 비커의 물의 온도가 같아지고 분자 운동 속도가 같아진다.
①, ② 높은 온도의 수조 속의 물은 열에너지를 방출하여 분자 운동이 더 둔해진다.
③, ④ 낮은 온도의 비커의 물은 열에너지를 방출하여 분자 운동이 둔해진다.

[유형 2-2] A-승화(기체 → 고체), B- 승화(고체 → 기체), C-융해, D-응고, E-기화, F-액화
물질의 열에너지가 커지고, 물질 주위의 온도는 낮아지는 상태 변화는 열에너지를 흡수하는 상태 변화로 융해(C), 기화(E), 승화(고체 → 기체)(B)가 이에 속한다.

03. 열에너지를 흡수하는 상태 변화로는 ㄱ.융해, ㅁ.기화, ㄷ.승화(고체 → 기체)가 있다. 열에너지를 방출하는 상태 변화로는 ㄹ.응고, ㄴ.액화, ㅂ.승화(기체 → 고체)가 있다.

04. 〈보기〉의 물질들은 모두 물로 같은 물질이고, 질량이 같으므로 온도와 상태를 비교하면 열에너지의 크기를 비교할 수 있다. 같은 상태에서는 온도가 높을수록 열에너지가 크고, 같은 온도에서는 고체보다 액체, 액체보다는 기체의 열에너지가 크다.

[유형2-3] 수영을 하고 물 밖으로 나오면 물이 기화되며 열을 흡수하므로 체온이 낮아진다.(기화열 흡수)

ㄱ. 무더운 여름날 마당에 물을 뿌리면 물이 기화하며 열을 흡수하므로 주위의 온도가 낮아진다.(기화열 흡수)

ㄴ. 이글루(얼음으로 된 집)에 물을 뿌리면 물이 응고되며 열을 방출하기 때문에 주위의 온도가 높아진다.(응고열 방출)

ㄷ. 겨울에 과일 창고 안에 물 그릇을 놓아두면 물이 응고되며 열을 방출하기 때문에 주위의 온도가 높아져 과일이 어는 것을 막을 수 있다. (응고열 방출)

05. ① 팔에 발린 알코올이 액체에서 기체로 기화하면서 열을 흡수하기 때문에 팔이 시원해진다.

06. 열을 방출하는 상태 변화는 주위의 온도를 높인다.
① 초콜릿 고체에서 액체가 되는 융해(열에너지 흡수)
② 방충제 고체에서 기체가 되는 승화(열에너지 흡수)
③ 땀 액체에서 기체가 되는 기화(열에너지 흡수)
④ 드라이아이스 고체에서 기체가 되는 승화(열에너지 흡수)
⑤ 물 액체에서 얼음 고체가 되는 응고(열에너지 방출)

[유형2-4] 얼음을 가열하면 얼음은 열에너지를 흡수하여 고체에서 액체로, 액체에서 기체로 상태 변화를 한다.
② B 구간에서 분자 사이의 인력이 약해지며 고체에서 액체로 상태 변화하는 융해가 일어난다.
⑤ E 구간에서 물질은 기체 상태이므로 열에너지가 가장 크다.
[바로알기] ① A 구간에서 물질은 고체(얼음) 상태이다.
③ C 구간에서 물질은 열에너지를 흡수하여 온도가 상승된다.
④ D 구간에서 물질은 열에너지를 흡수하여 액체에서 기체로 상태 변화하는데 사용하기 때문에 온도가 일정하다.

07. ①, ②, ③ A 구간에서 이 물질은 액체 상태이고, 이 물질의 어는점인 60 ℃에서 액체에서 고체로 상태 변화하는 응고가 시작된다.
④ B 구간의 온도인 어는점은 물질마다 다르므로 물질의 특성이 된다.
⑤ 분자 운동은 고체 상태인 C 구간보다 액체 상태인 A 구간에서 더 활발하다.

08. 〈보기〉와 같은 특징을 가지는 물질은 액체이다. 상온(15℃)에서 액체 상태이려면 녹는점이 15 ℃보다 낮아야 하고, 끓는점이 15 ℃보다 높아야 한다. 따라서 C와 D가 상온(15℃)에서 액체 상태로 존재한다. A는 상온에서 기체 상태로 존재하고, B는 상온에서 고체 상태로 존재한다.

창의력 & 토론마당 40~43쪽

01 (1) 페트병을 흔들거나 압력을 가해준다. 먼지와 같은 이물질을 넣어준다. -39 ℃ 이하의 온도까지 냉각시킨다. 등

(2) 비행기가 지나가면서 구름 속 과냉각 상태의 수증기에 압력을 가하기 때문에 얼음으로 상태 변화하기도 하고, 비행기 날개 끝이나 프로펠러에서는 공기가 다른 쪽보다 빠르게 뒤로 흘러 들어가기 때문에 온도가 20 ~ 30 ℃ 낮아지게 된다. 이렇게 온도가 낮아지면 -39 ℃ 이하가 되기 때문에 구름 속 과냉각된 수증기가 얼음이 되어 땅으로 떨어지게 되는 것이다.

해설 (2) 비행기가 빠르게 날면 공기도 빨리 흐르게 된다. 특히 비행기 날개 끝이나 프로펠러에서는 공기가 다른 쪽보다 빠르게 뒤로 흘러간다. 이렇게 되면 이 부분의 온도가 낮아지게 되는데, 이때 내려가는 온도가 20 ~ 30 ℃ 정도 된다. 과냉각 상태보다 20 ℃ 가 넘게 온도가 낮아지는데, 이 정도면 물이 얼지 않는 한계의 온도(-39 ℃)보다 훨씬 낮은 온도이므로 아무리 순수한 물이라도 얼음으로 상태 변화한다.

02 양가죽 물통의 원리는 양가죽 표면의 물이 열에너지를 흡수해 기화하면서 양가죽 안에 있는 물의 온도를 낮추는 것이다. 이 원리를 적용하면, 우선 페트병에 물을 담고 수건을 페트병에 둘러싼 뒤 접착테이프를 가위로 잘라 페트병에 밀착시킨다. 그 후 수건에 물을 뿌려 두면 물이 기화하면서 열에너지를 뺏어가 시원한 물을 마실 수 있다.

해설 양가죽은 물을 완전히 차단하지 못해 미세한 구멍으로 물이 조금씩 흘러 나온다. 이 물이 기화되어 열을 빼앗아가기 때문에 양가죽 안 쪽의 물이 시원해지는 것이다.

03 기화에는 증발과 끓음이 있다. 끓음은 외부로부터 열을 받아 액체 전체에서 분자가 기화하는 현상이지만, 증발은 액체 표면에서 분자가 스스로 운동함으로써 기화하는 현상이다. 따라서 끓는점 이하의 온도에서도 증발에 의한 기화는 일어난다.

해설 끓음은 외부로부터 열을 받아서 끓는점 이상의 온도에서 일어나지만 증발은 모든 온도에서 분자가 스스로 운동을 하기 때문에 일어난다. 따라서 끓는점 이하의 온도, 상온(15 ℃)에서도 증발에 의한 기화가 일어나는 것이다.

04 뷰테인 가스통에 있던 액체 뷰테인이 기화하면서 입구 주위 수증기로부터 열에너지를 빼앗는다. 열에너지를 빼앗긴 수증기는 액화되어 뷰테인 가스통 입구 주변에 물방울로 응결되어 맺히게 된다.

해설 열에너지를 흡수하는 상태 변화가 일어나면 물질 주위의 온도는 하강한다. 액체 뷰테인이 기체로 되기 위해서는 기화열을 흡수해야한다.

05 (1) 물의 온도가 온도계의 온도보다 더 고온인 경우 물의 온도와 온도계 속 액체의 온도가 같아질 때까지 고온의 물에서 저온의 온도계로 열에너지가 이동하여 열평형을 이룬다. 이때 열에너지를 얻은(흡수한) 온도계 속 붉은 액체는 열에 의해 부피가 커져서 높은 눈금까지 올라가게 되기 때문에 물의 온도를 측정할 수 있다.

(2) ① 알코올의 끓는점인 78 ℃ 이상의 온도를 가지는 물체의 온도는 측정하지 않는다.
② 물체의 양이 온도계에 들어 있는 알코올의 양보다는 훨씬 많아야 한다.

해설 (1) 물이 온도계 속 액체와 열평형이 일어날 때까지 열이 이동하는데, 물이 온도계 속 액체보다 고온인 경우에는 물에서 온도계 속 액체로 열이 이동해서 온도계 속 액체의 온도가 상승한다. 그로 인해 온도계 속 액체의 분자 운동이 활발해지고, 부피가 증가하게 된다.

(2) 온도계 속 액체 알코올의 끓는점인 78 ℃ 이상의 온도는 측정할 수 없다. 그 이상의 온도에서는 온도계 속 알코올이 기체로 기화하기 때문에 부피가 매우 크게 증가하므로 온도계가 깨질 수 있다. 온도를 재는 물체의 양이 온도계의 알코올의 양보다 적으면 외부로의 열의 방출에 의해 정확한 온도가 측정되지 않을 수 있다.

스스로 실력 높이기 44~49쪽

01. (1) ㉠ (2) ㉢, ㉥		02. 열에너지	
03. ㉠ : 0 ㉡ : 323		04. (1) X (2) O	
05. B, C, E		06. E	
07. B 구간, E 구간		08. 액체	
09. B 구간	10. A 구간, B 구간, C 구간		
11. ③	12. ④	13. ⑤	14. ③
15. ④	16. ⑤	17. ②	18. ⑤
19. ④	20. ②	21. ④	22. ③
23. ③	24. 에탄올	25. 프로페인	
26.~32. 〈해설 참조〉			

01. (1) 물질이 가지는 열에너지는 같은 물질인 경우 고체, 액체, 기체 순으로 커지고 온도가 높을수록 커진다.
(2) 열에너지는 온도가 높은 물질에서 낮은 물질로 이동한다.

02. 열에너지는 물질의 온도를 변화시키거나 상태 변화를 일으킨다.

03. 절대온도(K)는 섭씨온도(℃)에 273을 더한 값이다.

04. (1) [바로알기] 열에너지는 항상 고온의 물체에서 저온의 물체로 이동한다.
(2) 온도가 다른 두 물체를 접촉시켜 두면 두 물체의 온도가 같아지는 열평형 상태에 도달하게 된다.

05. 열을 흡수하는 상태 변화는 융해(C), 기화(E), 승화(고체 → 기체, B)이다.

06. 무더운 여름날 마당에 물을 뿌리면 물이 기화(E)되며 기화열을 흡수하기 때문에 시원해진다.

07. B 구간에서 고체에서 액체로 상태 변화가 일어나고, E 구간에서 액체에서 고체로 상태 변화가 일어난다.

08. C 구간은 고체가 가열되어 B 구간에서 녹아 액체 상태이다.

09. 고체에서 액체로 가열되어 상태 변화할 때(B 구간) 분자 사이의 인력이 약해진다.

10. 열에너지를 흡수하면 물질의 온도가 상승하거나 융해, 기화, 승화(고체→기체)가 일어난다.

11. 답 ③
해설 ③ [바로알기] (나)가 (가)보다 고온이므로 (가)의 상태가 액체라면 (나)의 상태는 액체 또는 기체이다.
①, ② (나)의 분자 운동이 (가)보다 활발하므로 (나)가 (가)보다 고온이다.
④ 0 K는 모든 분자 운동이 멈추는 온도이므로 (가)와 (나)의 분자 운동이 멈춘다.
⑤ (가)와 (나)는 같은 물질로 이루어져 있으므로 온도가 동일해지면 분자 운동 속도가 서로 같아진다.

12. ㄱ. 물질을 가열하면 물질의 열에너지는 증가한다.
ㄴ. 물질 상태에 따른 열에너지는 고체 〈 액체 〈 기체 순으로 많다.
ㄷ. [바로알기] 물질이 열에너지를 흡수하거나 방출하면 온도 변화가 있거나 상태 변화가 일어난다.

13. 같은 물질이고 질량이 모두 같으므로 열에너지는 고체 〈 액체 〈 기체 순으로 많고, 온도가 높을수록 많다. 정답은 ⑤이다.

14. (가) 는 고체 상태, (나) 는 액체 상태, (다) 는 기체 상태이다.
③ [바로알기] (나) 액체에서 (다) 기체로 상태 변화할 때 외부의 열을 흡수한다.
① 열에너지는 (다) 기체 상태가 (나) 액체 상태보다 크다.
② 열에너지는 (가) 고체 상태에서 가장 작다.
④ 나프탈렌은 (가) 고체에서 (다) 기체로 변하면서 열을 흡수한다.
⑤ (가) 고체에서 (나) 액체로 변할 때 열에너지를 흡수하므로 물질 주위의 온도는 낮아진다.

15. A : 응고, B : 액화, C : 융해, D : 기화, E : 승화(기체→고체), F : 승화(고체→기체). 열에너지를 흡수하는 상태 변화는 융해(C), 기화(D), 승화(고체→기체)(F)이다.

16. ⑤ [바로알기] 드라이아이스가 기체로 승화하면서 주변의 온도를 낮추므로 아이스크림이 녹지 않는다.(F)
① 이글루에 물을 뿌리면 얼면서 응고열을 방출한다.(A)
② 비가 만들어지려면 수증기가 물방울이 되면서 액화열을 방출하므로 비가 오기전에는 후덥지근하다.(B)
③ 얼음 위에 생선을 올려놓으면 얼음이 녹으면서 주위의 열을 빼앗으므로 생선을 시원하게 보관할 수 있다.(C)
④ 분무식 살충제를 뿌리면 액체 살충제가 기화하면서 기화열 흡수하므로 살충제통이 차갑다.(D)

17. ② [바로알기] (나)에서 드라이아이스 고체는 열을 흡수하여 기체로 상태 변화한다.
①, ③ 추운 날 입김이 생기는 것은 날숨에 포함된 수증기가 찬 공기와 만나 액화한 것이다. 따라서 열을 방출하는 상태 변화가 일어난다.
④ (나)의 안개는 드라이아이스가 주변의 수증기로부터 열에너지를 빼앗아 승화할 때, 열을 빼앗긴 수증기가 물로 액화되었기 때문에 생기는 것이다.
⑤ (가)의 입김이 생길 때와 (나)의 안개가 생길 때 열이 방출된다.

18. ⑤ E 구간에서는 액체에서 고체로 응고되며 응고열을 방출한다.
[바로알기] ① A 구간에서는 고체 상태로 물질의 온도가 증가한다.
② B 구간에서는 열에너지를 흡수하며 물질이 고체에서 액체로 상태 변화한다.
③ C 구간에서는 물질이 상태 변화를 끝낸 후 액체 상태로 온도가 증가한다.
④ D 구간에서의 온도는 일정하지가 않다. 어는점은 E 구간의 온도이다.

19. ④ [바로알기] D 구간은 액체 상태이다.

20. 상온(15℃)에서 고체로 존재하기 위해서는 녹는점과 끓는점이 15 ℃보다 높아야 한다. 따라서 녹는점이 114 ℃, 끓는점이 184 ℃인 B가 상온에서 고체로 존재한다.

21. ④ [바로알기] 녹는점과 끓는점이 높은 물질일수록 분자 사이의 인력이 큰 물질이다. 따라서 분자 사이의 인력이 가장 큰 물질은 (다)이다.
① (가)는 녹는점 < 끓는점 < 0 ℃이므로 0 ℃에서 기체 상태로 존재한다.
② (나)는 녹는점 < 상온(15℃) < 끓는점이므로 상온에서 액체 상태로 존재한다.
③ (다)는 녹는점 < 100 ℃ < 끓는점이므로 100 ℃에서 액체 상태이다.
⑤ 상온에서 (나)와 (다)는 액체 상태로 존재한다.

22. 냉장고의 전기 모터로 압축기를 작동시키면 기체 상태의 냉매가 압축되어 열을 방출하면서 액체로 액화된다. 액체 상태가 된 냉매는 냉장고의 증발기에서 기체로 기화하는데 이때 주변의 열을 빼앗아 온도를 낮추게 된다.

23. (가)에서는 액체에서 기체로 기화가 일어나고, (나)에서는 기체에서 액체로 액화가 일어난다. (다)에서는 고체에서 액체로 융해가 일어난다.
③ [바로알기] 물질의 부피는 (가)에서는 기화하므로 증가, (나)에서는 액화하므로 감소, (다)에서는 융해하므로 일반적인 물질의 경우 부피가 증가하지만 물의 경우에는 부피가 감소한다.

24. 답 에탄올
해설 액체 상태로 존재하는 온도 구간을 나타낸 직선의 길이가 길수록 끓는점과 녹는점의 온도 차이가 큰 물질이다.

25. 답 프로페인
해설 -40 ℃에서 프로페인만 기체 상태로 존재하므로 -40 ℃에서 프로페인이 분자 사이의 거리가 가장 먼 상태로 존재한다.

26. 답 D, 이글루 안에서 물을 뿌리면 물이 응고되면 열을 방출하기 때문에 이글루 안이 따뜻해진다. 이것과 관련 있는 상태 변화는 D(응고)이다.

27. 답 액체 물질을 냉각시킬 때 온도가 일정해지면 액체에서 고체로 상태 변화하는 어는점에 도달했기 때문이다.
어는점에서는 물질을 냉각시켜도 상태 변화할 때 열에너지를 방출하기 때문에 온도가 일정한 상태를 유지한다.

28. 답 흙 그릇의 매우 작은 구멍으로 조금씩 새어 나온 물이 기화하며 주위의 열을 흡수한다. 따라서 그릇 안에 있는 물이 시원해진다.

29. 답 같은 물질, 같은 질량일 때 같은 온도에서는 고체보다 액체, 액체보다는 기체의 열에너지가 크다. 따라서 0 ℃의 물이 0 ℃의 얼음보다 열에너지가 더 많다.

30. 답 열이 (가)에서 (나)로 이동하므로 (가)가 (나)보다 더 고온이고, 같은 물질이므로 (가)의 분자 운동이 (나)의 분자 운동보다 더 활발하다. 시간이 흐르면 (가)는 열을 잃어 분자 운동이 점점 둔해지고, (나)는 열을 얻어 분자 운동이 활발해진다. 그러다가 열평형에 도달하면 두 물체의 분자 운동 속도는 같아진다.

31. 답 고체 왁스가 전구로부터 열에너지를 받아 액체가 되어 분자간의 거리가 멀어지면 부피가 증가하고 밀도가 감소하여 부력을 받아 위로 상승하게 된다. 위로 올라가 다시 고체가 되면 부력이 부피가 감소하여 부력이 작아져 다시 아래로 내려온다.

32. 답 서리는 해가 떠오르면 녹기 시작하는데, 얼음이 녹을 때 열을 흡수하므로 해가 떠올라도 땅 부근의 기온 상승이 늦어진다. 따라서 서리가 내리는 날 아침은 춥다. 반면에 서리는 맑고 바람이 없는 날에 내리므로 햇볕에 의해 따뜻해진 지표면 위의 공기가 한곳에 머물러 있으므로 서리가 내린 날은 따뜻하다.

3강. Project 1

논/구술 50~51쪽

Q1

유리는 겉으로 보기에는 고체같지만 고체 특유의 결정 구조를 가지지 않으며, 일정한 녹는점도 가지고 있지 않기 때문에 중력의 영향으로 아래로 흘러내린다.

Q2

네마틱 액정이 적합하다. 네마틱은 액정의 가늘고 긴 분자들이 불규칙적으로 위치하지만, 방향은 일정하다. 이 액정은 고체만큼 규칙적으로 배열되어 있지는 않지만, 외부에서 온도나 전기를 통하면 가해진 부분만 배열이 바뀐다. 이러한 성질을 이용하여 뒷면에서 투과되는 빛의 양을 제어함으로써 어둡게 혹은 밝게 보이게 할 수 있다.

탐구 1 - 아이오딘 승화 실험 52쪽

① ㉠ 기체 ㉡ 고체 ㉢ 승화 ㉣ 승화 ② 액체

탐구 1 - 탐구 문제 52~53쪽

1. 승화성 물질인 아이오딘이 액체 상태를 거치지 않고 고체에서 기체로, 기체에서 고체로 승화한다는 사실을 확인하는 것이다.

2. 보라색 기체는 기체 아이오딘이고, 플라스크 밑 부분에 달라 붙은 결정은 고체 아이오딘이다. 이 결정은 알코올 램프를 끄면 바닥에 쌓인다.

3. 나프탈렌, 드라이아이스 등

4. (1) 분자 운동이 활발해지면서, 분자들 사이의 결합력이 약해지고, 분자 사이 간격은 멀어지게 된다.
(2) ① 냄새가 나는 경우 기체의 냄새를 맡아본다.
② 색깔이 있는 경우, 기체의 색깔을 관찰한다.
③ 승화된 기체가 눈에 보이지 않는 경우, 기체가 눈에 보이도록 온도를 낮추어 다시 고체로 만들어 확인한다.
④ 승화되어 기체가 되었다면 비닐 봉지나 풍선 등을 씌웠을 때 부푸는지 확인한다.

5. 아이오딘은 승화성 물질이다. 승화성 물질은 분자 간의 결합이 매우 약하다. 그렇기 때문에 고체에서 액체로 변하지 않고 바로 기체로 변한다.

해설 **2.** 알코올 램프를 끄면 아이오딘은 다시 굳어져 바닥에 쌓이게 된다.
3. 나프탈렌, 아이오딘, 드라이아이스 등은 승화성 물질이다.

탐구 2 - 물이 응고될 때의 온도 54쪽

(2) 〈예시 답안〉

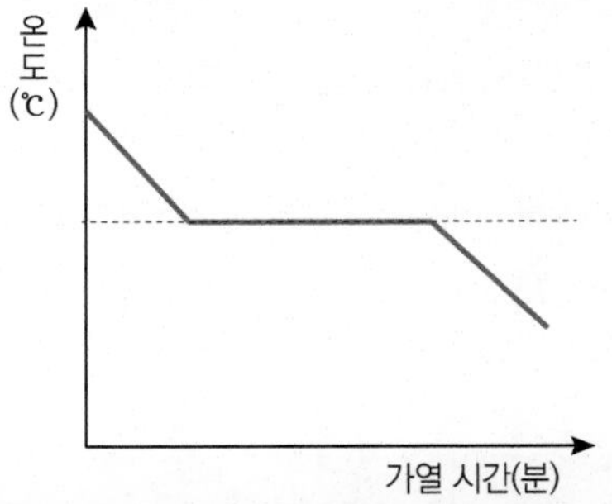

탐구 2 - 탐구 문제 54~55쪽

1. 온도를 0 ℃ 이하로 낮추기 위해서이다.

2. 시험관은 주변의 온도에 영향을 많이 받아 온도가 잘 변하기 때문에 온도계가 시험관의 바닥에 닿으면 액체의 온도를 정확하게 측정하기 어렵기 때문이다.

3. 온도가 일정해지는 구간은 물이 얼고 있는 구간이다. 물이 액체에서 고체로 상태 변화할 때 열을 방출하기 때문에 온도가 일정해진다. 이때의 온도가 어는점이다. 어는점에서는 얼음과 물이 공존한다.

4. 찬 물보다 뜨거운 물이 더 빨리 어는 이유는 뜨거운 물의 분자가 열에너지를 더 많이 가지고 있어서 증발이 많이 일어나 더 빨리 식기 때문이다. 증발이 많이 일어나면 증발되는 물 분자가 많은 열을 흡수하므로 남아있는 물 분자는 많은 열에너지를 잃게 된다. 따라서 뜨거운 물의 온도가 급격히 떨어지면서 찬 물보다 빨리 얼게 되는 것이다.

해설 **1.** 얼음에 소금을 넣으면, 약간의 얼음이 물로 녹을 때 열을 빼앗고(흡열 반응), 약간의 물에 소금이 녹을 때도 열을 빼앗는 흡열 반응이 일어나므로, 주위의 온도는 계속 낮아져서 전체 온도는 0 ℃ 이하로 된다.

Ⅱ 분자 운동과 기체

4강. 분자의 운동

개념 확인 58~61쪽

1. ㉠ 증발(확산) ㉡ 확산(증발)　2. ④
3. 증발　4. 기화

2. ④ [바로알기] 확산 속도는 물질의 상태가 기체 > 액체 > 고체 순으로 빨라진다.

확인+ 58~61쪽

1. ③　2. ②, ⑤　3. ㉠ 높을 ㉡ 낮을 ㉢ 넓을
4. (1) ○ (2) × (3) ○ (4) ×

1. ③ 온도가 높을수록 분자 운동 속도가 빠르다.
[바로알기] ① 분자는 모든 방향으로 운동한다.
② 분자는 질량이 작을수록 움직임이 활발하다.
④ 분자는 열이 가해지지 않아도 끊임없이 움직인다.
⑤ 분자의 운동은 분자의 질량이 작을수록 빠르다.

2. 확산 속도는 온도가 높고, 분자량은 작을수록, 물질의 상태가 기체 > 액체 > 고체 순으로, 매질의 상태는 진공 > 기체> 액체 순으로 빨라진다. 퍼져나가는 물질(잉크)과 매질(물)의 온도가 모두 높을 때 확산 속도가 빨라진다.
③ [바로알기] 소금물은 물보다 무거워 분자 운동이 둔하므로 잉크의 확산이 물보다 더디게 일어난다.

3. 증발은 온도가 높고, 습도가 낮고, 공기와 닿는 표면적이 넓을수록, 바람이 강하게 불수록 잘 일어난다 .

4. (2) [바로알기] 증발은 모든 온도에서 일어난다.
(4) [바로알기] 증발은 끓는점과 달리 액체의 표면에서만 일어난다.

생각해보기 60~61쪽

★ 액체에 가까이 있는 기체 상태의 운동 에너지가 작은 분자는 액화되어 액체가 된다. 이러한 현상을 응결이라고 한다.

★★ 액체 내부에서 기포가 생겼으므로 이 액체는 끓고 있다. 액체의 끓는점에 영향을 주는 것은 온도와 압력인데, 주사기에 따뜻한 물을 넣고 피스톤을 뒤로 당기면 주사기 내부의 기체의 압력이 줄어들면서 끓는점이 낮아져 액체가 끓게 된다.

개념 다지기 62~63쪽

01. ③　02. ④　03. ④, ⑤
04. ③　05. ㄱ, ㄴ　06. ③

01. ㄱ, ㄷ 분자는 모든 방향으로 움직이며, 온도가 높을수록 움직임이 활발해진다.
ㄴ. [바로알기] 분자는 외부에서 열을 가하지 않아도 운동을 한다.

02. ④는 증발에 의한 현상이고, ①, ②, ③, ⑤는 확산에 의한 현상이다.

03. 답 ④, ⑤
해설 ④ 암모니아수에서 암모니아 분자가 증발되어 공기중으로 확산된다.
⑤ 증발과 확산은 분자가 외부에서 열이 가해지지 않아도 스스로 운동하고 있다는 증거가 된다.
[바로알기] ① 암모니아수와 가까이 있는 아래쪽의 솜부터 붉게 변한다.
② 분자는 모든 방향으로 움직인다.
③ 페놀프탈레인은 암모니아(염기성)와 만나 붉게 변하는 성질이 있으므로 암모니아의 확산을 확인하기 위해 사용된다.

04. ③ [바로알기] 습도가 낮을수록 증발이 잘 일어난다.
①, ②, ④, ⑤ 증발은 바람이 강하고, 온도가 높고, 공기와 닿아있는 표면적이 넓고, 분자 사이의 인력이 작을수록 잘 일어난다.

05. 답 ㄱ, ㄴ
해설 ㄱ. 가뭄은 땅의 수분이 모두 증발되어 땅이 갈라지는 현상이다.
ㄴ. 곶감은 감 속의 수분이 증발하면서 만들어진다.
ㄷ. [바로알기] 물의 끓음은 외부에서 열을 가하여 일어나므로 증발이 아니다.
ㄹ. [바로알기] 냉면의 식초는 확산되어 냉면 전체에서 신맛이 난다.

06. 그림의 증발 가습기는 나무를 얇게 잘라 여러 겹을 만들어 공기와 닿는 표면적을 넓게해서 증발이 잘 일어나게 한 것이다. 얇은 나무를 타고 물이 올라와 증발하므로 습도가 조절된다.

유형 익히기 & 하브루타 64~67쪽

[유형 4-1] ④　01. ①, ④　02. ③
[유형 4-2] ㄷ　03. ②
04. (1) 높을수록 (2) 고체 (3) 작을수록
[유형 4-3] ④　05. ①, ②　06. ⑤
[유형 4-4] 증발－㉠－②, ③　끓음－㉡－①, ④
07. ⑤　08. ③

[유형 4-1] 젖은 빨래가 마르고(증발), 각설탕이 물에 녹고(확산), 향기가 방안 전체에 퍼지는 것(확산)은 모두 분자가 스스로 움직이고 있다는 증거가 된다.

01. ①, ④ 증발과 확산을 통해 분자가 스스로 움직이고 있다는 것을 확인할 수 있다.
[바로알기] ② 분자는 모든 방향으로 움직인다.
③ 온도가 높을수록 분자 운동이 활발해진다.
⑤ 물질의 상태는 기체 > 액체 > 고체 순으로 분자의 움직임이 활발하다.

02. ㄷ. 잉크를 물에 떨어뜨리면 물 전체로 퍼지는 것은 확산 현상으로 분자가 스스로 움직이고 있다는 증거이다.
ㄱ. [바로알기] 헬륨 풍선이 하늘 위로 날아 오르는 것은 헬륨의 밀도가 공기 밀도보다 작기 때문이다.
ㄴ. [바로알기] 난로를 피우면 방 안 전체가 따뜻해지는 것은 열의 이동으로 분자가 스스로 움직이는 것과는 관계가 없다.

[유형 4-2] ㄷ. 물질의 상태가 기체(수증기)일 때 액체(물)일 때보다 확산 속도가 빨라진다.
ㄱ, ㄴ, ㄹ. [바로알기] 확산 속도는 온도가 높을수록, 매질이 진공 > 기체 > 액체 순으로, 분자의 질량이 작을수록 빠르다.

03. 주방에서 요리를 할 때 방까지 냄새가 나는 것은 냄새 분자의 확산에 의한 현상이다.
② 풀잎에 맺혀 있던 이슬이 증발하여 한낮이 되면 사라진다.

04. 확산은 물질의 온도가 높고, 물질의 상태가 고체보다는 액체일 때, 물질을 이루는 분자의 질량이 작을수록 잘 일어난다.

[유형 4-3] 범이 : [바로알기] 에탄올이 물보다 먼저 증발한 것은 에탄올 분자 사이의 인력이 물 분자 사이의 인력보다 작기 때문으로 분자의 질량을 서로 비교할 수는 없다. 실제로 에탄올 분자(C_2H_5OH)의 질량이 물 분자(H_2O)의 질량보다 무겁다.
혜교 : 손등에 떨어뜨린 물과 에탄올은 모두 증발하여 공기 중으로 사라진다.
인성 : 물과 에탄올 모두 증발했으므로 분자가 스스로 운동하고 있다는 증거가 된다.

05. ①, ② 증발은 액체 표면에서 일어나는 기화 현상이다.
③, ④, ⑤ [바로알기] 증발은 모든 온도에서 일어나며 표면적이 넓을수록, 분자 사이의 인력이 약할수록 잘 일어난다.

06. 청소를 하고 난 후 물기가 저절로 사라지는 것은 물이 증발했기 때문이다.
ㄱ. [바로알기] 모기향이 퍼지는 것은 확산에 의한 현상이다.
ㄴ. 어항의 물이 증발하여 시간이 지나면서 점점 줄어든다.
ㄷ. 풀잎에 맺힌 이슬이 증발하여 한낮이 되면 사라진다.

[유형 4-4] 증발은 액체 표면에서 일어나는 기화 현상으로 모든 온도에서 일어난다. 끓음은 외부에서 열을 가했을 때 끓는점 이상의 온도에서 액체 내부와 표면 전체에서 기화가 일어난다.

07. 그림의 모형은 물이 끓고 있는 것을 나타낸 것이다.
⑤ [바로알기] 외부에서 열을 가하고 있으므로 분자가 스스로 운동하고 있다는 증거가 되지 못한다.
① 끓음은 기화 현상이다.
② 끓음은 물의 상태가 변하는 것으로 물의 성질은 변하지 않는다.
③ 끓을 때 물의 내부와 표면에서 모두 기화 현상이 일어난다.
④ 끓음은 끓는점(물은 100℃)이상의 온도에서 일어난다.

08. ㄱ. [바로알기] 증발은 액체 표면에서 일어난다.
ㄴ. [바로알기] 끓음은 끓는점 이상의 온도에서 일어나는 기화 현상이다.
ㄷ. 증발과 끓음은 모두 기화 현상이다.

창의력 & 토론마당 68~71쪽

01

(1) 뚜껑을 덮지 않은 컵에 들어 있던 물은 증발된 후 주위로 확산되어 공기 중으로 사라졌기 때문에 컵 속의 물의 양이 줄어들었다.

(2) 뚜껑을 덮지 않은 컵 속의 물이 뚜껑을 덮어 놓은 컵 속의 물보다 온도가 더 낮아진 이유는 물이 기화하면서 열에너지를 흡수했기 때문이다.

해설 (1) 뚜껑을 덮지 않은 컵에 들어 있던 물은 증발된 후 주위로 확산되기 때문에 물의 증발이 계속 일어나지만, 뚜껑을 덮어 놓은 컵은 증발된 수증기에 의해 컵 속의 습도가 높아 증발 속도가 느려진다.

02

(1) 염분의 양이 많아 생물이 살지 못하기 때문에 죽음의 바다라는 이름이 붙여졌다.

(2) 사해에서 자연적으로 증발하는 물의 양이 강으로부터 들어오는 물의 양보다 많기 때문이다.

해설 (1) 보통 바다의 염분은 3.5 %인데, 사해의 염분은 30 % 가까이 되어 생물이 살 수가 없다. 그래서 죽음의 바다라는 의미로 사해라는 이름을 붙였다고 한다.

(2) 사해에는 요르단강으로부터 매일 600 ~ 700만 톤의 물이 들어오는데, 온도가 높고 습도가 낮아서 증발하는 양이 워낙 많아 수면의 높이가 점점 낮아지고 있다.

03

(1) 분자 사이의 인력이 작고, 가벼워야 한다.

(2) 〈예시답안〉
1. 천적의 몸에 페로몬을 묻혀 해충이 다가오면 모두 잡아먹히게 한다.
2. 해충용 끈적이에 페로몬을 묻혀놓고 해충이 모두 달라붙게 한다.
3. 해충이 들어간 후 나갈 수 없는 틀을 만든 후 그 안에 페로몬을 묻힌 솜을 넣어 둔다. 등

해설 (1) 액체 상태이므로 공기 중으로 확산되기 쉬운 기체 상태가 되기 위해 증발이 잘 일어나야 한다. 따라서 분자 사이의 인력이 작아야 한다. 또한 확산이 잘 일어나기 위해서 분자량이 작은 간단한 물질이어야 한다.

04 (1) 온도는 A < B < C 순으로 높다. 왜냐하면 A에서 B로, B에서 C로 갈수록 분자 운동 속도가 빠른 분자의 수가 늘어나는데, 분자 운동 속도는 온도가 높을수록 빨라지기 때문이다.

(2) 분자 운동 속도가 큰 분자들이 공기 중으로 날아가는데, 분자 운동 속도가 큰 분자들의 온도가 속도가 작은 분자들의 온도보다 크기 때문에 액체의 평균 온도는 더 낮아지게 된다.

해설 (1) 분자 운동 속도는 온도가 높을수록 커진다.

(2) 증발은 액체 표면에 있던 운동 속도가 큰 분자들이 공기 중으로 날아가는 현상인데, 분자 운동 속도가 큰 분자들의 온도가 대체적으로 높으므로 액체로 남아 있는 분자들의 평균 온도는 더 낮아지게 된다.

스스로 실력 높이기 72~77쪽

01. (1) 분자 (2) 분자운동 (3) ㉠ 증발(확산) ㉡ 확산(증발)
02. (1) 증발 (2) 확산
03. ㉠ 표면 ㉡ 끓는점 ㉢ 전체
04. ⑤
05. ①
06. (나) → (가) → (다)
07. ④
08. ④
09. ③, ④
10. (가) > (나) > (다)
11. ⑤
12. ⑤
13. ②
14. ⑤
15. ④
16. ④
17. ①
18. ②
19. ①, ②, ④
20. ①
21. ⑤
22. ③
23. ②
24. ㄴ
25. ④
26.~32. 〈해설 참조〉

01. (1) 물질의 성질을 가지는 가장 작은 입자는 분자이다.
(2) 물질을 이루는 분자들이 끊임없이 스스로 움직이는 현상을 분자 운동이라고 한다.
(3) 분자 운동의 증거로는 증발, 확산 등이 있다.

02. (1) 액체 표면에서 기화하는 현상은 증발이다.
(2) 물질을 이루는 분자들이 스스로 운동하여 모든 방향으로 액체나 기체 속으로 퍼져나가는 현상을 확산이라고 한다.

03. 증발은 온도와 상관없이 액체 **표면**에서 일어나는 현상이고, 끓음은 **끓는점** 이상의 온도에서 액체 **전체**에서 기화가 일어나는 현상이다.

04. ⑤ [바로알기] 같은 온도에서 물질의 상태가 같으면 질량이 작을수록 빠르게 움직인다.

05. ① 잉크가 물속에서 퍼져나가는 현상은 확산에 의한 것이다.
②, ③ [바로알기] 확산은 물질의 온도가 높을수록 분자운동이 활발해져 더 잘 일어난다. 따라서 (가)의 온도가 (나)의 온도보다 낮다.
④, ⑤ [바로알기] 물과 잉크가 섞일 때 물 분자와 잉크 분자가 함께 움직이므로 물의 온도가 높을수록 잉크의 확산이 잘 일어난다.

06. 물속에서 각설탕 분자가 확산될 때 물 분자와 각설탕 분자는 같이 움직이므로 확산되는 순서는 (나) → (가) → (다)이다.

07. 증발은 온도가 높고, 습도가 낮고, 바람이 강하게 불고, 분자 사이의 인력이 작을수록 잘 일어난다. 표면적은 넓을수록 증발이 잘 일어난다.
④ [바로알기] 증발은 표면적이 클수록 잘 일어난다.

08. ㄱ. [바로알기] 열기구 안의 공기를 가열하면 분자의 운동이 활발해지면서 주변보다 열기구의 밀도가 작아져 떠오르는 것이다.
ㄴ. 마약탐지견은 마약의 확산에 의한 냄새로 마약을 찾아낸다.
ㄷ. 향초의 냄새가 확산되어 방 전체에서 향 냄새가 난다.

09. ③ 실내가 건조할수록 습도가 낮아서 증발이 잘 일어난다.
④ 실내에 젖은 빨래를 널어두면 빨래의 수분이 증발하면서 실내의 습도가 높아진다.
①, ② [바로알기] 어항이나 수경재배 화분으로 실내 습도를 높이는 것은 물의 증발 현상을 이용한 것으로 온도가 높을 때 증발이 더 잘 일어난다.
⑤ [바로알기] 물이 공기와 닿는 면적이 넓을수록 증발이 잘 일어난다.

10. 입구 표면의 표면적이 넓을수록 증발량이 많아지기 때문에 남아 있는 물의 양이 적다.

11. 에탄올이 증발하여 사라지므로 시간이 지나면 저울은 다시 수평이 된다. 아세톤도 증발이 잘 되는 물질이다.
⑤ [바로알기] 에탄올 대신 물을 사용하면 시간이 오래 걸리긴 하지만 물도 증발하기 때문에 같은 결과가 나온다.

12. 실험의 결과를 빨리 얻기 위해서는 증발이 더 잘 일어나게 해주면 된다. 증발은 온도가 높을수록, 습도가 낮을수록, 바람이 강하게 불수록 잘 일어난다.

13. 증발은 온도가 높을수록, 습도가 낮을수록, 바람이 강하게 불수록 잘 일어난다.

14. ⑤ [바로알기] 끓음은 액체 표면과 내부 전체에서 기화가 일어나는 현상이다.

15. 암모니아 분자들이 사방으로 일정하게 확산되어 안쪽에서 바깥쪽으로 솜의 색이 붉게 변한다.
④ [바로알기] 페트리접시를 따뜻한 물에 올려두어야 확산이 더 잘

일어나서 솜의 색깔이 더 빨리 붉게 변한다.

16. 확산은 온도가 높을수록, 분자량이 작을수록, 물질의 상태가 기체>액체>고체 순으로, 매질의 상태가 진공>기체>액체 순으로 잘 일어난다.

17. 암모니아수는 염기성이므로 페놀프탈레인을 만나면 붉은 색으로 변한다.
① [바로알기] 암모니아 분자는 모든 방향으로 움직인다.

18. 분자 운동의 증거로는 증발과 확산이 있다.
② [바로알기] 주전자의 물이 끓는 것은 물을 가열하여 끓는점 이상의 온도로 높여준 것으로 분자들이 스스로 운동하고 있다는 증거가 되지 못한다. ①,③ : 증발 ④,⑤ : 확산

19. ①, ②, ④ 헤어드라이어에서는 따뜻한 바람이 나오므로 증발이 잘 일어나는 조건 중 온도를 높이고 바람이 강하게 불도록 해준 것이다. 또한 바람을 일으켜 머리카락 주변의 습기를 밀어내기 때문에 머리카락 주변의 습도를 낮춰주는 역할도 한다.

20. ① [바로알기] 끓음은 가열로 인해 일어나는 현상으로 분자 운동의 증거가 되지 못한다.
② 끓음은 액체 표면에서 증발 현상도 함께 일어난다.
③ 끓음은 끓는점 이상의 온도에서 일어난다.
④, ⑤ 끓음은 액체 내부의 분자가 외부의 열을 얻어 액체 내부에서 기화(기포 생성)한다.

21. 브로민(Br)은 상온에서 적갈색 액체 상태이며 브로민 기체(Br_2)로 기화가 쉽게 일어난다. 기화가 일어나며 증발이 되어 확산된다.
⑤ [바로알기] 확산은 모든 방향으로 일어난다. 그림에서는 윗쪽에 브로민이 없기 때문에 위로만 퍼져 나가는 것처럼 보이는 것이다.

22. 브로민을 더 빨리 확산시키기 위해서는 유리병 안의 온도를 높이거나 진공 상태를 만들어준다.
ㄴ. [바로알기] 유리병 안의 압력을 높이면 기화가 덜 일어난다.

23. ② [바로알기] (나) 액체 표면에서 일어나는 현상은 증발이다.
① (가)는 기체 상태이므로 분자 사이 인력이 매우 작다.
③ (나) 액체 표면에서 윗쪽에 분자가 희박하므로 확산되기 쉽다.
④ (다) 액체 속에서는 둘러싸인 분자들의 인력때문에 기화되기 어렵다.
⑤ 열에너지를 가하면 (다) 액체 속에서도 기화가 일어나 끓는다.

24. ㄱ. [바로알기] 동일한 조건에서 액체 A가 들어있는 (가)보다 액체 B가 들어있는 (나)에 더 많은 액체가 남아있었으므로 액체 A의 증발이 액체 B보다 빨리 일어났다는 것을 알 수 있다. 따라서 A보다 B가 분자 사이의 인력이 더 크다.
ㄴ. 만일 A 와 B 가 물과 아세톤이라면, 증발 속도가 빠른 A가 아세톤이고 증발 속도가 느린 B가 물이다.
ㄷ. [바로알기] (나)와 (다)에는 B가 동일한 부피만큼 들어있었지만, 용기 X 가 용기 Y보다 입구의 너비가 넓어 같은 시간 동안 증발되는 양이 더 많다. 따라서 일정 시간이 지난 후 (나)보다 (다)에 남아 있는 액체의 부피가 더 클 것이다.

25. 답 ④
해설 실험 Ⅰ에서는 기체의 분자량에 따른 확산 속도를 비교할 수 있고, 실험 Ⅰ과 Ⅱ에서는 분자량에 따른 확산 속도 외에 온도에 따른 기체 B의 확산 속도를 비교할 수 있고, 실험 Ⅰ과 Ⅲ에서는 온도가 높아질 경우 분자량에 따른 확산 속도의 변화를 비교할 수 있다.
④ [바로알기] 실험 Ⅲ 에서 분자량이 작은 A 의 온도를 더 높게 했으므로 A 의 확산 속도가 더 빨라져 흰 연기는 실험 Ⅱ에서보다 더 오른쪽에 생긴다.

26. 답 분자는 모든 방향으로 움직이므로 암모니아수와 가까이 있는 안쪽 솜부터 바깥 방향으로 색이 변해간다.

27. 답 온도가 높으면 분자의 움직임이 더 활발해지므로 확산이 더 잘 일어난다.

28. 답 (1) 확산
(2) 염화 수소, 염화 수소 가까이에 염화 암모늄이 생성되었으므로 염화 수소의 분자량이 더 크다.
해설 (2) 확산은 분자량이 작을수록 더 빠르게 일어나는데, 염산(염화 수소)과 가까운 곳에 염화 암모늄이 생성된 것으로 보아 암모니아가 더 빠르게 확산되었다는 것을 알 수 있다. 따라서 염화 수소가 암모니아보다 더 무겁다.

29. 답 (가) 비오는 날은 습도가 높아 증발이 잘 일어나지 않기 때문에 빨래가 잘 마르지 않는다.
(나) 빨래를 펼쳐서 널어 두면 뭉쳐 두었을 때보다 표면적이 넓어져 증발이 잘 일어나므로 더 빨리 마른다.

30. 답 같은 조건에서 에테르의 증발량이 물의 증발량보다 많으므로 에테르 분자 사이의 인력이 물 분자 사이의 인력보다 작다.
해설 같은 조건에서 물보다 에테르가 들어 있는 쪽의 풍선이 더 크게 부풀어 오르므로 에테르가 더 많이 증발되었다. 증발은 분자 사이의 인력이 작을수록 더 잘 일어나므로 에테르 분자 사이의 인력이 물 분자 사이의 인력보다 작다.

31. 답 풍선 속 기체 분자가 스스로 운동하여 풍선의 보이지 않는 틈을 통해 밖으로 빠져 나오기 때문에 풍선의 크기가 줄어든다. 이 경우 헬륨 분자가 공기를 이루는 분자보다 분자량이 작고 더 가벼워서 분자 운동 속도가 더 빠르기 때문에 더 풍선 밖으로 많이 빠져 나오므로 크기가 더 많이 줄어든다.

32. 답 여름철에 고속도로를 달리는 자동차의 타이어는 지면과의 마찰에 의해 온도가 상승한다. 온도가 상승하면 타이어 내에 있는 공기의 분자 운동이 활발해져서 부피가 팽창하기 때문에 타이어가 팽팽해진다.

5강. 압력과 기체의 부피

개념 확인 78~81쪽

1. 압력	**2.** ㉠ 압력 ㉡ 충돌
3. 감소(작아)	**4.** ③

4. 감압 용기 안에 풍선을 넣고 감압 용기 안의 공기를 빼내면 감압 용기 안의 기체의 압력이 줄어들면서 풍선을 누르는 압력이 줄어든다. 풍선을 누르는 압력이 감소하므로 풍선의 부피가 커진다.

확인+ 78~81쪽

1. 2	**2.** (1) ○ (2) × (3) ○ (4) ○
3. ㄱ, ㄴ, ㄷ	**4.** ④

1. 압력 = $\frac{\text{작용하는 힘의 크기}}{\text{힘이 작용한 면의 넓이}} = \frac{20\text{N}}{10\text{cm}^2} = 2\ \text{N/cm}^2$

2. (1) 기체가 벽면에 가하는 압력은 기체 분자가 벽면에 충돌하는 힘 때문에 나타난다. 충돌 회수가 많아지면 압력이 커진다.
(2) [바로알기] 기체는 모든 방향으로 움직이므로 기체의 압력은 모든 방향으로 나타난다.
(3) 온도가 일정할 때 용기의 부피가 작아지면 단위 부피당 기체 분자 수가 많아지므로 충돌 횟수가 증가하여 압력이 커진다.
(4) 온도가 높아지면 분자 운동이 활발해지므로 기체 분자가 용기 벽면에 충돌하는 회수가 증가하여 압력이 커진다.

3. 주어진 그래프는 보일 법칙을 나타낸 것으로 일정한 온도에서 기체의 부피는 압력에 반비례하고, 부피와 압력을 곱은 일정하다.

4. ㄱ. 높은 산에서는 기압이 작아서 내이의 부피가 커지므로압력을 맞추기 위해서 귀가 먹먹해진다.
ㄴ. 위로 올라갈수록 기압이 작아지므로 풍선을 누르는 압력도 작아지므로 풍선의 부피가 커진다.
ㄷ. [바로알기] 스키는 운동화보다 눈과 닿는 면적이 넓기 때문에 스키를 신은 사람이 운동화를 신은 사람보다 눈에 가하는 압력이 작아서 눈에 덜 빠진다. 압력과 부피와의 관계라고 할 수 없다.

개념 다지기 82~83쪽

01. (1) ○ (2) × (3) ○		**02.** ②
03. ③	**04.** 보일 **05.** ④	**06.** ⑤

01. (2) [바로알기] 힘을 받는 면의 넓이가 좁을수록 압력은 커진다.
(3) 압력 : $200\text{N}/20\text{m}^2 = 10\ \text{N/m}^2$

02. 분자 운동 속도가 더 큰 (나)가 (가)보다 온도가 더 높아 기체 분자들이 벽에 부딪히는 횟수가 더 많고 용기 벽면에 가하는 압력이 더 높다.
② [바로알기] 온도가 더 높은 (나) 에서 분자 운동이 더 활발하다.

03. 온도가 일정할 때 기체의 부피는 압력에 반비례한다.

04. 압력과 기체의 부피와의 관계를 나타낸 것은 보일 법칙이다.

05. ㄱ. 펌프식 샴푸의 뚜껑을 누르면 샴푸 내부의 부피가 감소하면서 샴푸가 나온다.
ㄴ. 압력이 가해지면 농구화 밑창의 부피가 감소하면서 충격을 감소시킨다. 밑창이 딱딱하면 충격을 감소시킬 수 없다.
ㄷ. [바로알기] 피펫을 손으로 감싸면 피펫 내부의 온도가 올라가 내부 부피가 팽창하여 물방울이 밖으로 밀려나온다. 온도 변화에 따라 기체의 부피가 변하면서 나타나는 현상이다.

06. 외부 압력이 증가하면 기체 분자 사이의 거리가 감소하면서 기체의 부피가 줄어들고, 기체 분자의 충돌 횟수가 증가하면서 압력이 증가한다.
⑤ [바로알기] 온도 변화가 없으므로 기체 분자의 운동 속도는 변하지 않는다.

유형 익히기 & 하브루타 84~87쪽

[유형 5-1] ④	**01.** ④	**02.** ④
[유형 5-2] ④	**03.** ⑤	**04.** ㄱ, ㄴ, ㄹ
[유형 5-3] ⑤	**05.** ②, ④	**06.** ③
[유형 5-4] ①	**07.** 20	**08.** 4

[유형 5-1] ㄱ, ㄴ. (가)와 (나)는 접촉면의 넓이는 같은데 (나)의 무게가 (가)의 무게보다 무거우므로 스펀지에 작용하는 압력은 (가) < (나)이고, (나)와 (다)는 무게는 같은데 접촉면의 넓이가 (다)가 (나)보다 작으므로 스펀지에 작용하는 압력은 (나) < (다)이다. 따라서 스펀지에 작용하는 압력의 크기를 모두 비교하면 (가) < (나) < (다)이다.
ㄷ. [바로알기] (가)와 (다)는 무게가 다르므로 압력과 접촉면의 넓이의 관계를 설명할 수는 없다.

01. 기체의 압력을 기압이라고 하며, 단위 넓이에 수직으로 작용하는 힘의 크기를 압력이라고 한다. 단위로는 Pa(=N/m^2), N/cm^2, 기압, mmHg(=Torr) 등을 사용한다.
④ [바로알기] 접촉면에 작용하는 힘의 크기가 같을 때 접촉 면적이 좁을수록 압력이 커진다.

02. 압정, 송곳 등은 같은 힘으로 큰 압력을 얻기 위해 물체와 접촉하는 면의 넓이를 좁게하여 뾰족하게 만들어서 사용한다.

[유형 5-2] 쇠구슬을 페트병에 넣고 흔들면 쇠구슬이 페트병 안쪽

에서 부딪히면서 페트병에 압력을 가한다. 이때 쇠구슬은 기체 분자, 쇠구슬의 움직임은 기체 분자의 운동을 나타낸다. 쇠구슬이 많아지면 페트병에 부딪히는 횟수가 증가하면서 압력이 증가한다.
나영 : [바로알기] 페트병을 세게 흔들면 쇠구슬의 움직임이 커지면서 페트병에 가하는 압력이 커진다.

03. 용기 속의 기체의 분자 운동으로 인해 분자들이 용기 벽에 충돌하여 압력이 발생한다. 압력은 모든 방향으로 같은 크기로 나타난다. 용기의 부피가 같더라도 온도가 높으면 분자 운동이 활발해지므로 압력이 커진다.
⑤ [바로알기] 온도와 기체의 부피가 같을 때 분자 수가 많을수록 용기 벽에 부딪히는 분자수가 증가하기 때문에 기체의 압력이 커진다.

04. ㄱ, ㄴ, ㄹ. 온도와 부피가 일정한 상태에서 풍선에 공기를 더 넣으면 풍선 안에 기체의 분자 수가 증가한다. 따라서 기체 분자가 풍선 안쪽에 부딪히는 횟수가 증가하여 풍선 내부의 압력이 증가한다.
ㄷ. [바로알기] 온도 변화가 없으므로 풍선 내부의 기체 분자의 운동 속도는 변함없다.

[유형 5-3] ⑤ [바로알기] 기체가 일정량이므로 압력이 줄어들어도 기체의 분자 수는 변함없다.
① 온도와 기체의 분자수는 변함이 없으므로 부피가 클수록 분자 사이의 거리는 멀다.
② 기체 분자 사이의 거리가 가장 가까운 C 점에서 기체 분자들 간의 충돌 횟수가 가장 많다.
③ 그래프 상의 모든 점에서 압력과 부피를 곱한 값은 모두 같다.
④ 압력이 커지면 기체 분자 사이의 거리가 가까워지면서 기체의 부피는 감소한다.

05. ②, ④ 압력이 두 배로 증가하기 때문에 기체의 부피는 반으로 줄어들면서 기체 분자들 사이의 거리는 감소한다.
[바로알기] ① 밀폐되어 있으므로 기체 분자의 개수는 변함없다.
③ 온도가 일정하므로 기체 분자 운동 정도에는 변화가 없다.
⑤ 압력이 증가하여 부피가 감소하므로 기체 분자의 충돌 횟수가 증가한다.

06. 주어진 그래프는 보일 법칙에 관한 것이다.
③ [바로알기] 온도가 변하면서 기체의 부피가 변하는 것은 보일의 법칙과 관계없다.
⑤ 물속에서 물방울은 수면 가까이 올라올수록 수압이 감소하므로 부피가 커진다.

[유형 5-4] $P_{처음} \times V_{처음} = P_{나중} \times V_{나중}$
$1\ (기압) \times 4\ (L) = 4\ (기압) \times V_{나중}$, $V_{나중} = 1\ (L)$

07. $P_{처음} \times V_{처음} = P_{나중} \times V_{나중}$
$4\ (기압) \times 10\ (L) = 2\ (기압) \times V_{나중}$, $V_{나중} = 20\ (L)$

08. $P_{처음} \times V_{처음} = P_{나중} \times V_{나중}$
$2\ (기압) \times 600\ (mL) = P_{나중} \times 300\ (mL)$, $P_{나중} = 4\ (기압)$

창의력 & 토론마당 88~91쪽

01 (1) (가)에서 풍선을 불면 늘어난 풍선의 부피만큼 페트병 안의 공기의 부피가 줄어들면서 압력이 커져야 하므로 풍선을 더이상 크게 불 수 없지만, (나) 과정에서는 구멍을 통해 공기가 빠져 나가 페트병 안의 공기의 부피가 줄기 때문에 풍선을 크게 불 수 있다.
(2) 페트병 안과 페트병 바깥의 공기의 압력이 같기 때문에 풍선의 공기가 빠져나가지 않는다.

해설 (1) (가)에서는 페트병의 구멍을 막았기 때문에 페트병 안에 공기가 갇혀 있다. 그 상태에서 풍선을 불면 풍선의 부피가 늘어난 만큼 페트병 안쪽에 있는 기체의 부피가 줄어들게 된다.
(2) (나)에서 풍선의 부피가 늘어나면서 페트병 안쪽의 기체의 압력이 외부 압력과 같아질 때까지 페트병 안쪽의 기체가 밖으로 빠져나간다. 구멍을 막으면 페트병 안쪽과 바깥의 압력이 같으므로 풍선의 크기가 변하지 않는다.

02 (1) 수은의 높이는 760 mm로 같다.
(2) 수은의 높이는 760 mm로 같다.
(3) 수은의 높이는 760 mm보다 낮아진다.
(4) 10.336 m

해설 (1), (2) 대기압이 같으므로 수은이 들어 있는 유리관의 굵기, 기울어짐과 상관 없이 수은의 높이는 같다.
(3) 높이 올라갈수록 기압이 감소하므로 높은 산의 정상에서는 기압이 1 기압보다 작아지며, 수은 기둥의 높이도 760 mm보다 낮아진다.
(4) 수은은 물보다 13.6배 무거우므로 밑면에 같은 압력을 가하려면 물의 높이가 수은 기둥 높이의 13.6배가 되어야 한다.
∴ 물의 높이 = $76 \times 13.6 = 1033.6$ cm = 10.336 m이다.

03 (1) 온도가 높아지면 기체 분자의 에너지가 커지기 때문에 운동 속도가 빨라지고, 용기 안의 압력이 증가하면서 부피가 증가한다.
(2) 에너지를 잃은 만큼 운동 속도가 느려지면서 기체의 압력이 작아지기 때문에, 풍선의 내부 압력이 외부 압력과 같아질 때까지 풍선의 크기가 작아진다.

해설 (1) 온도가 높아지면 기체 분자의 운동에너지가 커지면서 운동 속도가 빨라지고 분자들이 벽에 부딪히는 횟수와 분자들 사이의 충돌이 늘어나게 된다. 따라서 벽에 가하는 기체의 압력이 커지기 때문에 용기의 부피도 증가한다.
(2) 온도가 내려가면서 기체 분자들의 운동 속도가 감소되고, 기체의 압력이 줄어들게 된다. 따라서 풍선 안의 압력이 외부 압력과 같아질 때까지 풍선의 부피가 감소한다.

04 (1) 1 기압　(2) 5 기압　(3) 5 기압

해설 (1) 콕을 열면 전체 부피가 3 L가 된다.
$1L \times 3$ 기압 = $3L \times P_{나중} \rightarrow P_{나중} = 1$기압
(2) 왼쪽과 오른쪽을 따로 생각하여 각 압력을 더한다.
❶ 1L 용기에 산소 3기압을 채우고 오른쪽이 비어있을 때
$1L \times 3$ 기압 = $3L \times P_1 \rightarrow P_1 = 1$기압
❷ 2L 용기에 산소 6기압을 채우고 왼쪽이 비어있을 때
$2L \times 6$ 기압 = $3L \times P_2 \rightarrow P_2 = 4$기압
콕을 열면 용기의 압력은 $P_1 + P_2 = 5$기압이 된다.
(3) 기체의 종류와 상관없이 기체의 압력은 온도와 부피, 분자수에만 영향을 받으므로 질소로 채워도 (2)와 같은 결과가 된다.

스스로 실력 높이기 92~97쪽

01. (1) 압력 (2) 작아
02. (1) ㄱ, ㄴ, ㄹ, ㅂ (2) ㄷ, ㅁ　**03.** 8
04. (1) 같은 (2) ㉠ 작아 ㉡ 많을 ㉢ 높을
05. (1) < (2) <　**06.** B
07. ㉠ 부피 ㉡ 증가　**08.** ①　**09.** 2
10. ②, ⑤　**11.** ⑤　**12.** ⑤　**13.** ⑤
14. 보일　**15.** ①, ②　**16.** ㄱ, ㄷ, ㄹ
17. 1(기압)　**18.** 20　**19.** ③　**20.** ④
21. A>B>C　**22.** (1) 40 (2) 112
23. ①, ③, ④　**24.** ⑤
25. ①, ③, ⑤　**26.**~ **32.** 〈해설 참조〉

02. (1) 압력을 크게 한 경우는 접촉 면적을 좁게 한 것으로 칼, 송곳, 바늘, 스케이트이다.
(2) 접촉 면적을 넓게 하여 압력을 작게 한 것은 스키, 스노보드이다.

03. $압력 = \dfrac{작용하는\ 힘의\ 크기}{힘이\ 작용한\ 면의\ 넓이} = \dfrac{40\ N}{5\ m^2} = 8\ N/m^2$

04. (1) 기체의 압력은 모든 방향으로 **같은** 크기로 작용한다.
(2) 기체의 압력은 기체가 용기 벽면에 부딪치는 충돌 횟수가 많을수록 커지므로 용기의 부피가 ㉠ **작아**질수록, 기체 분자 수가 ㉡ **많을**수록, 기체의 온도가 ㉢ **높을**수록 커진다.

05. (1) 같은 용기 안에 같은 수의 분자가 들어 있으므로 분자의 운동 속도가 더 빠른 (나)의 온도가 더 높다.
(2) 분자의 운동 속도가 더 빠른 (나)에서 분자의 벽면에 대한 충돌 횟수가 더 크므로 기체의 압력이 더 높다.

06. 기체 A는 기체 쪽의 수은의 높이가 더 높으므로 대기압보다 낮은 압력이고, 기체 B는 기체 쪽의 수은의 높이가 더 낮으므로 대기압보다 높은 압력이고, 기체 C는 대기쪽과 높이가 같으므로 대기압과 같은 압력을 나타낸다.

08. 보온병의 꼭지를 누르면 보온병 내부의 부피가 작아져 기체의 압력이 커지므로 물이 밀려나온다.
잠수부가 내놓는 기체 방울은 수면 가까이 올라올수록 수압이 작아지므로 부피가 커진다. 기체의 부피와 압력은 반비례 관계에 있으므로 관계 있는 그래프는 ①이다.

09. 1 기압일 때 기체의 부피가 4 L이므로
$P_{처음} \times V_{처음} = P_{나중} \times V_{나중}$
$1\ (기압) \times 4\ (L) = 2\ (기압) \times V_{나중} \quad \therefore V_{나중} = 2\ (L)$

10. (나)는 추 2개가 누르고 있으므로 추의 무게에 의한 압력과 같은 기체의 압력이 (가)보다 2배 더 크다.
②, ⑤ (가) → (나)로 되면 기체 분자들의 충돌횟수 증가로 기체의 압력이 증가한다.
①, ③ [바로알기] (가) → (나)로 되면 기체 분자 사이의 거리가 줄어들면서 기체의 부피가 감소한다.
④ [바로알기] 온도가 변하지 않으므로 기체 분자의 운동 속도는 변함없다.

11. 각 경우 압력은 다음과 같다.
① $\dfrac{30\ N}{120\ cm^2} = 0.25\ N/cm^2$　② $\dfrac{60\ N}{100\ cm^2} = 0.6\ N/cm^2$
③ $\dfrac{80\ N}{80\ cm^2} = 1\ N/cm^2$　④ $\dfrac{100\ N}{60\ cm^2} ≒ 1.7\ N/cm^2$
⑤ $\dfrac{120\ N}{30\ cm^2} = 4\ N/cm^2$

12. ⑤ 탄산 음료 캔의 바닥을 오목하게 만들면 평평할 때보다 접촉 면적이 넓어지고 밑면에 작용하는 압력이 작아진다.
①, ②, ③, ④ 는 접촉 면적을 줄여 압력을 크게 한 경우이다.

13. 온도가 높을수록 기체의 분자 운동 속도가 증가하고, 기체 분자수가 많을수록 용기 벽면에 충돌 횟수가 증가하여 압력이 커진다.

15. ① 밀폐 용기이므로 분자의 개수는 변함없다.
② 압력과 기체의 부피는 반비례하므로 압력과 기체의 부피를 곱한 값은 일정하다.
[바로알기] ③ 압력이 커지면 기체이 부피는 작아지므로 압력과 기체의 부피는 반비례 관계이다.
④ 부피가 작을수록 분자 사이의 거리가 가까우므로 분자 사이의 거리는 A > B > C이다.
⑤ 분자들의 충돌횟수는 분자 사이의 거리가 가까울수록 많아지므로 A < B < C이다.

16. 답 ㄱ, ㄷ, ㄹ
해설 ㄱ. 에어백은 에어백이 부풀어올랐을 때 사람이 부딪치면 부피가 일시적으로 줄면서 충격을 완화시킨다.
ㄷ. 운동화의 에어 밑창은 사람이 강하게 누르면 부피가 감소하여 충격을 완화시킨다.

ㄹ 공기를 압축시켜 놓았다가 부피가 증가하여 발사되도록 한 것이 컴퓨터 청소용 압축 공기이다.
ㄴ. [바로알기] 오줌싸개 인형은 온도가 높아지면 인형 안의 공기가 팽창하여 물을 밀어내는 현상을 이용한 것이다.

17. $P_{처음} \times V_{처음} = P_{나중} \times V_{나중}$
2 (기압) × 200 (mL) = $P_{나중}$ × 400 (mL) ∴ $P_{나중}$ = 1 (기압)

18. $P_{처음} \times V_{처음} = P_{나중} \times V_{나중}$
1 (기압) × 60 (mL) = 3 (기압) × $V_{나중}$ ∴ $V_{나중}$ = 20 (mL)

19. ③ [바로알기] 열기구 안의 기체를 가열하면 분자의 운동이 활발해지면서 주변보다 열기구의 밀도가 작아져 떠오른다. 이것은 압력에 따른 기체의 부피 변화가 아니다.

20. $P_{처음} \times V_{처음} = P_{나중} \times V_{나중}$
3 (기압) × 2 (L) = 1 (기압) × $V_{나중}$ ∴ $V_{나중}$ = 6 (L)

21. 공기와 닿아 있는 수은면에서 부터 수은 기둥의 높이를 재면 대기압과 같다. 수은 기둥의 높이가 높을수록 대기압이 높은 것이므로 수은 기둥의 높이가 76 cm보다 높은 A 는 1 기압보다 높고, B 는 1 기압이며, C 는 1 기압보다 낮다.

22. (1) 기체 A는 대기압보다 압력이 36cmHg 만큼 낮다.
∴ 기체의 압력은 76 − 36 = 40 (cmHg)이다.
(2) 기체 B는 대기압보다 압력이 36cmHg 만큼 높다.
∴ 기체의 압력은 76 + 36 = 112 (cmHg)이다.

23. 오른쪽 그림은 주사기 통이 밑면에 부착된 것이고, 왼쪽 물체는 주사기 밀대 위에 올려 놓는 추이다. 주사기 밀대를 뺀 상태에서 추를 많이 올려놓을수록 주사기 밀대가 아래로 내려가 주사기 내부의 부피가 작아진다. (압력과 부피는 서로 반비례한다.)
① 압력이 높아지면 기체의 부피가 작아진다.
③ 압력이 낮아지면 부피가 늘어나면서 기체 분자 사이의 거리가 멀어진다.
④ 외부의 압력이 높아지면 기체의 부피가 줄어들면서 기체 분자가 벽면에 충돌하는 횟수가 많아져 벽면에 가하는 힘이 커진다.
② [바로알기] 압력이 높아져도 밀폐된 용기이므로 기체의 분자 수는 일정하다.
⑤ [바로알기] 압력이 높아지면 피스톤 벽면에 충돌하는 분자의 수가 많아진다.

24. 보일 법칙에서 기체의 온도가 올라가면 압력 × 부피의 값이 증가한다. 아래 그래프에서 A와 B, C와 D는 각각 같은 온도이다.

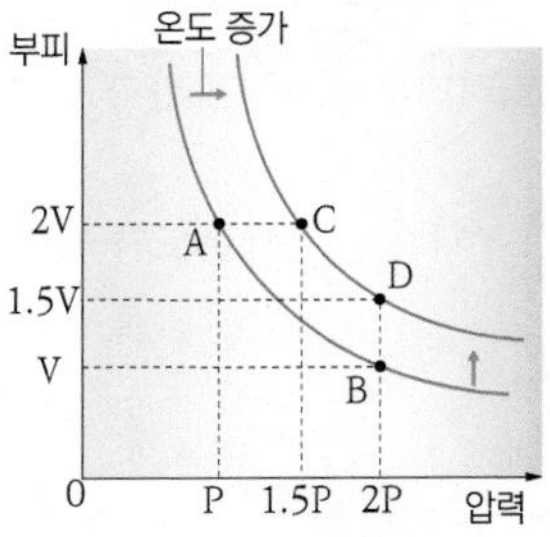

ㄱ. A와 B는 분자 수가 같은데 A가 압력이 더 낮은 것으로 보아 기체의 분자 운동이 둔하므로 A는 B보다 온도가 더 낮은 상태이다.
ㄴ. [바로알기] A와 C는 압력과 부피를 곱한 값이 같으므로 온도가 같은 상태이다. 따라서 분자 운동의 정도는 서로 같다.
ㄷ. B와 C 용기 안의 압력이 같으므로 단위 면적에 작용하는 힘의 크기는 같다.

25. 답 ①, ③, ⑤
해설 ①, ③, ⑤ 타이어에 공기를 넣으면 공기를 구성하는 분자가 많아져 그 분자가 타이어 안쪽 벽에 충돌하는 횟수가 많아지고, 결과적으로 타이어가 팽팽해진다.
② [바로알기] 온도가 변하지 않았으므로, 공기를 구성하는 분자가 운동하는 속도는 변하지 않는다.
④ [바로알기] 분자의 개수가 늘어나는 것으로 분자의 크기는 변하지 않는다.

26. 답 산 아래에서 주스를 마시기 더 쉽다. 산 위로 올라갈수록 기압이 낮아져 주스를 누르는 압력이 작아지므로 빨대를 더욱 힘껏 빨아야 주스를 마실 수 있기 때문이다.
해설 산 아래에서는 외부압력이 더 크게 작용하므로 주스를 빨아올리기 쉽고, 산 위에는 압력이 낮아지므로 빨대를 힘껏 빨아야 주스를 마실 수 있다.

27. 답 피스톤을 뒤로 당기면 주사기 안에 들어 있던 기체의 부피가 늘어나면서 압력이 작아진다. 따라서 마시멜로를 누르던 외부의 압력이 작아지면서 마시멜로 속에 들어 있던 기체의 부피가 늘어나 마시멜로의 부피가 증가한다.

28. 답 같다.
해설 밑면의 넓이가 2 배가 되면 압력은 반으로 줄고, 무게가 2 배가 되면 압력은 2 배로 늘어나므로 결과적으로 압력은 처음 상자의 압력과 같다.

29. 답 얼음과 접촉하는 면적을 넓혀서 압력을 작게 만들어 얼음에 빠지는 것을 방지하기 위해서이다.
해설 얼음 위에 서 있는 것보다 엎드리면 얼음과 접촉하는 면적이 넓어진다. 얼음을 누르는 힘인 몸무게는 변화가 없으므로 접촉하는 면적이 넓어지면 그만큼 압력이 작아져 얼음에 빠지지 않게 된다.

30. 답 20 mL
해설 물속 30 m 깊이에서 압력은 물의 압력(3기압) + 대기압(1 기압) = 4 기압이 된다. 4 기압일 때 5 mL이므로
$P_{처음} \times V_{처음} = P_{나중} \times V_{나중}$
4 (기압) × 5 (mL) = 1 (기압) × $V_{나중}$ → $V_{나중}$ = 20 (mL)

31. 답 40 mL
해설 삼각플라스크 100 mL + 주사기 50 mL로 150 mL였던 공기의 나중 부피가 200 mL로 변하므로, 내부 압력을 $P_{처음}$, $P_{나중}$이라 고 할 때, $P_{처음}$ × 150 (mL) = $P_{나중}$ × 200 (mL)
$\rightarrow P_{나중} = \frac{150}{200} \times P_{처음} = \frac{3}{4} \times P_{처음}$

풍선의 압력과 플라스크 내부의 압력은 같다.

풍선의 부피 $V_{나중}$: $P_{처음} \times 30$ (mL) = $\frac{3}{4} \times P_{처음} \times V_{나중}$

$V_{나중}$ = 40 (mL)

32. 답 탄산 음료는 탄산 기체로 인해 내부 압력이 있기 때문에 말랑말랑한 알루미늄 캔을 쓰더라도 뚜껑을 따기 전에는 외부에서 압력이 가해질 때 잘 찌그러지지 않는다. 하지만 커피 등 탄산 가스가 들어있지 않은 음료를 알루미늄 캔에 담으면 운송 도중 외부에서 힘을 가하면 쉽게 찌그러지기 때문에 알루미늄보다 단단한 철로 만든 캔에 담는다.

6강. 온도와 기체의 부피

개념 확인 98~101쪽

1. 부피	**2.** 절대 온도	**3.** ①
4. ㉠ 압력 ㉡ 절대 온도		

3. 답 ①
해설 ① 밀폐된 용기이므로 기체의 출입이 없어 기체 분자 수는 변하지 않는다.
②, ⑤ [바로알기] 온도가 높아지면 기체 분자 사이의 거리가 멀어지면서 부피가 증가한다.
③, ④ [바로알기] 온도가 높아지면 기체 분자의 운동 속도가 증가하면서 충돌 횟수도 증가한다.

확인+ 98~101쪽

1. 4	**2.** (1) 298 (2) 195 (3) −273 (4) 0
3. ③, ⑤	**4.** >

1. 기체의 온도가 273 ℃ 증가할 때마다 기체의 부피는 0 ℃때 부피의 2 배가 된다. 이 기체는 0 ℃일 때 부피가 2 L이므로 273 ℃가 되면 2 배가 되어 4 L가 된다.

2. 절대 온도(K) = 273 + 섭씨 온도(℃)

3. ③ 열기구 속 기체를 가열하면 내부의 공기가 팽창하여 밀도가 작아지므로 위로 떠오른다.
⑤ 페트병 내의 공기의 부피가 온도가 내려감에 따라 줄어들어 페트병이 찌그러진다.
①, ②, ④ 는 압력에 따라 기체의 부피가 변하는 보일 법칙과 관계있는 현상이다.

4. 같은 온도에서 기체의 부피가 더 작은압력 P_1 이 압력 P_2 보다 크다.

생각해보기 99~101쪽

★ 기체를 냉각하면 기체가 절대 영도에 도달하기 전에 액화되거나 액화 후 응고되어 액체나 고체로 상태 변화하기 때문이다.

★★ 기체 분자 수가 증가하면 압력과 부피가 같이 변하기 때문에, 분자 수가 증가해도 압력과 부피를 곱한 값은 절대 온도에 비례한다.

개념 다지기 102~103쪽

01. 샤를 법칙	**02.** ⑤	**03.** ①
04. ①	**05.** ②, ③	**06.** <, <

01. 주어진 현상은 온도에 따라 기체의 부피가 변하면서 나타나는 것이므로 샤를 법칙으로 설명할 수 있다.

02. 압력이 일정할 때 기체의 부피는 온도에 비례한다. 기체의 부피는 0 ℃일 때 0이 아니므로 ① 이 아니라 ⑤ 가 맞다.

03. ① [바로알기] 기체의 종류가 달라진 것이 아니므로 기체 분자의 크기는 변함없다.
② 밀폐된 용기이므로 가열 전후 기체의 분자 수는 같다.
③, ④ 온도가 높아져 기체 분자의 운동 속도가 증가하면서 서로 충돌하거나 벽면에 충돌하는 횟수도 증가한다.
⑤ 기체 압력이 커져서 뚜껑을 밀어내면서 기체 압력이 외부 압력과 같아질 때까지 기체의 부피가 증가한다.

04. 그래프는 온도와 기체의 부피를 설명할 수 있는 샤를 법칙을 나타낸다.
① [바로알기] 풍선이 하늘 높이 올라갈수록 대기압이 작아지면서 부피가 증가하는 현상은 보일 법칙으로 설명 할 수 있다.
② 찌그러진 농구공 안의 공기의 부피가 온도에 따라 커진다.
③ 열기구 속 기체의 부피가 증가해 밀도가 작아져 떠오른다.
④ 타이어 속 같은 양 공기의 부피가 겨울보다 여름에 더 크다.
⑤ 그릇 바닥의 홈에 들어있는 공기의 부피가 온도가 올라감에 따라 증가해 그릇을 살짝 들어올려 마찰을 없애 미끄러지게 한다.

05. ② A와 B의 부피가 같으므로 분자 사이의 거리는 같다.
③ 온도가 가장 높은 B에서 분자 운동이 가장 활발하다.
[바로알기] ① 온도가 같은 상태인 A와 C를 비교하면 C의 부피가 더 작으므로 $P_1 > P_2$ 이다.
④ A → B로 변화시키려면 온도를 높게 한다.
⑤ A → C로 변화시키려면 압력을 크게 한다

06. 같은 압력에서 부피가 큰 쪽이 온도가 높으므로 온도는 $T_1 < T_2 < T_3$이다.

유형 익히기 & 하브루타 104~107쪽

[유형 6-1] ②

01. (가) 200 (나) 546 **02.** 273

[유형 6-2] (1) K (2) 170 mL

03. ③ **04.** 555

[유형 6-3] (1) 높아진다. (2) 활발해진다. (3) A

05. ③ **06.** ④

[유형 6-4] (1) A (2) C (3) C

07. 200 **08.** 500

[유형 6-1] ② A 점의 온도가 273 ℃면 0 ℃ 때 부피의 2 배가 되므로 2V 가 된다.

[바로알기] ① 온도와 기체의 부피는 비례하므로 온도와 기체의 부피를 곱한 값은 그래프상의 모든 점에서 모두 다르다.

③ B 점에서 기체는 실제로 액체나 고체 상태로 존재한다.

④ 압력을 변화시키면 그래프의 기울기가 변한다.

⑤ 액체나 고체는 온도에 따라 부피가 크게 변하지 않으므로 기체와는 다른 결과를 얻는다.

01. (가) −27.3 ℃에서 기체의 부피가 180 mL이므로 0 ℃일 때의 부피(V_0)는

$$V_t = V_0\left(1 + \frac{t}{273}\right)$$

$$180 = V_0\left(1 + \frac{-27.3}{273}\right) = V_0(1-0.1) = 0.9V_0$$

$\therefore V_0 = 200$ (mL)

(나) 0 ℃일 때의 부피는 200 mL이므로 600 mL일 때의 온도는

$$600 = 200\left(1 + \frac{x}{273}\right) \rightarrow 3 = \left(1 + \frac{x}{273}\right)$$

$$2 = \frac{x}{273},\ x = 546\ (℃)$$

02. 0 ℃에서 부피(V_0)는 300mL이다.

$$600 = 300\left(1 + \frac{x}{273}\right) \rightarrow 2 = \left(1 + \frac{x}{273}\right)$$

$\therefore x = 273$ (℃)

[유형 6-2] (1) 절대 온도의 단위는 K 이고, 켈빈이라 읽는다.

(2) $\frac{V_{처음}}{T_{처음}} = \frac{V_{나중}}{T_{나중}} \rightarrow V_{나중} = \frac{145}{290} \times 340 = 170$ (mL)

03. ㄱ, ㄴ. 절대 온도는 섭씨 온도 -273 ℃를 0 으로 하는 온도로 절대 0도(0K)에서 기체의 부피는 0 이 된다.

ㄷ. [바로알기] 압력이 일정할 때 기체의 부피는 절대 온도에 비례한다.

04. $\frac{V_{처음}}{T_{처음}} = \frac{V_{나중}}{T_{나중}} \longrightarrow \frac{500}{273+27} = \frac{V_{나중}}{273+60}$ (T : 절대 온도)

$$V_{나중} = \frac{500}{300} \times (60 + 273) = 555\ (mL)$$

[유형 6-3] (1) 둥근바닥 플라스크를 손으로 감싸면 손의 열이 둥근바닥 플라스크에 전달되어 둥근바닥 플라스크의 내부 온도가 높아진다.

(2) 둥근바닥 플라스크를 손으로 감싸면 온도가 높아지면서 분자의 움직임이 활발해진다.

(3) 분자의 움직임이 활발해지면서 부피가 증가하므로 잉크 방울은 A 쪽으로 움직인다.

05. ㄱ. 온도가 올라가면 기체 분자의 움직임인 분자 운동이 활발해 진다.

ㄴ. [바로알기] 기체 분자의 충돌 횟수에 의해 나타나는 압력의 변화가 없으므로 기체 분자의 충돌횟수도 변함없다.

ㄷ. 가열해서 온도를 높이면 기체 분자의 움직임이 활발해지고, 기체 분자 사이의 거리가 멀어지면서 부피가 증가한다.

06. 주사기 내부의 공기의 온도가올라가 부피가 증가한다.

④ [바로알기] 높은 곳의 기압이 낮아져 과자 봉지 안의 기체의 압력도 낮아지므로 과자 봉지의 부피가 증가하는 현상이다.

① 탁구공 내부의 공기의 온도가 올라가면 부피가 증가한다.

② 빨대를 감싸면 빨대 내부의 공기의 부피가 커지면서 물방울을 밀어낸다.

③ 다 사용한 뷰테인 가스통에도 약간의 액체 뷰테인이 들어 있고, 온도가 올라가면 기화하여 부피가 팽창하여 터질 수 있다.

⑤ 그릇의 오목한 바닥 속의 공기가 팽창하여 그릇을 밀어올려 탁자와의 마찰을 줄여 저절로 움직일 수 있다.

[유형 6-4] (1) 기체의 부피는 압력에 반비례하므로 압력이 2 배 증가하면 기체의 부피는 반으로 줄어든다.

(2) 기체의 부피는 절대 온도에 비례하므로 절대 온도가 2 배 증가하면 기체의 부피도 2 배 증가한다.

(3) 절대 온도가 반으로 줄어들면 기체의 부피는 반으로 줄어들고 압력이 4 배 줄어들면 부피는 4 배로 늘어나므로 처음 기체의 부피의 2 배가 된다.

07. $\frac{P_{처음}V_{처음}}{T_{처음}} = \frac{P_{나중}V_{나중}}{T_{나중}}$

$$V_{나중} = \frac{P_{처음}V_{처음}}{T_{처음}} \times \frac{T_{나중}}{P_{나중}} = \frac{1\times300}{273} \times \frac{(273+273)}{3}$$

$= 200$ (mL)

08.

$$V_{나중} = \frac{P_{처음}V_{처음}}{T_{처음}} \times \frac{T_{나중}}{P_{나중}}$$

$$= \frac{5\times100}{273} \times \frac{(273+546)}{3} = 500\ (mL)$$

창의력 & 토론마당 108~111쪽

01

두꺼운 껍질을 가진 알갱이를 이용해서 내부 압력을 높여 한번에 터질 수 있도록 하기 위해서이다.

해설 껍질이 얇거나 껍질에 구멍이 난 옥수수알을 사용할 경우 옥수수알이 터지면서 팝콘이 되지 못하고 그대로 익거나 타게 된다. 이는 옥수수알에 들어 있던 수분이 수증기가 되면서 옥수수알 내부의 압력을 높여 껍질이 터지면서 옥수수 알맹이를 익혀야 되는데, 껍질이 얇거나 껍질에 구멍이 나 있으면서 내부 압력이 커지기 전에 수증기가 밖으로 빠져 나오기 때문이다.

02

냉장실

이유 : 냉동실의 압력은 0.84 기압이고, 냉장실의 압력은 0.92 기압이다. 외부 압력이 1기압이므로 압력의 차이가 많이 나지 않는 냉장실의 문을 열기가 더 쉽다.

해설 $\dfrac{P_{처음}V_{처음}}{T_{처음}} = \dfrac{P_{나중}V_{나중}}{T_{나중}}$

문을 닫고 전원을 켰을 때의 냉동실의 압력은

$\dfrac{1 \times 227}{300} = \dfrac{P_{냉동} \times 227}{253}$ $\therefore P_{냉동} \fallingdotseq 0.84$ (기압)

문을 닫고 전원을 켰을 때의 냉장실의 압력은

$\dfrac{1 \times 227}{300} = \dfrac{P_{냉장} \times 227}{275}$ $\therefore P_{냉장} \fallingdotseq 0.92$ (기압)

따라서 냉장고 밖(1기압)과 압력 차이가 많이 나지 않는 냉장실의 문을 열기가 더 쉽다.

03

(1) 2,500 mL
(2) 6.8 기압

해설 (1) 0 ℃, 1 기압에서 기체로 될 때 부피가 250 배 늘어난다고 했으므로 2,500 mL가 된다.

(2) $\dfrac{P_{처음}V_{처음}}{T_{처음}} = \dfrac{P_{나중}V_{나중}}{T_{나중}}$

0℃(273K), 1기압에서 기체의 부피는 2,500mL였으므로 100 ℃(373K)에서 500 mL(가스통의 부피가 500mL)일 때의 압력은

$\dfrac{1 \times 2500}{273} = \dfrac{P_{100℃} \times 500}{373}$

$P_{100℃} \fallingdotseq 6.8$ (기압)

04

	I	II	III	IV
압력(atm)	1.25	0.48	0.48	0.87
부피(L)	0.5	1.30	0.91	0.5
온도(K)	500	500	350	350

해설 I 단계 → II 단계(온도 일정)

$P_{처음} \times V_{처음} = P_{나중} \times V_{나중}$

1.25 (기압) × 0.5 (L) = P_{II} × 1.30 (L) $\therefore P_{II}$ = 0.48 (기압)

II 단계→ III 단계(압력 일정)

$\dfrac{V_{처음}}{T_{처음}} = \dfrac{V_{나중}}{T_{나중}}$

$V_{나중} = \dfrac{1.3}{500} \times 350 \fallingdotseq 0.91$ (mL)

III 단계→ IV 단계(온도 일정)

$P_{처음} \times V_{처음} = P_{나중} \times V_{나중}$

0.48 (기압) × 0.91 (L) = P_{IV} × 0.5 (L)

$\therefore P_{IV} \fallingdotseq 0.87$ (기압)

스스로 실력 높이기 112~117쪽

01. ㉠ 커 ㉡ 작아 **02.** ㉠ 0 ㉡ 273
03. ㉠ 증가 ㉡ 증가 **04.** ㉠ 절대 ㉡ K
05. 비례
06. (1) 293 (2) 338 (3) 253 (4) -183 (5) 273
07. ① **08.** 감소, 감소 **09.** ⑤
10. ③ **11.** ③ **12.** ㄷ, ㄹ **13.** ④
14. ② **15.** ② **16.** ①, ③
17. <, < **18.** 546 **19.** 100 **20.** ③
21. ② **22.** ⑤ **23.** ④ **24.** ③
25. ② **26.**~ **32.** 〈해설 참조〉

01. 압력이 일정할 때 기체의 부피는 절대 온도에 비례한다.

02. 압력과 기체의 양이 일정할 때 기체의 부피는 온도가 1℃ 증가할 때마다 ㉠(0℃)부피의 $\dfrac{1}{㉡(273)}$ 씩 증가한다.

03. 일정한 압력에서는 기체 분자의 충돌 횟수가 변하지 않으므로 온도가 증가하면 부피가 증가한다.

04. 절대 온도는 -273 ℃를 0으로 하는 온도로 단위는 K(켈빈)이다.

06. 절대 온도(K) = 273 + 섭씨 온도(℃)

07. 가열하면 온도가 높아져 부피가 증가했던 풍선 안의 기체가 얼음물에서 온도가 내려가면서 부피가 감소해 풍선의 크기가 작아진다.

08. 얼음물에 넣으면 온도가 내려가 기체 분자의 운동 속도가 감소하고, 분자 충돌 횟수도 감소한다.

09. ⑤ 온도가 낮아지면서 병 안에 들어 있는 기체의 부피가 감소하고 플라스크 내부의 압력이 작아져 달걀이 빨려 들어간다.
[바로알기] ① 분자의 크기는 변화없다.
② 온도가 낮아지므로 분자의 움직임이 둔해진다.
③, ④ 분자 사이의 거리가 가까워지면서 인력이 증가한다.

10. 주어진 그래프는 샤를 법칙을 나타낸다.
③ 농구공 내부의 기체의 부피가 온도가 올라가면서 증가한다.
[바로알기] ①, ②, ④, ⑤ 는 압력에 의해 기체의 부피가 변화하는 보일 법칙에 의해 나타나는 현상이다.

11. ③ [바로알기] 분자 사이의 거리는 C 의 부피가 B 의 부피보다 크므로 B < C이다.
① A 점은 기체의 부피가 0 이므로 절대 영도이다. 절대 영도는 0 K, -273 ℃이다.
② C 점은 B 점보다 273 ℃ 높으므로, B 의 부피의 2 배인 3 L이다.
④, ⑤ C가 B보다 온도가 높으므로 열에너지가 더 크고, 분자 운동도 더 빠르다.

12. 샤를 법칙은 기체에 관한 법칙이므로 〈보기〉 의 물질 중 기체 상태인 것을 찾으면 된다.
ㄷ, ㄹ : 기체　ㄱ, ㅁ, ㅂ : 액체　ㄴ : 고체

13. ④ 높은 곳의 압력이 작으므로 기체의 부피가 커진다.
①, ②, ③, ⑤ 온도에 의해 기체의 부피가 변화한다.

14. 둥근바닥 플라스크를 손으로 감싸면 손의 열이 둥근 바닥 플라스크 내부로 전달되어 온도가 올라가므로 둥근바닥 플라스크 안의 공기를 이루는 기체 분자의 운동이 활발해지면서 충돌 횟수가 증가하고, 기체의 부피가 증가한다.

15. ② 온도가 올라가면 기체 분자 사이의 거리가 멀어지면서 부피가 증가한다.
[바로알기] ① 온도가 올라가도 공기 분자의 개수는 변함없다.
③ 온도가 증가하면 부피가 증가하면서 공기 분자 사이의 거리가 멀어진다. 공기 분자 자체의 크기는 변함없으므로 공기 분자 하나하나가 차지하는 공간은 변함없다.
④ 기체 분자들은 모든 방향으로 움직이므로 온도가 올라가도 모든 방향으로 이동한다.
⑤ 온도가 높아지면 분자 운동이 활발해진다.

16. ① 온도가 일정할 때 압력과 기체의 부피는 반비례한다. A점과 B 점에서 기체의 부피가 3:2 이므로 $P_1 : P_2 = 2:3$ 이다.
③ B → C로 변하면 온도가 높아지므로 분자의 움직임이 활발해진다.
[바로알기] ② A → B로 변하면 부피가 감소하면서 분자의 충돌 횟수가 증가하여 압력이 커진다.
④ A 와 C 에서 부피가 변하지 않으므로 분자 사이의 거리는 같다.
⑤ A 와 B 는 온도가 일정하므로 압력과 기체의 부피를 곱한 값이 같지만, C 는 온도가 증가하므로 압력과 기체의 부피를 곱한 값이 A, B 점에 비하여 증가한다.

17. 왼쪽 그래프에서 같은 압력에서 T_1 일 때 기체의 부피가 T_2 에서 기체의 부피보다 작으므로 절대 온도는 $T_1 < T_2$이다.
같은 온도에서 P_1 일 때 기체의 부피가 P_2 일 때 기체의 부피보다 크므로 압력은 $P_1 < P_2$ 이다.

18. 샤를 법칙에 따라 압력이 일정할 때 기체의 부피는 절대 온도에 비례한다. 같은 압력에서 기체의 부피가 100 ml에서 300 ml로 3배 증가했다는 것은 절대 온도가 3배 증가하였다는 것을 의미한다. 따라서 이 기체의 온도는 다음과 같이 계산할 수 있다.
0 ℃ = 273 K, 3배 증가하므로 273 × 3 = 819 K, 819 K = 546 ℃

19. 1 기압에서 기체의 부피는 273 ℃ 증가할 때마다 0 ℃때 부피의 2 배가 된다.

20. 보일-샤를의 법칙을 적용한다.(T : 절대 온도)

$$V_{나중} = \frac{P_{처음}V_{처음}}{T_{처음}} \times \frac{T_{나중}}{P_{나중}}$$

$$= \frac{1 \times 273}{273} \times \frac{(273+546)}{3} = 273\ (\text{mL})$$

21. ② 일정한 압력 하에서 (가)의 부피가 (나)의 부피보다 크므로 (가)의 온도가 (나)의 온도보다 높다.
[바로알기] ① 온도가 낮아지므로 분자의 운동 속도는 감소한다.
③ 밀폐된 용기 안의 분자의 개수는 변함없다.
④ 분자 종류가 변하지 않으므로 분자의 질량은 변함없다.
⑤ 압력이 일정하므로 분자 사이, 분자와 벽면 사이의 충돌 횟수는 변함없다.

22. 압력과 온도가 일정하므로 분자의 수가 많을수록 기체의 부피가 증가하고, 분자의 수가 적을수록 기체의 부피는 감소한다. 기체의 부피는 기체의 종류와는 관계 없이 일정한 값을 가진다.

23. ④ [바로알기] A 상태에서 B 상태로 변화시키려면 압력은 일정하게 유지하고 온도를 낮춘다.
① 압력이 일정한 A와 B에서 A가 B보다 기체의 부피가 더 크므로 온도는 $T_1 > T_2$이다.
② 분자 사이의 거리가 가장 먼 것은 부피가 가장 큰 A 이다.
③ 분자의 충돌 수가 가장 많은 것은 압력이 높은 C 이다.
⑤ B 상태에서 C 상태로 변화시키려면 부피를 유지하면서 온도나 압력을 높게 한다.

24. ③ [바로알기] A → B로 되는 것은 일정한 압력에서 부피가

감소하므로 온도를 낮춘(냉각시킨) 것이다.

① A에서 압력은 1기압이고, 압력 × 부피 = 4이므로 부피는 4L 이다.
B에서 압력은 1기압이고, 압력 × 부피 = 2 이므로 부피는 2L 이다.
C에서 압력은 2기압이고, 압력 × 부피 = 4 이므로 부피는 2L 이다.
D에서 압력은 2기압이고, 압력 × 부피 = 2 이므로 부피는 1L 이다.
따라서 부피가 가장 큰 것은 4 L인 A 이다.

② B와 C에서 기체의 부피는 2 L로 같다.

④ C → D로 변화되면 부피가 감소하므로 분자 사이의 거리는 가까워진다.

⑤ A → D로 변하려면 압력을 높히거나 온도를 낮게 하여 압력을 2배, 부피를 $\frac{1}{4}$ 배로 감소시켜야 한다.

25. ㄱ. [바로알기] A와 B는 분자의 개수와 부피가 같은데, 압력이 B가 더 크다. PV ∝ T 이므로 B가 A보다 온도가 높다.
ㄴ. A와 C에서 압력과 부피를 곱한 값이 같으므로 온도가 같다. 온도가 같으므로 분자 운동 속도는 같다.
ㄷ. [바로알기] B와 C는 분자의 개수가 같은데 부피가 다르므로 분자 사이의 거리는 B가 C보다 멀다.

26. 답 둥근바닥플라스크를 손으로 감싸면 손의 열이 둥근바닥 플라스크 내부의 온도를 높이고, 기체 분자의 운동이 활발해지면서 기체의 압력과 부피가 증가한다. 기체의 부피가 증가하면서 잉크 방울을 바깥으로 밀어낸다.

27. 답 48 L

해설

$$V_t = V_0(1 + \frac{t}{273})$$

$$V_{91} = 36(1 + \frac{91}{273}) = 36 \times \frac{4}{3} = 48\ (L)$$

28. 답 20,000 L

해설

$$V_{나중} = \frac{P_{처음}V_{처음}}{T_{처음}} \times \frac{T_{나중}}{P_{나중}} = \frac{1 \times 10000}{273 + 27} \times \frac{273+(-33)}{0.4}$$

$$= 20,000\ (L)$$

29. 답 203.8 ℃

해설

$$\frac{P_{처음}V_{처음}}{T_{처음}} = \frac{P_{나중}V_{나중}}{T_{나중}}$$

부피를 20 % 감소시켰으므로, 나중 수소의 부피($V_{나중}$) = 0.8 × $V_{처음}$
압력을 2 배로 하였으므로, 나중 수소의 압력($P_{나중}$) = 2 × $P_{처음}$
따라서

$$\frac{P_{처음}V_{처음}}{298} = \frac{0.8\ V_{처음} \times 2\ P_{처음}}{T_{나중}}$$

$$T_{나중} = \frac{1.6 \times 298 \times P_{처음}V_{처음}}{P_{처음}V_{처음}} = 476.8\ K\quad = 203.8\ ℃$$

30. 답 10 cm

해설 압력은 대기압으로 일정하다. 플라스크가 1 L이고 풍선이 1,031 mL가 되었으므로, 내부 부피 $V_{처음}$= 2,031 mL이다.

$$\frac{V_{처음}}{T_{처음}} = \frac{V_{나중}}{T_{나중}}$$

$$\frac{2031}{(127 + 273)} = \frac{V_{나중}}{(27 + 273)} \quad \therefore V_{나중} = 1523.25\ (mL)$$

$V_{나중}$가 1523.25 이므로, 풍선만의 부피는 $V_{나중}$에서 플라스크의 부피를 뺀 523.25 mL = 523.25 cm^3이다.
구의 부피는

$$\frac{4\pi r^3}{3}\ (r = 구의\ 반지름의\ 길이,\ \pi ≒ 3.14) = 523.25$$

$\therefore r^3 = 124.98 ≒ 125,\ r = 5$ cm
그러므로 풍선의 지름은 약 10 cm이다.

31. 답 (II)

피펫에 조금 남아 있는 물기는 피펫을 손으로 감싸면 피펫 안의 공기 부피가 증가하여 물방울을 밀어내므로 물기를 뺄 수 있다.

해설 대기압(P)이 일정한 상태에서 피펫 안의 공기의 부피와 절대 온도는 비례한다($\frac{V}{T}$ = 일정). 피펫을 손으로 감싸면 손의 열이 피펫 안의 공기의 온도를 높이고, 온도가 높아진 공기의 부피가 팽창하면서 물방울을 밖으로 밀어낸다. 따라서 관련된 그래프는 온도와 기체의 부피와의 관계를 나타낸 그림(II)이다.

32. 답 $\frac{PV}{T}$ 값이 서로 같으므로 분자의 개수가 변함없다.

해설 같은 기체에 있어 $\frac{PV}{T}$ 값이 같으면 분자의 개수가 같다.

분자의 개수가 늘어나면 $\frac{PV}{T}$ 값이 증가한다.

두 경우에 $\frac{PV}{T}$ 값을 비교하면 (0℃ = 273K, 546℃ = 819K)

0℃, 1기압, 부피 100ml → $\frac{P_1V_1}{T_1} = \frac{1\text{x}100}{273}$ (단위 생략)

546℃, 2기압, 부피 150ml → $\frac{P_2V_2}{T_2} = \frac{2\text{x}150}{819} = \frac{100}{273}$ (단위 생략)

같은 기체에서 $\frac{PV}{T} = \frac{100}{273}$ 으로 값이 서로 같다. 따라서 분자의 개수는 변함이 없다는 것을 알 수 있다.

7강. Project 2

서술 118~119쪽

Q1. 열기구 안에 있는 공기에 열을 가하면 공기 분자의 활동이 활발해지고 밀도가 작아져 공기 무게가 가벼워진다. 이렇게 열기구 안팎의 밀도가 차이나게 되어 발생하는 부력으로 열기구가 하늘에 떠서 날 수 있는 것이다.

Q2. 수소는 스스로 타는 성질이 있기 때문에 폭발의 위험이 있다. 그래서 수소 다음으로 가볍고 안정된 기체인 헬륨을 사용한다.

탐구 1 - 물과 에탄올의 증발 120쪽

1. 물을 떨어뜨린 접시 쪽으로 기울어진다. 이는 에탄올 분자 사이의 인력이 물 분자 사이의 인력보다 작아서 에탄올이 물보다 빨리 증발하기 때문이다.

2. 시간이 지나면 물도 모두 증발하기 때문에 결국에는 수평이 된다.

탐구 문제 120~121쪽

1. ②, ④

2. 알코올은 매우 빠르게 증발한다. 피부에 알코올을 문질렀을 때 시원함을 느끼는 것은 알코올이 증발하면서 우리 몸의 열을 빼앗기 때문이다.

3. 에탄올 분자 사이의 인력이 물 분자 사이의 인력보다 작기 때문에 에탄올의 끓는점이 더 낮다.

4. 미지근한 물. 뜨거운 물로 세차를 하는 경우에는 미지근한 물보다 더 많은 양의 기화열을 흡수하면서 증발하기 때문에 겨울에 차가 더 빨리 얼게 된다.

5. 뿌리 주변에 돌을 올려놓으면 지면에서 증발한 수증기가 밤에 돌의 차가운 표면에 다시 응결하게 되어 지면으로 떨어지게 되어 건조해지지 않는다.

해설 **1.** ① 습도가 높으면 증발은 일어나기가 어렵다.
③ 증발은 개방된 공간에서 잘 일어난다.
⑤ 액체의 표면적이 넓어야 증발이 잘 일어난다.
②, ④ 주위의 온도가 높고 분자의 인력이 약할수록 증발은 쉽게 일어난다.

3. 물의 끓는점은 100 ℃이고 에탄올은 78 ℃이다. 이것은 물 분자간의 인력이 더 강하기 때문이다. 이 실험에서 저울의 움직임을 보면 에탄올의 증발이 더 빠르다는 것을 알 수 있다. 이것은 에탄올이 분자간 인력이 물보다 약해서 증발이 더 빨리 일어나기 때문이다.

탐구 2 - 암모니아와 진한 염산의 확산 122쪽

1. 진한 염산쪽으로 흰 연기가 생긴다.

2. pH시험지에 푸른색이 점점 퍼진다.

3. 암모니아가 더 빠르게 확산된다. 암모니아의 분자량이 염산보다 작기 때문에 더 빠르게 확산된다.

해설 **1.** 진한 염산을 묻힌 솜 쪽으로 흰 연기가 생긴다. 염산의 분자량이 암모니아의 분자량보다 크기 때문이다.

2. 암모니아는 염기성이고, 리트머스 종이의 색를 푸르게 변화시킨다. 암모니아가 염산보다 더 빠르게 확산 운동하여 리트머스 종이의 암모니아를 넣은 쪽 부분이 푸른색을 나타내고, 시간이 흐를수록 pH 시험지가 전체적으로 푸른색을 띠게 된다.

탐구 문제 122~123쪽

1. 높고, 작고, 약하고

2. ③

3. (1) 증가한다.
(2) 진한 염산쪽으로 가깝게 생긴다. 흰 연기가 생기는 위치는 온도를 증가시켜도 변하지 않는다.

4. ③, ④, ⑤

해설 **2.** 기체의 확산 속도는 온도가 높고, 질량이 작고, 분자간 인력이 작고, 진공일수록 빠르다. 암모니아 분자가 염산 분자보다 더 가볍기 때문에 염산을 묻힌 솜 쪽에 흰 연기가 생기며, 유리관 속의 공기를 없애면 진공 상태가 되므로 확산 속도가 더 빨라져 공기가 있을 때보다 흰 연기가 빨리 생긴다.

3. 운동 에너지는 절대 온도에 비례하므로, 온도가 높아지면 운동 에너지가 증가한다. 따라서 흰 연기의 띠가 생기는 속도는 빨라진다. 하지만 두 물질 모두 빨라지므로, 결국 흰 연기의 띠가 생기는 위치는 변화가 없다.

4. ① 소리가 울리는 현상은 파동에 의한 현상이고, ② 물이 아래로 떨어지는 것은 중력에 의해 나타나는 현상이다.

Ⅲ 물질의 특성

8강. 물질의 특성 I

개념 확인 126~129쪽

1. (1) O (2) O (3) X **2.** (1) O (2) X (3) X
3. (1) X (2) O (3) O **4.** 아래로 가라앉는다.

1. (3) [바로알기] 겉보기 성질은 다른 물질과 구별되는 그 물질만이 가지는 고유한 성질이므로 물질의 특성에 속한다. 그러나 사람의 감각이 상대적이고 부정확하므로 겉보기 성질만으로는 물질을 정확하게 구별하기 힘들다.

2. (2) [바로알기] 질량은 물체가 가진 고유한 양이지만 물질의 양이 증가하면 함께 증가하는 양이므로 물질의 특성이 아니다.
(3) [바로알기] 물에 넣어 부피를 측정할 수 없는 고체의 경우 물에 넣어 측정하면 안 된다. 물과 격렬하게 반응하거나 물에 잘 녹는 고체는 물 대신 석유나 에탄올 등을 사용해야 한다.

3. (1) [바로알기] 밀도는 질량을 부피로 나눈 값이다.
(3) 질량이 일정하면 부피가 커질수록 밀도는 감소한다.

확인+

1. ⑤ **2.** ⑤ **3.** ③ **4.** ②

1. 물질의 특성에 속하는 물질의 성질은 끓는점, 녹는점, 어는점, 밀도, 용해도, 겉보기 성질이다. 질량은 물질의 특성이 될 수 없다.

2. ⑤ 모양이 불규칙한 고체는 고체를 녹이지 않는 액체에 넣어 증가한 액체의 부피를 재서 측정한다.
[바로알기] ① 질량의 단위로는 mg, g, kg, t 등이 있다. cc 는 부피의 단위이다.
② 질량은 장소에 관계없이 일정한 물체의 고유한 양이다.
③ 액체의 부피는 부피 플라스크, 눈금실린더, 피펫, 스포이트 등을 이용하여 측정한다.
④ 부피는 온도와 압력에 따라 변할 수 있으므로 장소와 관계 있다.

3. 밀도는 질량을 부피로 나눈 값이다. 따라서 이 물질의 밀도는 10 g ÷ 5 mL = 2 g/mL이다.

4. ② [바로알기] 탄산 음료의 뚜껑을 열면 거품이 발생하는 것은 기체의 용해도 감소에 의한 현상이다.
④ 이산화 탄소는 공기보다 무거우므로 불이 난 곳에 이산화 탄소를 분사하면 가라앉아 산소 공급을 차단하므로 불을 끌 수 있다.

생각해보기 126~129쪽

★ 사람의 5 가지 감각은 미각, 후각, 청각, 시각, 촉각이 있다. 이 5감으로 색, 맛, 굳기, 촉감, 냄새, 모양, 광택 등의 겉보기 성질을 구별할 수 있다.

★★ oz(온즈), 말, 되, 홉 등이 있다.
1 oz ≒ 30 mL, 100 홉 = 10 되 = 1 말 = 18,039 mL

★★★ 밀도는 물질의 특성이므로 물질의 양에 관계없이 일정하다. 따라서 물질을 반으로 쪼개도 부피가 줄어든만큼 질량도 줄어들므로 밀도는 변함없다.

★★★★ 배를 이루는 철의 밀도는 물보다 크지만 배 전체의 밀도는 물보다 작다. 그 이유는 배가 물에 뜰 수 있도록 배의 많은 부분을 빈 공간으로 만들기 때문에 배의 밀도가 물의 밀도보다 작아져 배가 물 위에 뜰 수 있다.

개념 다지기 130~131쪽

01. ② **02.** ③ **03.** ③
04. ⑤ **05.** 2 **06.** ⑤

01. 물질의 특성이 될 수 있는 것은 겉보기 성질, 밀도, 용해도이다.

02. ㄱ. 물질이 차지하는 공간의 크기인 물질의 부피를 측정하는 방법이다.
ㄴ. [바로알기] 부피의 값은 더할 수 있기 때문에 물질의 특성이 될 수 없다. 물질의 특성은 물질의 양에 관계없이 일정하다.
ㄷ. 부피는 물질의 양에 따라 측정값이 변한다.

03. 밀도는 질량을 부피로 나눈 값이다.
그래프에서 한 칸의 크기를 1로 생각한다면
A 의 밀도는 5 ÷ 1 = 5, B 의 밀도는 5 ÷ 5 = 1, C 의 밀도는 3 ÷ 3 = 1, D 의 밀도는 2 ÷ 1 = 2, E 의 밀도는 2 ÷ 5 = 0.4 이다.
따라서 밀도 순서는 A ＞ D ＞ B = C ＞ E 이다.

04. 밀도가 작은 물질은 밀도가 큰 물질 위로 뜬다. 따라서 밀도의 크기는 C ＞ B ＞ A 이다.

05. 금속을 물에 넣었을 때, 늘어난 눈금실린더의 눈금이 5 mL 이므로 금속의 부피는 5 mL이다. 따라서 밀도는 10 g ÷ 5 mL = 2 g/mL이다.

06. ⑤ [바로알기] 더운 여름철에는 수온이 높아져 기체의 용해도가 감소하므로 물고기들이 호흡하기 위해 수면 가까이로 올라온다.
① 헬륨이 공기보다 밀도가 작으므로 하늘로 떠오른다.
② 구명 조끼는 물보다 밀도가 작으므로 물 위로 뜬다.
③ 난로에서 나온 따뜻한 공기는 찬 공기보다 밀도가 작으므로 위쪽으로 올라가려고 한다. 따라서 아래쪽에 설치해야 방 전체로 따뜻한 공기가 돌 수 있다. 또한 에어컨을 위쪽에 설치해야 밀도가 큰 찬 공기가 아래쪽으로 내려오기 때문에 방 전체에 찬 공기가 돌 수 있다.

④ 잠수부가 내뿜는 공기 방울은 물보다 밀도가 작으므로 위쪽으로 올라간다.

유형 익히기 & 하브루타 132~135쪽

[유형 8-1] ②	01. ③	02. ④
[유형 8-2] ④	03. ②	04. ①
[유형 8-3] ①	05. ③	06. ②
[유형 8-4] ④	07. ④	08. ④

[유형 8-1] ㉠ 설탕과 소금은 맛으로 구별할 수 있다.
㉡ 금강석과 석고는 굳기로 구별할 수 있다. 금강석은 단단하고, 석고는 무르다.
㉢ 석영과 염화 나트륨은 결정 모양으로 구별할 수 있다. 석영의 결정 모양은 육각 기둥이고, 염화 나트륨의 결정 모양은 정육면체이다.
㉣ 물과 에탄올은 냄새로 구별할 수 있다.

01. 물질을 구별하는 특성이 물질의 특성이다. 농도, 온도, 부피는 물질의 특성이 될 수 없다.

02. 답 ④
해설 ④ [바로알기] 윗접시 저울과 용수철 저울은 질량을 측정하는 도구이므로 물질을 구별할 수 없다.
①, ⑤ 부피와 질량은 물질의 양에 따라 달라지는 값이므로 물질의 특성이 아니다.
② 유리와 금강석은 굳기로 구별할 수 있다. 금강석이 유리보다 훨씬 단단하다.
③ 황은 노란색이고 황산 구리는 파란색으로 색이 다르므로 색깔로 구별할 수 있다.

[유형 8-2] ④ [바로알기] 각설탕은 물에 녹는 고체이므로 물 대신 석유나 에탄올 등을 사용해서 부피를 측정해야 한다.
① (가)에서 눈금실린더를 보면 물의 높이가 50 mL를 가리키고 있으므로 물의 부피는 50.0 mL이다.
② 눈금실린더는 평평한 곳에 놓아야 한다.
③ 액체의 부피를 읽을 때는 눈의 높이가 액체의 오목한 밑부분과 수평이 되도록 한다.
⑤ 고체를 액체에 넣었을 때 증가한 액체의 부피만큼이 고체의 부피이다.

03. ② [바로알기] 윗접시 저울과 양팔 저울은 질량을 측정하는 기구이다.

04. ① 분동은 무거운 것부터 올려서 물체의 질량을 측정한다.

[유형 8-3] 밀도는 질량을 부피로 나눈 값이다.
그래프에서 한 칸의 크기가 2 이므로, 각각의 밀도는 다음과 같다.
A : $6 \div 2 = 3$ (g/mL), B : $8 \div 4 = 2$ (g/mL), C : $12 \div 4 = 3$ (g/mL)
D : $10 \div 6 \fallingdotseq 1.67$ (g/mL), E : $8 \div 8 = 1$ (g/mL)
ㄱ. A와 C의 밀도는 3 (g/mL)으로 같은 물질이라고 할 수 있다.
ㄴ. [바로알기] 밀도가 가장 큰 물질은 A와 C이다.
ㄷ. [바로알기] 부피와 밀도가 서로 같은 A와 C의 질량은 같다.

05. 금속 물질의 밀도는 210.0 g ÷ 20 cm^3 = 10.5 g/cm^3이므로 이 금속 물질은 은이다.

06. ② 기체의 온도가 올라가면 기체 분자의 운동이 더욱 활발해져서 부피가 크게 증가하므로 기체의 밀도는 감소한다.
[바로알기] ① 밀도는 물질의 상태에 따라 달라진다. 예를 들어 물의 밀도는 1 g/cm^3이고, 얼음의 밀도는 0.92 g/cm^3이다.
③ 밀도의 단위로는 g/mL, g/cm^3, kg/m^3 등이 있다. cc 는 부피의 단위이다.
④ 같은 종류의 물질이면 물질의 양(크기)이 달라도 밀도는 같다.
⑤ 기체의 밀도 역시 다른 물질과 구별되는 그 물질만이 가지는 고유한 성질이므로 물질의 특성이다. 다만, 기체의 밀도는 온도와 압력의 영향을 크게 받으므로 기체의 밀도를 나타낼 때에는 온도와 압력을 함께 표시한다.

[유형 8-4] 질량이 36 g이고, 부피가 15 mL인 액체의 밀도는 2.4 g/mL이다. 따라서 밀도를 비교하면 A 〈 B 〈 액체 〈 C 순이다. 따라서 액체는 B 와 C 사이에 위치하게 된다.

07. ④ [바로알기] 열기구 내부 공기를 가열하면 공기가 팽창하면서 밀도가 작아지므로 열기구가 하늘로 떠오를 수 있다.
① 잠수부는 물에 쉽게 가라앉기 위해 물보다 밀도가 큰 납덩어리를 찬다.
② 작은 얼음이나 큰 빙산이나 모두 물보다 밀도가 작다.
③ 헬륨은 공기보다 밀도가 작고, 입으로 불면 이산화 탄소가 섞여서 나오므로 공기보다 밀도가 커진다.
⑤ 이산화 탄소는 공기보다 무거워 가라앉아 산소 공급을 차단하므로 불을 끌 수 있다.

08. 밀도가 클수록 아래로 가라앉으므로 밀도는 고체 A 〈 액체 B 〈 물 〈 고체 C 〈 액체 D 순이다.
ㄱ. [바로알기] 고체 A는 물보다 밀도가 작고, 고체 C는 물보다 밀도가 크다.
ㄴ. 액체 B는 물보다 밀도가 작다. ㄷ. 액체 D의 밀도가 가장 크다.

창의력 & 토론마당 136~139쪽

01 (1) 물은 물을 구성하고 있는 입자 사이의 힘인 응집력보다 물과 유리관 사이의 힘인 부착력이 더 강하다. 수은은 수은을 구성하고 있는 입자 사이의 힘인 응집력이 수은과 유리관 사이의 힘인 부착력보다 강하게 작용한다.
(2) 종이나 천에 물이 스며든다. 식물의 뿌리에서 흡수된 물이 식물체 전체에 퍼진다. 걸레나 수건, 휴지 등은 물을 잘 빨아들이므로 물을 닦을 수 있다. 등

해설 (1) 물에 모세관을 담글 경우 모세관의 반지름이 작을수록 액면이 더 많이 올라가고, 수은에 모세관을 담글 경우 모세관의 반지름이 작을수록 액면이 더 많이 내려간다.

02 (1) LNG 〉 공기 〉 LPG

(2) LNG 는 공기보다 밀도가 작기 때문에 LNG 누출 경보기는 천장에 가깝게 설치한다. LPG 는 공기보다 밀도가 크기 때문에 LPG 누출 경보기는 바닥에 가깝게 설치한다.

해설 (1) 같은 질량이 있는 경우, 밀도가 작을수록 부피가 크다. 따라서 밀도가 가장 작은 LNG 의 부피가 가장 크고, 그 다음으로 공기, 그리고 LPG 의 부피가 가장 작다.

03 여름철의 수온이 겨울철보다 높으므로 여름철의 물의 부피가 증가하여 밀도가 더 작다. 따라서 여름철보다 겨울철에 사용하는 봉돌의 무게가 더 무거워야 여름철과 겨울철에 찌의 균형을 같게 맞출 수 있다.

04 (1) 소금물 B의 농도가 작기 때문이다. 따라서 소금물 A에 소금물 B를 섞었을 때, 전체 소금물의 농도가 작아져서 계란이 아래로 가라앉았다.

(2) ① 물을 증발시킨다 ② 농도가 더 진한 소금물을 넣는다 ③ 달걀이 뜰 때까지 소금을 넣는다. 등

해설 (1) 소금물 A에 소금물 B를 섞었을 때, 달걀이 가라앉는 것을 통해 소금물의 농도가 작아졌다는 것을알 수 있다. 따라서 소금물 B의 농도는 소금물 A보다 훨씬 작을 것이다.
(2) 소금물의 농도가 더 진해져야 소금물의 밀도도 커지므로 달걀이 소금물 위로 떠오를 수 있다.

스스로 실력 높이기 140~145쪽

01. ㉠, ㉡, ㉢, ㉥, ㉧		02. (1) O (2) X	
03. (1) O (2) X		04. B	
05. (1) O (2) X		06. ㉠ 질량 ㉡ 무게	
07. 1	08. 4	09. 40	10. C
11. ⑤	12. ③, ⑤	13. ③	14. ⑤
15. ⑤	16. ②	17. ④	18. ①
19. ③	20. ①	21. ⑤	22. ②
23. ④	24. ②	25. ②	
26.~ 32. 〈해설 참조〉			

02. (2) [바로알기] 끓는점, 밀도는 물질의 특성에 속하지만 질량은 물질의 특성이 아니다.

03. (2) [바로알기] mg, g, kg, t(톤)은 질량의 단위이다. 부피의 단위는 cm^3, m^3, mL, L, cc 등이다.

05. (2) [바로알기] 질량은 물질의 양에 따라 변하는 값이므로 물질의 특성이 아니다.

06. 질량은 물질의 고유한 양이며, 무게는 지구가 물체를 잡아당기는 힘의 크기이다. 지구의 반지름은 일정하지 않으므로 장소에 따라 무게는 달라진다.

07. 물의 부피가 10.0 mL 증가했으므로 금속의 부피는 10.0 mL이다. 따라서 금속의 밀도는 10 g ÷ 10.0 mL = 1 g/mL이다.

08. 밀도는 질량 ÷ 부피이므로 8 g ÷ 2 mL = 4 g/mL 이다.

09. 밀도가 4 g/mL 인 물질이므로, 부피가 10 mL라면 질량은 4 g/mL × 10 mL = 40 g이다.

10. 밀도가 큰 물질일수록 아래쪽으로 가라앉는다.

11. ⑤ [바로알기] 겉보기 성질도 다른 물질과 구별되는 그 물질만이 가지는 고유한 성질이고, 물질의 양에 관계없이 일정하므로 물질의 특성에 속한다.

12. ③ 부피는 물질이 차지하고 있는 공간의 크기이다.
⑤ 물에 뜨는 코르크와 같은 고체 물질은 가는 철사로 고체를 눌러 물 속에 넣고 늘어난 물의 부피를 측정한다.
[바로알기] ① 부피는 물질의 양에 따라 변하는 것이므로 물질의 특성이 아니다.
② 양팔 저울은 질량을 측정하는 기구이다.
④ 소금의 부피를 측정할 때 물에 소금을 넣으면 소금은 물에 녹으므로 부피를 측정할 수 없다. 따라서 소금을 녹이지 않는 석유나 에탄올 등의 액체를 이용해서 부피를 측정해야 한다.

13. ㄱ. [바로알기] 질량은 물질의 양에 따라 변하는 값이므로 물질의 특성이 될 수 없다.
ㄴ. [바로알기] 질량은 측정 장소에 관계없이 일정한 물체의 고유한 양이다.
ㄷ. 질량의 단위로는 g, mg, kg, t 등이 있다.

14. ㄱ. 윗접시 저울은 반드시 수평을 맞추고 물체의 질량을 측정해야 한다.
ㄴ. [바로알기] 접시에 분동을 올릴 때는 질량이 큰 것부터 올린다.
ㄷ. 질량을 측정하려는 물체와 분동이 균형을 이루면 접시에 올려진 분동의 질량을 모두 합해서 물체의 질량을 구한다.

15. ⑤ [바로알기] 물에 녹차 잎을 담가 놓으면 녹차 성분이 우러나오는 것은 밀도를 이용한 것이 아닌 용해도를 이용한 추출이다.
① 헬륨은 공기보다 밀도가 작아서 헬륨 풍선이 위로 뜬다.
② 구명 조끼는 물보다 밀도가 작아서 조끼를 입으면 물 위에 뜬다.
③ 난로에 의해 공기가 더워지면 부피가 증가해 밀도가 작아지므로 위로 올라가므로 난로는 아래쪽에, 공기가 차가워져 가라앉는 에어컨은 위쪽에 설치해야 한다.
④ LPG 는 공기보다 밀도가 커서 가라앉으므로 누출 경보기를 바닥쪽에 설치해야 한다.

16. ㄱ. 쇠구슬과 스타이로폼이 균형을 이루었으므로 질량은 같다.
ㄴ. 밀도가 더 작은 스타이로폼의 부피가 쇠구슬의 부피보다 크다.
ㄷ. [바로알기] 두 물체의 질량이 같고, 부피는 스타이로폼이 더 크므로 밀도는 쇠구슬이 더 크다.

17. 답 ④
해설 밀도는 코르크 마개 < 식용유 < 물 < 포도알 < 글리세린 < 동전 < 수은 순서이다.
④ 동전이 코르크 마개 밑에 있으므로 동전의 밀도가 더 크다.
[바로알기] ① 수은의 밀도가 가장 크다.
② 식용유의 밀도는 물보다 작으므로 1 g/mL보다 작다.
③ 코르크 마개와 물과 같이 밀도 비교가 가능하다.
⑤ 식용유의 양을 2배로 늘려도 밀도가 달라지지는 않는다.

18. 부피가 10 cm^3이고, 질량이 27 g이므로 밀도는 2.7 g/cm^3이다. 따라서 이 물질은 알루미늄이다.

19. 밀도가 공기보다 작은 것을 이용하는 경우 : ① 열기구, ④ 애드벌룬, ⑤ 헬륨 풍선
밀도가 공기보다 큰 것을 이용하는 경우 : ③ 이산화 탄소 소화기
밀도가 물보다 큰 것을 이용하는 경우 : ② 잠수함

20. LNG 는 공기보다 밀도가 작기 때문에 LNG 누출 경보기는 ㉠ 천장에 가깝게 설치한다. LPG 는 공기보다 밀도가 크기 때문에 LPG 누출 경보기는 ㉡ 바닥에 가깝게 설치한다.

21. 밀도는 질량을 부피로 나눈 값이다. 그래프에서 한 칸의 크기가 2 이므로, 각각의 밀도는 다음과 같다.
A : 6 ÷ 2 = 3 (g/mL), B : 10 ÷ 4 = 2.5 (g/mL), C : 4 ÷ 4 = 1 (g/mL)
D : 6 ÷ 6 ≒ 1 (g/mL), E : 4 ÷ 10 = 0.4 (g/mL)

22. ② 액체 A의 밀도가 가장 크므로 액체를 모두 섞으면 액체 A가 가장 아래에 위치한다.
[바로알기] ① 액체 B와 액체 C는 밀도가 다르므로 다른 물질이다.
③ 액체 E보다 액체 B의 밀도가 더 크므로 액체 B가 액체 E 아래에 위치한다.
④ 액체의 질량이 모두 동일하다면 밀도가 가장 작은 액체 E의 부피가 가장 크다.
⑤ 액체의 부피가 모두 동일하다면 밀도가 가장 큰 액체 A의 질량이 가장 크다.

23. 밀도는 $\frac{질량}{부피}$ 이므로 같은 질량의 부피가 클수록 밀도가 작다.
④ [바로알기] 물과 얼음은 분자의 종류는 같지만, 분자의 배열이 달라 밀도가 다르게 나타난다.
① 물의 밀도가 4 ℃에서 가장 크므로 물의 부피는 4 ℃에서 가장 작다.
② 0 ℃에서 물은 얼음이 될 때 밀도가 크게 감소하므로 부피가 증가한다는 것을 알 수 있다.
③ 4 ℃ 물이 0 ℃ 얼음보다 밀도가 크므로 4 ℃ 물이 0 ℃ 얼음 아래로 가라앉는다.
⑤ 물의 밀도는 온도에 따라 다르므로 밀도를 표시할 때는 온도를 함께 써주어야 한다.

24. 액체의 질량은 130 g - 110 g = 20 g이다. 액체의 부피는 20 mL이므로 액체의 밀도는 20 g ÷ 20 mL = 1 g/mL = 1 g/cm^3이다.

25. ㄱ. [바로알기] (가)와 (나)의 질량이 같고, (나)의 부피가 (가)의 부피보다 2 배 크므로 (가)의 밀도는 (나)의 2배이다.
ㄴ. [바로알기] (가)의 밀도가 (나)보다 더 크기 때문에 부피가 같다면 (가)의 질량이 더 크다.
ㄷ. 두 액체를 하나의 비커에 넣으면 두 액체는 섞이지 않고, 밀도가 더 큰 (가)가 (나) 아래에 위치할 것이다.

26. 답 사람의 감각은 상대적이고 부정확할 수 있다. 따라서 겉보기 성질만으로는 물질을 정확하게 구별하기 힘들다.

27. 답 ㅁ, 기체는 온도가 증가하면 밀도가 크게 감소하고, 압력이 증가하면 밀도가 크게 증가하기 때문이다.
해설 밀도를 나타낼 때 반드시 온도와 압력을 함께 표시해야 하는 물질은 기체인 이산화 탄소이다. 기체는 온도와 압력의 변화에 따라 밀도가 달라진다.

28. 답 물에서 얼음으로 응고될 때 분자들 사이에 수소 결합이 강해지므로 분자들은 육각 구조로 배열된다. 그로 인해 분자 사이에 빈 공간이 많이 생기게 되어 질량은 일정하지만 부피가 증가한다. 따라서 밀도가 작아진다.

29. 답 20 g
해설 콩의 부피는 233 - 200 = 33 (mL)이므로, 콩의 밀도는 40 ÷ 33 ≒ 1.2 (g/mL)이다. 좁쌀의 부피는 261 - 233 = 28 (mL)이므로, 좁쌀의 밀도는 30 ÷ 28 ≒ 1.1 (g/mL)이다. 콩은 뜨지 않고 좁쌀만 물에 뜨게 하려면 물의 밀도가 좁쌀의 밀도인 1.1 (g/cm^3)가 되어야 한다. 물에 소금을 녹일 때 부피는 변하지 않는다고 했으므로 물의 질량을 늘리면 물의 밀도가 증가한다. 물의 부피가 200 mL인데 밀도가 1.1 (g/cm^3)이 되려면 물의 질량은 (질량 = 부피 × 밀도) 220 g이 되어야 한다. 따라서 소금을 최소한 20g을 녹여 주어야 한다.

30. 답 구리의 밀도가 8.9 g/cm^3이므로 89 g의 구리선이 되기 위해서는 부피가 10 cm^3(89 g ÷ 8.9 g/cm^3 = 10 cm^3)이어야 한다. 따라서 단면적이 0.02 cm^2인 구리선을 500 cm(10 cm^3 ÷ 0.02 cm^2 = 500 cm) 잘라야 한다.

31. 답 흘러넘친 물의 양은 넣어 준 물체의 부피와 같다. 따라서 왕관이 순금보다 밀도가 작은 것을 알 수 있다. 밀도는 물질의 특성이므로 이 결과는 왕관에는 순금보다 밀도가 작은 금속이 섞여 있다는 것을 뜻한다.

32. 답 같은 부피의 0 ℃ 물과 8 ℃ 물을 섞으면 물의 온도가 4 ℃ 정도가 된다. 4 ℃일 때 물의 밀도가 0 ℃ 와 8 ℃ 의 물보다 크므로 부피는 작아진다.

9강. 물질의 특성 II

개념 확인 146~149쪽

1. 끓는점	2. 액체
3. 낮아, 낮아	4. 동적 평형

확인+ 146~149쪽

1. ④	2. ④
3. ⑤	4. ④

1. ④ [바로알기] 어는점은 액체 물질이 어는 동안 일정하게 유지되는 온도이다.
① 끓는점에서는 액체와 기체가 모두 존재한다.
② 같은 종류의 물질의 녹는점과 어는점은 같은 온도이다.
③ 물질의 종류에 따라 녹는점과 끓는점이 다르므로 물질의 특성이 된다.
⑤ 녹는점, 어는점, 끓는점은 물질의 양과 관계없이 일정하다.

2. ④ [바로알기] 물질 B의 양을 더 늘려도 끓는점은 변함없다.
① 물질 A 와 B 의 끓는점이 다르므로 다른 물질이다.
② 끓는점이 높을수록 분자 사이 인력이 더 강하다. 따라서 물질 A의 분자 사이 인력이 B 보다 세다.
③ 물질 B가 A보다 끓는점이 낮으므로 A보다 낮은 온도에서 액체에서 기체로 상태 변화한다.
⑤ 물질 B의 끓는점 이상의 온도에서 물질 B는 기체 상태로 존재한다.

3. ⑤ 액체가 끓기 위해서는 액체의 분자 운동이 활발하여 증기압이 대기압과 같아져야 한다.
[바로알기] ① 외부 압력이 낮아지면 액체의 끓는점이 낮아진다.
② 고도가 높아질수록 기압이 작아지므로 끓는점이 낮아진다.
③ 압력솥으로 밥을 지을 때 쌀이 빨리 익는 이유는 물의 끓는점이 높아졌기 때문이다.
④ 높은 산에서 밥을 지을 때 쌀이 설익는 이유는 물의 끓는점이 낮아졌기 때문이다.

4. ④ 외부 압력과 증기압이 같은 온도가 끓는점이다.
[바로알기] ① 물의 양과 관계없이 끓는점은 일정하다.
② 물에 소금을 넣어주면 혼합물이 되어 끓는점이 증가한다.
③ 물에 끓임쪽을 넣어 주는 것은 물이 급격히 끓어 넘치는 것을 방지하기 위해서이다.
④ 외부 압력이 낮아지면 끓는점이 낮아진다.
⑤ 불꽃의 세기를 더 세게 해주면 끓는점까지 도달하는 시간은 단축되지만 끓는점이 낮아지는 것은 아니다.

생각해보기 146~149쪽

★ 액화점이라고 한다. 그러나 액화점은 끓는점과 같은 온도이므로 보통 끓는점으로 통일해서 사용한다.
★★ 소금(용질) 분자가 물 분자가 기화하는 것을 방해하여 증기 압력을 낮추기 때문이다.
★★★ 우주는 진공 상태(0기압)이므로 물의 끓는점은 매우 낮아져서 액체 상태로 존재하지 못하고 바로 기화된다.

개념 다지기 150~151쪽

01. 기체	02. ④	03. ①
04. ⑤	05. ①	06. ④

01. 이 물질의 녹는점 〈 이 물질의 끓는점 〈 상온이므로 이 물질은 상온에서 기체 상태로 존재한다.

02. ④ [바로알기] A가 가장 먼저 끓기 시작한다.
① A와 C의 끓는점이 같으므로 같은 물질이다.
② A와 B의 끓는점이 다르므로 다른 물질이다.
③ A가 끓기까지 걸린 시간보다 C가 끓기까지 걸린 시간이 더 길기 때문에 C의 질량이 A보다 더 크다는 것을 알 수 있다.
⑤ 분자 사이의 인력이 가장 약한 물질은 끓는점이 가장 낮은 D이다.

03. 상온에서 액체 상태로 존재하기 위해서는 녹는점이 상온보다 낮고, 끓는점이 상온보다 높아야 한다. 따라서 상온에서 액체 상태인 물질은 A와 B이다. C는 상온에서 고체, D는 상온에서 기체, E는 상온에서 고체 상태로 존재한다.

04. 끓는점을 변화시킬 수 있는 요인은 압력이다.

05. ① [바로알기] 소방관이 입는 소방복은 뜨거운 온도에서도 녹지 않아야 하므로 녹는점이 높아야 한다.
② 전류를 차단하는 퓨즈는 녹는점이 낮아야 과전류에 의해 온도가 증가했을때, 전류를 차단할 수 있다.
③ 땜납의 녹는점이 낮아야 납땜을 쉽게 할 수 있다.
④ 화재 경보기의 녹는점이 낮아야 조금만 뜨거워져도 그 온도를 감지해서 경보기가 작동될 수 있다.
⑤ 다른 물질로 재활용을 하기 위해서는 페트병이 잘 녹아야 한다.

06. 녹는점과 끓는점이 클수록 분자 사이의 인력이 큰 물질이다. 따라서 분자 사이의 인력이 가장 작은 물질은 녹는점과 끓는점이 가장 작은 D이다.

유형 익히기 & 하브루타 152~155쪽

[유형 9-1] ④	01. ①	02. ⑤
[유형 9-2] ②	03. ①	04. ③
[유형 9-3] ②	05. ②	06. ③
[유형 9-4] ②	07. ②	08. 증기 압력

[유형 9-1] ④ [바로알기] (다)에서 물질은 액체 상태이다.
① 고체 물질의 가열, 냉각 곡선이므로 (나) 와 (라) 구간의 온도인 40 ℃는 이 고체 물질의 녹는점과 어는점이다.
② (가)와 (마)의 물질의 상태는 고체로 동일하다.
③ (나)에서는 고체에서 액체로 상태 변화가 일어난다.
⑤ (가)에서는 고체 상태, (나)에서는 고체 + 액체 상태, (라)에서도 고체 + 액체 상태, (마)에서는 고체 상태로 존재한다.

01. ㄱ. 같은 물질의 경우 어는점과 녹는점은 같은 온도이다. ㄴ. 어는점과 녹는점에서는 고체 ↔ 액체 상태 변화가 일어난다. ㄷ. [바로알기] 고체가 녹아 액체로 상태 변화하는 온도가 녹는점이다. ㄹ. [바로알기] 물질의 양이 많아져도 녹는점은 변하지 않는다.

02. ⑤ 가열하는 불꽃의 세기가 셀수록 끓는점에 도달하는 시간이 짧아진다.
[바로알기] ① 끓는점은 겉보기 성질이 아니다.
② 외부의 압력에 의해 끓는점이 변한다.
③ 끓는점에서는 물질이 액체와 기체 상태로 공존한다.
④ 물질은 분자 사이의 인력이 클수록 끓는점이 높다.

[유형 9-2] ㄱ. A의 녹는점과 끓는점은 모두 상온보다 낮으므로 상온에서 기체 상태이다.
ㄷ. C의 녹는점과 끓는점이 모두 상온보다 높으므로 상온에서 고체 상태이다. E도 녹는점과 끓는점이 모두 상온보다 높으므로 상온에서 고체 상태이다.
[바로알기] ㄴ. B는 녹는점 〈 상온 〈 끓는점이므로 상온에서 액체 상태, D도 녹는점 〈 상온 〈 끓는점이므로 상온에서 액체 상태이다.
ㄹ. D의 녹는점과 끓는점이 -2 ℃보다 높으므로 -2 ℃에서 고체 상태로 존재한다.

03. 상온에서 기체 상태이기 위해서는 녹는점과 끓는점이 상온(25℃)보다 낮아야 한다. 따라서 상온에서 기체 상태로 존재하는 것은 A이다.

04. 100 ℃에서 액체 상태로 존재하기 위해서는 녹는점은 100 ℃보다 낮고, 끓는점은 100 ℃보다 높아야 한다. 따라서 100 ℃에서 액체 상태인 물질은 B, C, D 이다.

[유형 9-3] 이 실험은 끓인 물에 찬물을 부으면 플라스크 내부에 있던 수증기가 액화되어 플라스크 내부의 압력이 낮아지고, 그로 인해 플라스크 속의 물이 100 ℃ 이하에서도 끓게 되는 것을 확인하기 위한 것이다. 따라서 압력이 낮아지면 액체의 끓는점이 낮아진다는 것과 관련있는 현상은 높은 산 위에서 밥을 지으면 외부 압력이 낮아져 물이 낮은 온도에서 끓기 때문에 쌀이 설익는다는 것이다.

05. 주사기에 뜨거운 물을 넣고 공기를 뺀 후, 주사기 끝을 고무마개로 막은 다음 피스톤을 잡아당기면 주사기 내부 압력이 작아지므로 물의 끓는점이 낮아져서 물이 끓는다.

06. 높은 산에서 밥을 하면 압력이 낮아서 물의 끓는점이 낮아져 낮은 온도에서 끓기 때문에 밥이 설익는다. 압력 밥솥에 밥을 하면 압력이 커서 물의 끓는점이 높아져 더 높은 온도에서 끓기 때문에 밥을 빨리 할 수 있다.

[유형 9-4] ② [바로알기] 액체 분자 사이의 인력은 증기 압력과 반비례한다. 따라서 증기 압력이 가장 큰 다이에틸 에테르의 분자 사이 인력이 가장 작다는 것을 알 수 있다.
① 증기 압력 곡선을 보면 40 ℃에서 다이에틸 에테르의 증기 압력이 가장 크다는 것을 알 수 있다.
③ 증기 압력이 대기압과 같을 때 물질은 끓는다. 세 물질의 증기 압력은 온도가 올라갈수록 증가하므로 끓는점은 외부 압력(대기압)이 증가할수록 올라간다.
④ 온도가 높을수록 분자 운동이 활발해지므로 증기 압력이 커진다.
⑤ 물질마다 온도에 따른 증기 압력이 다르므로 증기 압력은 물질의 특성이 된다.

07. ② 증기 압력은 물질마다 다른 값을 갖기 때문에 물질의 특성이 된다.
[바로알기] ① 온도가 높을수록 증기 압력은 커진다.
③ 증기 압력이 대기압과 같을 때 물질은 끓는다. 대기압이 증기 압력보다 크면 액체는 끓을 수 없다.
④ 분자 사이의 인력이 클수록 증기 압력이 작다.
⑤ 외부 압력이 1 기압일 때가 기준 끓는점이다. 따라서 외부 압력이 1 기압보다 커지면 끓는점은 높아진다.

08. 용기의 액체와 증기가 동적 평형 상태에 있을 때 증기가 나타내는 압력을 증기 압력이라고 한다.

창의력 & 토론마당 156~159쪽

01 (1) 지하 깊은 곳은 이산화 탄소와 천연 가스 등으로 인해 압력이 높아서 물의 끓는점이 100 ℃ 이상으로 높아진다. 따라서 100 ℃가 넘어서도 액체 상태로 존재할 수 있다.
(2) 지하에 있는 증기의 주기적인 압력 변화 때문에 간헐천이 주기적으로 분출된다. 또는 온천수관이 감압 상태가 되어 깊은 곳에서 주기적으로 심하게 끓음이 일어나서 간헐천이 주기적으로 분출된다. 등

02 물은 외부 압력이 작아질수록(고도가 높아질수록) 끓는점이 낮아진다.
물에 소금(용질)을 섞으면 끓는점이 높아진다.

해설 액체의 끓는점은 외부 압력에 따라 변한다. 고도가 높아져서 외부 압력이 작아질수록 물의 끓는점은 낮아진다. 또한 액체의 끓는점은 용질의 양에 의해서도 변한다. 용질의 양이 많아질수록(농도가 진해질수록) 용질 분자가 액체의 기화를 방해하기 때문에 끓는점이 높아진다.

03 〈예시 답안1〉 압력을 크게 하여 물이 100 ℃보다 높은 온도에서 끓게 하면, 면이 빨리 익을 수 있다.
〈예시 답안2〉 면보다 스프를 먼저 넣으면 혼합물이 된 물의 끓는점이 높아져서 면이 빨리 익을 수 있다.

04 (1) ㉠
(2) ㉥, 높은 산에서 냄비에 밥을 지으면 압력이 낮아 물이 100 ℃보다 낮은 온도에서 끓기 때문에 쌀이 설익는다. 그러나 냄비 뚜껑에 돌을 올려놓으면 압력이 커지면서 물이 조금 더 높은 온도에서 끓게 되므로 쌀이 더 잘 익을 수 있다.

해설 (1) 얼음의 녹는점인 0 ℃, 1 기압(760mmHg)에서 변화하는 지점을 상평형 그림에서 찾으면 ㉠ 이다.
(2) 높은 산에서 냄비에 밥을 지으면 압력이 1 기압(760mmHg)보다 낮기 때문에 물이 낮은 온도(100 ℃이하의 온도)에서 끓으므로 쌀이 설익는다. 그러나 냄비 뚜껑에 돌을 올려놓으면 압력이 증가하고 그 결과 물의 끓는점이 높아져 쌀이 조금 더 높은 온도에서 익을 수 있으므로 상평형 그림의 ㉥에 해당한다.

05 같은 뷰테인이라도 구조가 굽은 모양인 뷰테인(iso-뷰테인)보다 직선 모양인 뷰테인(n-뷰테인)의 녹는점이 더 높다. 따라서 굽은형 분자 구조를 가진 불포화 지방산보다 직선형 분자 구조를 가진 포화 지방산의 녹는점이 더 높을 것이다.

해설 같은 뷰테인이라도 구조가 굽은 모양인 뷰테인(iso-뷰테인)보다 직선 모양인 뷰테인(n-뷰테인)이 이웃하는 분자와 접촉 면적이 넓다. 그러므로 직선 모양인 뷰테인(n-뷰테인)이 분자 간 인력이 더 커서 액화되기 어렵기 때문에 녹는점이 더 높다.
따라서 굽은형 분자 구조인 불포화 지방산보다 직선형 분자 구조인 포화 지방산의 녹는점이 더 높을 것이다. 실제로 포화 지방산의 경우 녹는점이 높아 실온에서 고체 상태이고, 불포화 지방산의 경우에는 녹는점이 낮아 실온에서 액체 상태이다.

스스로 실력 높이기 160~165쪽

01. 녹는점	02. (1) O (2) O	03. (1) O (2) X	
04. ㉠ : 액체 ㉡ : 액체 ㉢ : 고체 ㉣ : 기체			
05. A	06. 낮아	07. 크다	08. ㉠
09. ㉡	10. 동적 평형 상태		11. ②
12. ②	13. ④	14. ④	15. ⑤
16. ④	17. ⑤	18. ⑤	19. ④
20. ①, ④	21. ⑤	22. ④	23. ③
24. ④	25. ③	26.~ 32. 〈해설 참조〉	

02. (1) 같은 종류의 물질은 어는점과 녹는점이 같다.
(2) 물질의 양이 달라져도 녹는점, 어는점은 일정하다.

03. (2) [바로알기] 끓는점보다 높은 온도에서 물질은 기체 상태로 존재한다.

04. 끓는점보다 높은 온도에서는 물질은 기체 상태, 어는점(녹는점)보다 낮은 온도에서는 고체 상태, 녹는점보다 높고 끓는점보다 낮은 온도에서는 액체 상태로 존재한다.

05. 끓는점이 높을수록 분자 사이의 인력이 크다.

06. 외부 압력이 낮아지면 끓는점이 낮아진다.

07. 분자 사이의 인력이 작을수록 증발이 잘 되므로 증기 압력이 크다.

08. 높은 산에서 밥을 지으면 외부 압력이 1 기압보다 작아져서 물의 끓는점이 낮아진다. 따라서 쌀이 설익게 된다.

09. 압력솥으로 밥을 지으면 솥 안의 압력이 높아져서 물의 끓는점이 높아지므로 쌀이 빨리 익는다.

11. 녹는점이 같은 물질 A와 C는 같은 물질로 판단할 수 있다.

12. ② [바로알기] 녹는점이 가장 낮은 D의 분자 사이 인력이 가장 약하다. 분자 사이 인력이 약할수록 상태 변화가 잘된다.
① 녹는점까지 도달하는데 걸리는 시간이 A가 가장 짧다.
③ 녹는점이 가장 높은 B의 분자 사이 인력이 가장 강하다.
④ A와 C는 녹는점이 같으므로 같은 물질이고, 녹는점까지 도달하는데 걸리는 시간이 더 긴 C의 양이 A의 양보다 많다.
⑤ 물질의 양을 변화시켜도 녹는점은 변하지 않는다.

13. ㄱ. A ~ C 곡선의 평평한 높이가 모두 같다. 따라서 끓는점이 서로 같다.
ㄴ. 끓는점이 모두 같으므로 같은 물질이라고 할 수 있다.
ㄷ. [바로알기] 끓는점까지 도달하는데 걸리는 시간이 모두 다르므로 질량이 모두 다르다는 것을 알 수 있다.

14. 물질마다 녹는점이 다른 이유는 물질을 이루는 분자 사이의 인력이 물질마다 다르기 때문이다.

15. ⑤ [바로알기] 녹는점과 어는점의 온도는 같지만, 물질이 액체에서 고체로 변할 때의 온도는 어는점이다. 물질이 고체에서 액체로 변할 때의 온도가 녹는점이다.

16. ④ [바로알기] (다) 구간에서 이 물질은 녹는점보다 고온이므로 액체 상태이다.

① 고체 물질을 가열, 냉각시킨 것이므로 이 곡선에서 나오는 수평한 구간은 녹는점이다. 따라서 녹는점은 40 ℃이다.

② (가) 구간에서 이 물질은 녹는점에 도달하기 전이므로 고체 상태이다.

③ (나) 구간에서 이 물질은 고체에서 액체로 상태 변화한다.

⑤ (라) 구간에서 이 물질은 액체에서 고체로 상태 변화한다.

17. ⑤ [바로알기] 끓는점은 외부 압력에 따라 변한다. 물은 외부 압력이 1 기압일 때는 100 ℃에서 끓지만 외부 압력이 1 기압 이하일 때는 100 ℃ 이하에서 끓고, 외부 압력이 1 기압 이상일 때는 100 ℃ 이상에서 끓는다.

18. ㄱ. A의 온도는 끓는점보다 높으므로 기체 상태이다.

ㄴ. [바로알기] C는 '녹는점 < 상온 < 끓는점' 이므로 상온에서 액체 상태이다.

ㄷ. B는 '녹는점 < 상온 < 끓는점' 이므로 상온에서 액체 상태이고, D는 '상온 < 녹는점 < 끓는점' 이므로 상온에서 고체 상태이다.

19. ④ 압력솥으로 밥을 하면 압력솥 내부의 압력이 높아져서 물의 끓는점이 상승한다. 따라서 물은 더 높은 온도에서 끓게 되므로 쌀이 더 높은 온도에서 익을 수 있게되어 쌀이 빨리 익는다.

20. ① 부피가 달라도 같은 물질끼리는 끓는점이 같다는 것을 알 수 있다.

④ 에탄올의 끓는점은 78.3 ℃이고, 메탄올의 끓는점은 64.6 ℃이므로 에탄올의 끓는점이 메탄올의 끓는점보다 높다.

[바로알기] ② 끓는점은 물질의 양과 상관없이 같다.

③ 에탄올의 끓는점은 물의 끓는점(1기압에서 100℃)보다 낮다.

⑤ 끓임쪽은 액체가 급격하게 끓어오르는 것을 방지하기 위해 넣어 주는 것이다.

21. ㄱ. [바로알기] 물의 양이 증가해도 끓는점은 변함없다.

ㄴ. 물의 양에 따라 끓는점까지 도달하는데 걸리는 시간이 달라진다.

ㄷ. 물이 아닌 에탄올이라면 끓는점은 78.3 ℃로 달라진다.

22. ④ 플라스크에 찬 물을 부으면 플라스크 속 수증기가 액화되면서 플라스크 속 압력이 낮아진다. 압력이 낮아짐에 따라 플라스크 속 물의 끓는점이 낮아지므로 물이 100 ℃보다 낮은 온도에서 끓게 된다.

23. 답 ③

해설 ③ [바로알기] 물이 고체 상태일 때는 0 ℃이하이다. 0 ℃이하에서 약 -114 ℃까지 에탄올은 액체 상태로 존재한다.

① 에탄올이 액체 상태로 존재하는 구간이 100 ℃ 이하이므로 에탄올의 끓는점은 100 ℃ 이하이다.

② 프로페인이 액체 상태로 존재하는 구간이 0 ℃보다 낮으므로 0 ℃에서 기체 상태로 존재한다.

④ 프로페인이 액체 상태일 때의 온도 구간이 물이 액체 상태일 때의 온도 구간보다 낮으므로 물은 고체 상태로 존재한다.

⑤ 120 ℃에서는 프로페인, 에탄올, 물이 모두 기체 상태로 존재한다.

24. ㄱ. 용기의 공기를 뽑아내면 감압되어 용기 속의 압력은 작아진다.

ㄴ. 용기 속의 압력이 낮아졌으므로 물은 100 ℃ 이하에서 끓게 된다.

ㄷ. [바로알기] 압력이 낮아진다고 해서 온도가 변하는 것은 아니다. 다만 물의 끓는점이 낮아진다.

25. ㄱ. [바로알기] 두 액체를 가열할 때 나오는 수평한 구간의 온도는 끓는점이다. A와 B는 끓는점이 같으므로 같은 물질이다.

ㄴ. [바로알기] 불꽃을 약하게 해도 끓는점인 T의 온도는 달라지지 않는다. 다만 끓기까지 걸리는 시간이 길어진다.

ㄷ. 외부 압력이 높아지면 끓는점인 온도 T가 높아진다.

26. 답 **1.** 같은 물질끼리는 물질의 양과 관계없이 끓는점이 같다.

2. 물의 끓는점은 100 ℃, 에탄올의 끓는점은 78.3 ℃로 다른 물질끼리는 끓는점이 다르다.

3. 같은 물질이라도 물질의 양이 달라지면 가열했을 때 끓는점까지 도달하는 시간이 달라진다.

27. 답 물질마다 물질을 구성하는 분자 사이에 작용하는 인력의 크기가 다르기 때문에 증발 정도의 차이로 끓는점이 다르다.

28. 답 플라스크에 찬 물을 부으면 플라스크 속 수증기가 액화되기 때문에 플라스크 속 압력이 낮아지고, 그로 인해 플라스크 속 물의 끓는점이 낮아져서 물이 100 ℃ 이하의 온도에서 끓게 된다. 이 실험으로 압력이 낮아지면 액체의 끓는점도 낮아진다는 것을 알 수 있다.

29. 답 에탄올과 메탄올은 모두 불이 붙기 쉬운 물질이다. 그러므로 직접 가열하면 불이 날 위험성이 있어 물 중탕으로 가열하여 화재를 방지한다. 또한, 물 중탕으로 가열하면 물질을 서서히, 골고루 가열할 수 있다.

30. 답 기압이 낮은 높은 산에서 밥을 지으면 쌀이 설익는다는 것을 통해 외부 압력이 낮아지면 액체의 끓는점이 낮아진다는 것을 알 수 있고, 압력솥으로 밥을 지으면 쌀이 빨리 익는것을 통해 외부 압력이 높아지면 액체의 끓는점이 높아진다는 것을 알 수 있다.

31. 답 기포가 수면을 향해 높이 올라올수록 수압이 작아져서 기포에 작용하는 압력이 작아지기 때문에 기포의 부피가 커진다.

해설 액체 분자 사이의 인력보다 큰 에너지를 갖는 분자는 표면에서 기체로 되어 날아간다. 액체의 증기 압력이 대기압과 같아지면 내부에서부터 물 분자가 기화되는데 이 때의 온도를 끓는점이라고 한다.

32. 답 과거에는 냉각수로 순수한 물을 사용했는데, 순수한 물의 끓는점은 1기압에서 100℃이기 때문에 더운 여름에는 물이 쉽게 기화된다. 이때 물이 수증기 상태로 되면서 분자 운동이 활발해져서 압력이 증가하고, 증가된 압력을 견디지 못하여 자동차 내에서 용기가 폭발할 수도 있다. 그러나 끓는점이 물보다 높은 부동액을 넣으면 쉽게 기화되지 않아 순수한 물보다 안전하므로 여름에도 부동액을 사용한다.

10강. 물질의 특성 III

개념 확인 166~169쪽

1. ㉠ 용매 ㉡ 용질 ㉢ 용액 **2.** 5%
3. (1) O (2) X (3) O **4.** (1) O (2) X (3) O

2. 물(용매)의 질량이 95 g이고, 소금(용질)의 질량이 5 g이므로 소금물(용액)의 퍼센트 농도는 다음과 같이 구할 수 있다.

$$\frac{5}{(95+5)} \times 100 = 5\ \%$$

3. (1) 용해도 곡선 상의 용액은 포화 용액이다.
(2) [바로알기] 일반적으로 고체의 용해도는 온도가 높아질수록 커진다.

4. 기체의 용해도는 온도가 낮을수록, 압력이 높을수록 증가한다.

확인+ 166~169쪽

1. ③ **2.** ① **3.** ③ **4.** 36

1. ③ [바로알기] 용질과 용매의 부피의 합은 용액의 부피보다 크다.
① 용액은 용질이 가라앉지 않는다.
② 거름종이로 걸러도 걸러지는 물질이 없다.
④ 용액은 용매와 용질이 고르게 섞여 있는 균일 혼합물이다.
⑤ 용매에 용질이 더 이상 녹을 수 없을 만큼 최대로 녹아 있는 용액이 포화 용액이고, 용매에 용질이 더 녹을 수 있는 상태의 용액을 불포화 용액이라고 한다.

2. 용액의 질량이 200 g이고, 퍼센트 농도가 10 %이므로 소금(용질)의 질량을 x g이라고 한다면, 다음과 같은 식이 성립한다.

$$\frac{x}{200} \times 100 = 10\ \%$$

x 를 구하면 x 는 20이다. 소금(용질)의 질량이 20 g이고, 물(용매)과 소금(용질)을 합한 소금물(용액)의 질량이 200 g이므로 물의 질량은 180 g이다.

3. ㄱ. [바로알기] 용해도는 어떤 온도에서 용매 100 g에 최대로 녹을 수 있는 용질의 g 수이다.
ㄴ. [바로알기] 용해도는 온도에 따라 다른 값을 갖는다.
ㄷ. 일반적으로 고체의 용해도는 온도가 높을수록 증가하고, 압력의 영향은 거의 받지 않는다.

4. 질산 나트륨의 60 ℃에서 용해도는 124 이므로 60 ℃ 질산 나트륨 포화 용액 224 g에는 용매(물) 100 g 과 용질 124 g 이 섞여 있다. 20 ℃에서의 질산 나트륨 용해도는 88 이므로 용질 124 g 중 88 g 만 녹고 나머지 36 g 은 석출된다.

생각해보기 166~168쪽

★ 바닷물은 용매인 물에 염화 나트륨, 염화 마그네슘 등의 용질이 녹아 고르게 섞여 있는 용액이다. 공기 역시 질소, 산소, 이산화 탄소 등의 여러 기체가 고르게 섞여 있는 용액이다.
★★ 신선한 달걀은 소금물에 넣었을 때 가라앉고, 그렇지 않은 달걀은 뜬다. 달걀이 오래되면 달걀 속에 있던 수분이 점차 증발한다. 그 공간에 공기가 들어가 밀도가 낮아져 소금물에 뜬다.
★★★ 포화 소금물 용액이라고 해도 설탕을 녹일 수 있다. 두 용질의 용해는 별개로 취급되기 때문이다. 다만 일정한 용매의 양에 녹는 전체 용질의 양이 많아질수록 각 용질의 용해의 속도가 느려져서 거의 용해되지 않는 것처럼 보일 수도 있다.

개념 다지기 170~171쪽

01. ④ **02.** ③ **03.** ② **04.** ③
05. 질산 칼륨 **06.** 염화 나트륨

01. A는 용질, B는 용매, C는 용액이다. 물에 소금이 녹아서 소금물이 되는 현상을 용해라고 한다.

02. 설탕물(용액)의 질량이 120 g이고, 퍼센트 농도가 20 % 이므로 설탕(용질)의 질량을 x (g) 이라고 한다면, 다음과 같은 식이 성립한다.

$$\frac{x}{120} \times 100 = 20\ \%$$

x 를 구하면 x 는 24 이다. 따라서 설탕의 질량은 24 g 이다.

03. ② 일반적으로 고체의 용해도는 온도가 높을수록 증가한다.
[바로알기] ① 기체의 용해도는 온도가 낮을수록, 압력이 높을수록 증가한다.
③ 일정 온도와 압력에서 같은 용매에 대한 용해도는 용질마다 다르다. 따라서 용해도는 물질의 특성이 된다.
④ 고체의 용해도를 나타낼 때는 용매의 종류와 온도를 표시해야 한다. 고체의 용해도는 압력의 영향을 거의 받지 않으므로 압력을 표시하지 않아도 된다.
⑤ 용해도는 일정한 온도에서 용매 100 g에 최대로 녹을 수 있는 용질의 질량(g)이다.

04. 물(용매) 100 g에 고체 물질이 최대로 (100 - 8) = 92 g 녹았으므로 25 ℃에서 물에 대한 이 물질의 용해도는 92 이다.

05. 60 ℃에서의 용해도와 40 ℃에서의 용해도 차이가 큰 물질이 석출되는 결정의 양이 가장 많은 물질이다. 따라서 곡선의 기울기가 가장 큰 질산 칼륨이 가장 많이 석출된다.

06. 60 ℃에서의 용해도와 40 ℃에서의 용해도 차이가 적은 물질이 석출되는 결정의 양이 가장 적은 물질이다. 따라서 곡선의 기울기가 가장 작은 염화 나트륨 용액이 가장 적게 석출된다.

유형 익히기 & 하브루타 172~175쪽

[유형 10-1] ②	01. ③	02. ①
[유형 10-2] ③	03. ①, ④	04. ①
[유형 10-3] ②	05. ③	06. ④
[유형 10-4] ④	07. ②	08. ①

[유형 10-1] ㄱ. 용질은 다른 물질에 녹는 물질로 여기서는 소금이 용질이다.
ㄴ. 용질인 소금과 용매인 물이 섞여 용액인 소금물이 되는 현상을 용해라고 한다.
ㄷ. [바로알기] 소금과 물이 고르게 섞인 소금물은 용액이다.

01. ③ [바로알기] 용질과 용매의 부피의 합은 용액의 부피보다 크다. 용질 분자들이 용매 분자 사이로 용해되기 때문이다.
① 용액은 용질이 침전되지 않는다.
② 용액은 균일 혼합물이므로 모든 부분의 농도가 같다.
④ 질량 보존의 법칙에 의해 용질과 용매의 질량의 합은 용액의 질량과 같다.
⑤ 용질 분자들이 용매 분자 사이에 골고루 섞여있는 것이 용액이다.

02. ① [바로알기] C 가 포화 용액인지, 불포화 용액인지 이 그림만으로는 알 수 없다.
② 용해 과정에서 질량은 변하지 않는다.
③ A가 고체이고, B가 액체라면 용질은 고체인 A이다.
④ A의 부피와 B의 부피를 합한 것이 C의 부피보다 크다.
⑤ A의 분자 사이의 인력보다 A 분자와 B 분자 사이의 인력이 더 크거나 비슷하므로 용해되는 것이다.

[유형 10-2] ㉠ 용매 100 g에 용질 20 g을 녹였으므로 % 농도는

$$\frac{20}{(100+20)} \times 100 \fallingdotseq 16.67\ \%$$

㉡ 용액 200 g 에 용질 30 g 이 녹아 있으므로 % 농도는

$$\frac{30}{200} \times 100 = 15\ \%$$

㉢ 5 % 소금물 100 g 에 녹아 있는 용질의 양은

$$\frac{x}{100} \times 100 = 5\ \%, \quad x = 5$$

20 % 소금물 200 g 에 녹아 있는 용질의 양은

$$\frac{x}{200} \times 100 = 20\ \%, \quad x = 40$$

두 용액을 섞은 용액의 총 질량은 100 g + 200 g = 300 g 이고, 용질의 질량은 5 g + 40 g = 45 g이다.

$$\frac{45}{300} \times 100 = 15\ \%$$

03. ① 용매는 물이고, 용질은 설탕이다.
② [바로알기] 설탕물의 질량은 100 g + 10 g = 110 g이다.
③ [바로알기] 설탕물의 퍼센트 농도는

$$\frac{10}{110} \times 100 \fallingdotseq 9.09\ \%$$

④ 설탕이 20 g 들어간 설탕물 220 g 의 농도는

$$\frac{20}{220} \times 100 \fallingdotseq 9.09\ \%$$ 이므로 농도가 같다.

⑤ [바로알기] 이 용액에 설탕을 더 넣으면 밀도는 더 커질 것이다.

04. ① 용액의 질량이 240 g이고, 퍼센트 농도가 20 %이므로 소금(용질)의 질량을 x (g)이라고 한다면,

$$\frac{x}{240} \times 100 = 20\ \%$$

x 를 구하면 x 는 48 이다.
② 용액의 질량이 150 g이고, 퍼센트 농도가 30 %이므로 소금(용질)의 질량을 x (g)이라고 한다면,

$$\frac{x}{150} \times 100 = 30\ \%$$

x 를 구하면 x 는 45 이다.
③ 용매의 질량이 100 g 이고, 퍼센트 농도가 30 % 이므로 소금(용질)의 질량을 x (g)이라고 한다면,

$$\frac{x}{(100+x)} \times 100 = 30\ \%$$

x 를 구하면 x 는 약 42.86 이다.
④ 처음 용액의 용질의 양을 구하면 용액의 질량이 100 g이고, 퍼센트 농도가 10 %이므로 소금(용질)의 질량을 x (g)이라고 한다면,

$$\frac{x}{100} \times 100 = 10\ \%$$

x 를 구하면 x 는 10 이다. 여기에 소금 10 g 을 더 넣었으므로 용질의 질량은 20 g 이다.
⑤ 10 % 소금물 100 g 에 포함된 용질의 양은 용액의 질량이 100 g 이고, 퍼센트 농도가 10 % 이므로 소금(용질)의 질량을 x (g)이라고 한다면,

$$\frac{x}{100} \times 100 = 10\ \%$$

x 를 구하면 x 는 10 이다.
20 % 소금물 100 g에 포함된 용질의 양은 용액의 질량이 100 g이고, 퍼센트 농도가 20 % 이므로 소금(용질)의 질량을 x (g)이라고 한다면,

$$\frac{x}{100} \times 100 = 20\ \%$$

x 를 구하면 x 는 20 이다.
따라서 두 용액을 섞으면 용질의 질량은 30 g이 된다.

[유형 10-3] ② [바로알기] A 용액과 B 용액은 각각 물이 100 g이고 용해도가 같은 점이므로 녹아있는 용질의 양은 같다.
① A는 용해도 곡선보다 더 위에 있는 점이므로 과포화 용액이다.
③ C 용액은 용해도 곡선 상에 있는 점이므로 포화 용액이다.
④ D 용액은 불포화 용액으로 포화 용액이 되기까지 용질 30 g 이

더 녹을 수 있다.
⑤ 이 고체 물질의 용해도는 온도가 높을수록 증가한다.

05. ③ [바로알기] 상온에서 소금이 질산 칼륨보다 더 많이 녹으므로 소금의 용해도가 질산 칼륨의 용해도보다 크다.
① 스테아르산은 물에 녹지 않으므로 물에 대한 용해도는 0이다.
② 상온의 물보다 50 ℃의 물에서 녹는 양이 더 많으므로 온도가 높아지면 고체의 용해도는 증가한다는 것을 알 수 있다.
④ 상온의 물과 50 ℃의 물에서 녹는 양이 다른 것을 통하여 온도에 따라 같은 용질이라도 용해도가 달라진다는 것을 알 수 있다.
⑤ 25 ℃에서 50 ℃로 온도가 상승했을 때, 소금은 0.2 g 더 녹았고, 질산 칼륨은 5.3 g 더 녹았으므로 온도에 따른 용해도 변화는 질산 칼륨이 더 크다.

06. ④ C와 D 용액에는 같은 질량의 용질이 녹아있으므로 농도는 같다.
[바로알기] ① A 용액은 과포화 용액이므로 용질을 더 녹이기 힘들다.
② B 용액은 포화 용액이지만 농도가 100 % 는 아니다.
③ C 용액보다 B 용액에 더 많은 용질이 녹아있으므로 농도는 B 용액이 C 용액보다 크다.
⑤ D 용액은 용해도 곡선보다 아래에 있으므로 불포화 용액이다.

[유형 10-4] 시험관에 들어있는 탄산 음료에서 기포가 많이 발생할 수록 용해도가 작은 것이다.
ㄱ. [바로알기] 비커 (가)의 탄산 음료에서 기포가 가장 적게 발생한다. 기포가 가장 많이 발생하는 비커는 물의 온도가 가장 높은 비커 (다)이다.
ㄴ. 뚜껑을 닫은 시험관은 뚜껑을 닫지 않은 시험관보다 압력이 크므로 기포가 더 적게 발생한다.
ㄷ. 물의 온도가 다른 비커 (가) ~ (다)를 비교하면 기체의 용해도는 온도가 낮을수록 증가한다는 것을 확인할 수 있고, 같은 비커에 있는 뚜껑을 닫은 시험관과 뚜껑을 닫지 않은 시험관을 비교하면 압력이 높을수록 기체의 용해도가 증가한다는 것을 확인할 수 있는 실험이다.

07. ② 탄산 음료의 병뚜껑을 따면 순간적으로 압력이 낮아져서 기체의 용해도가 작아져 탄산 음료에 녹아있던 기체들이 빠져나오기 때문이다.
[바로알기] ① 여름철 화장실 냄새가 더 심하게 나는 것은 기체 분자의 운동이 온도가 높을수록 더 활발해지기 때문이다.
③ 높은 산에 올라가면 기압이 낮아지므로 물의 끓는점이 낮아진다.
④ 기포가 수면 위로 올라올수록 압력이 작아지기 때문에 부피가 커진다.
⑤ 휴대용 가스를 사용하면 기화열 흡수로 인해 가스통이 차가워진다.

08. 50 % 수용액 200 g에 녹아 있는 용질의 질량을 구하면, 용액의 질량이 200 g 이고, 퍼센트 농도가 50 % 이므로 소금(용질)의 질량을 x (g)이라고 한다면,

$$\frac{x}{200} \times 100 = 50\ \%$$

x 를 구하면 x 는 100 이다. 따라서 이 용액은 물 100 g에 용질(고체 물질)이 100 g 녹아 있다. 70 ℃에서 물에 대한 용해도가 150 이므로 물 100 g에 이 고체 물질이 최대로 150 g 녹을 수 있는 것이므로 수용액을 포화 용액으로 만들기 위해서는 용질을 50 g 더 넣으면 된다.

창의력 & 토론마당 176~179쪽

01

(1) 1시간이 지나면 용매 100g 중 $\frac{1}{10}$이 증발하여 용매의 양은 90g이 된다. 1시간이 더 지나면 90g 중 $\frac{1}{10}$이 증발하여 용매의 양은 81g이 남게 된다. 용해도가 50이므로 용매 100g에는 용질 50g이 녹을 수 있다. 용매 81g에 녹을 수 있는 용질의 양 x로 하여 계산하면 $100 : 50 = 81 : x$, $x = 40.5$, 따라서 석출되는 용질의 양은 50g - 40.5g = 9.5g이다.

(2) 용매의 양은 81g이고, 용질의 양은 40.5g이므로 용액의 양은 121.5g이다. 용액의 퍼센트 농도는 다음과 같다.

$$\frac{40.5}{121.5} \times 100 = 33.3\%$$

02

탄산이 들어 있지 않은 생수의 경우 온도나 압력이 변해도 폭발할 위험이 적다. 그러나 탄산이 많이 녹아있는 탄산 음료의 경우 온도나 압력이 변했을 경우 탄산의 용해도가 급격하게 변해서 용액을 빠져나와 페트병을 팽창시키고, 폭발할 위험이 크다. 따라서 탄산 음료는 폭발의 위험이 적은 내압용 페트병을 사용해야 한다.

해설 같은 재질로 된 페트병도 내용물에 따라 모양이 다르다. 더 정확하게는 페트 재질 자체도 조금씩 다르다. 경제성과 기능성을 고려해 목적에 맞는 최적의 조건을 찾기 때문이다. 예를 들어 생수병과 콜라병을 놓고 보면 같은 용량일 경우 생수병이 더 두께가 더 얇다. 가장 두드러진 차이는 밑 부분이다. 생수병은 편평한데 비해 콜라병은 굴곡이 있다. 자세히 보면 밑이 반구처럼 볼록한 병을 세우기 위해 둘레로 대여섯 개의 지지대, 즉 발이 있는 형태다. 콜라와 같은 탄산 음료 페트병이 이렇게 독특한 모양을 한 이유는 내부의 압력 때문이다. 이산화 탄소를 주입하면 병 내부의 압력이 2.5~3.5기압이나 된다. 생수병 모양이라면 아래 부분이 압력을 이기기 못해 불룩 튀어나오게 된다.

03

〈예시 답안1〉 랩으로 입구를 막은 후 뚜껑을 꽉 닫고 냉장고에 거꾸로 세워 보관한다.
〈예시 답안2〉 페트병을 찌그러뜨려 음료가 입구까지 올라오게 한 후 뚜껑을 꽉 닫아 보관한다.
〈예시 답안3〉 냉장고 문 쪽에 두면 문을 열 때마다 흔들려 탄산이 빠지게 되므로 문 쪽에 두지 않는다.

해설 기체의 용해도를 높게 유지하는 방법을 다양하게 생각해 본다.

04 (1) 혈액에 대한 용해도 차이. 헬륨은 질소보다 혈액에 대한 용해도가 작기 때문에 헬륨은 혈액에 잘 녹지 않는다.
(2) 〈예시 답안1〉 산소통에 공기 중의 질소 대신 물에 대한 용해도가 작은 헬륨을 넣는다.
〈예시 답안2〉 수면 위로 올라올 때 천천히 올라온다.

해설 (2) 질소가 높은 압력에 의해 혈액에 많이 녹았다가 압력이 급격히 낮아지면서 혈액으로부터 질소 기체가 빠져나와 기포를 만들어 혈액의 흐름을 방해하므로 질소 대신 혈액에 잘 녹지 않는 헬륨을 사용하거나 압력을 서서히 낮춰주기 위해 수면으로 올라올 때 천천히 중간중간에 멈추면서 올라오면 잠수병을 방지할 수 있다.

스스로 실력 높이기 180~185쪽

01. (1) O (2) X (3) O	02. ㉠ > ㉡ =		
03. (1) 용해 (2) 용액	04. (1) O (2) X (3) O		
05. ㉠ 180 ㉡ 20	06. 20	07. 25	
08. (1) X (2) O (3) O	09. B, C	10. 40	
11. ③	12. ①	13. ④, ⑤	14. ③, ④
15. ①	16. ④	17. ⑤	18. ①
19. ⑤	20. ⑤	21. ③	22. ③
23. ④	24. ①	25. ①, ⑤	
26.~ 32. 〈해설 참조〉			

01. (1) 용액은 용매와 용질이 골고루 섞여있는 균일 혼합물이다.
(2) [바로알기] 용액은 거름종이로 걸러내도 용질과 용매로 분리되지 않는다.
(3) 포화 용액은 용매에 용질이 최대한 녹아있는 용액이다.

02. 용질과 용매를 섞으면 부피는 감소하지만, 질량은 변화 없다.

03. (1) 용해는 한 물질이 다른 물질에 녹아 고르게 섞이는 현상이다.
(2) 용액은 용매와 용질이 고르게 섞여있는 균일 혼합물이다.

04. (1) 용액의 묽고 진한 정도를 농도라고 한다.
(2) [바로알기] 일반적으로 용질이 고체인 경우, 용액의 농도가 진할수록 용액의 밀도가 커진다.
(3) 농도는 용액의 질량에 대한 용질 질량의 비율이다.

05. 용액의 질량이 200 g이고, 퍼센트 농도가 10 %이므로 소금(용질)의 질량을 x (g)이라고 한다면,

$$\frac{x}{200} \times 100 = 10\ \%$$

x를 구하면 x는 20 이다. 소금(용질)의 질량이 20 g이므로 물의 질량은 200 - 20 = 180 g 이다.

06. 소금 50 g과 물 200 g이 섞인 소금물의 질량은 250 g이다. 이 용액의 퍼센트 농도는 다음과 같다.

$$\frac{50}{250} \times 100 = 20\ \%$$

07. 20 % 설탕물 200 g에 녹아 있는 용질의 양은

$$\frac{x}{200} \times 100 = 20\ \% \quad x = 40\ (g)$$

30 % 설탕물 200 g 에 녹아 있는 용질의 양은

$$\frac{x}{200} \times 100 = 30\ \% \quad x = 60\ (g)$$

두 용액을 섞은 용액의 총 질량은 200 g + 200 g = 400 g이고, 용질의 질량은 40 g + 60 g = 100 g이다.

$$\frac{100}{400} \times 100 = 25\ \%$$

08. (1) [바로알기] 용해도는 일정 온도에서 용매 100 g 에 최대로 녹을 수 있는 용질의 질량이다.
(2) 용해도는 물질마다 다르므로 물질의 특성이다.
(3) 기체의 용해도는 온도가 낮을수록, 압력이 높을수록 증가한다. 고체의 용해도는 온도가 높을수록 증가하고 압력의 영향은 거의 받지 않는다.

09. 포화 용액은 용해도 곡선 상에 있는 점이다.

10. B 용액은 포화 용액으로 용해도가 100 이므로 용액의 질량이 200 g이라면 용매 100 g에 용질 100 g이 녹아 있는 것이다. 이 용액의 온도를 60 ℃로 낮추면 용해도가 60 이 되므로 용매 100 g 에 60 g 의 용질만 녹을 수 있다. 따라서 석출되는 용질의 양은 100 g - 60 g = 40 g이다.

11. 두 액체를 섞은 용액에서 양이 더 많은 액체가 용매가 되고, 양이 적은 액체가 용질이 된다. 따라서 물 20 mL와 에탄올 80 mL를 섞은 용액에서는 물이 용질, 에탄올이 용매가 된다. 두 액체를 섞으면 질량은 섞기 전 두 액체의 질량의 합과 동일하지만 부피는 두 액체의 부피의 합보다 작다. 그 이유는 용질 분자가 용매 분자 사이로 끼어 들어 가기 때문이다.

12. 밀도가 클수록 아래로 가라앉는다.
(가)는 소금물의 밀도가 달걀보다 크기 때문에 달걀이 소금물 위로 뜬 것이다.
(나)와 같이 달걀의 밀도가 더 커지게 하기 위해서는 소금물의 농도가 옅어지게(작아지게) 만들어야 한다. 따라서 소금물에 물을 더 넣어주면 소금물의 농도가 옅어져서 밀도가 작아지고, 달걀보다 밀도가 작아지는 순간 달걀이 소금물 아래쪽으로 가라앉게 된다.

13. ④ 용해도는 온도에 따라 달라지므로 포화 용액의 온도를 낮추면 용질의 일부가 석출된다.
⑤ 포화 용액이란 용매에 용질이 더 이상 녹을 수 없을 만큼 최대한 녹아 있는 용액이다.
[바로알기] ① 액체의 포화 용액과 마찬가지로 기체의 포화 용액도 만들 수 있다.
② 용액은 용매와 용질이 섞여있는 것이므로 용액의 농도는 100 % 일 수 없다.
③ 용해도는 온도에 따라 달라진다.

14. ③ 소금은 물보다 무거우므로 소금물의 밀도는 물의 밀도보다 크다.
④ 소금 입자들이 물 분자 사이로 용해되었다.
[바로알기] ① 용액 125 g에 소금 25 g이 녹아 있으므로 퍼센트 농도는

$\frac{25}{125} \times 100 = 20\ \%$ 이다.

② 소금은 용질이고, 물은 용매이다.
⑤ 소금을 물에 녹이면 소금물의 부피는 각각의 부피의 합보다 작다.

15. 농도가 20 % 인 설탕물 100 g 에 들어있는 용질의 양을 구하자면, 용액의 질량이 100 g이고, 퍼센트 농도가 20 %이므로 설탕(용질)의 질량을 x (g)이라고 한다면,

$$\frac{x}{100} \times 100 = 20\ \%$$

x 를 구하면 x 는 20 이다. 여기에 물 300 g 을 섞었으므로 용액의 질량은 400 g 이 된다. 이 설탕물의 퍼센트 농도는 다음과 같다.

$$\frac{20}{400} \times 100 = 5\ \%$$

16. ④ [바로알기] A 용액은 용해도 곡선 위에 있는 점이므로 과포화 용액이다. 따라서 용질을 더 녹일 수 없다.
① B 용액은 용해도 곡선 상에 있는 점이므로 포화 용액이다.
② D 용액은 용해도 곡선 아래에 있는 점이므로 불포화 용액이다.
③ A와 B 용액은 y 축의 값이 같으므로 용질의 질량이 같다. 따라서 퍼센트 농도가 같다.
⑤ D 용액은 불포화 용액이고, 포화 용액이 되려면 용해도 차이만큼 용질을 30 g 더 녹여야 한다.

17. ㄱ. C 용액은 용해도 곡선 상에 있는 점이므로 포화 용액이다.
ㄴ. C 용액의 질량은 150 g 으로 포화 용액이고, 용해도가 50이므로 용매의 질량은 100 g 이고 용질의 질량은 50 g이 되어 퍼센트 농도는 다음과 같다. $\frac{50}{150} \times 100 ≒ 33.33\ \%$
ㄷ. C 용액에 들어있는 용질의 질량은 50 g 이다.

18. A ~ D 용액에 들어 있는 용매의 질량은 모두 100 g 이므로 용질의 질량은 용해도 곡선 그래프의 y 축의 값이다. 따라서 퍼센트 농도는 A = B > C = D 이다.

19. 60 ℃ 에서 질산 칼륨의 용해도가 110 이므로 물 200 g 에 질산 칼륨 220 g 을 녹이면 포화 용액이 된다. 이 용액을 20 ℃ 로 냉각시키면 질산 칼륨의 20 ℃ 에서 용해도는 31.9 이므로 물 200 g 에 질산 칼륨이 63.8 g 만 녹을 수 있다. 따라서 석출되는 질산 칼륨의 양은 220 g - 63.8 g = 156.2 g 이다.

20. ⑤ [바로알기] 열기구 내부의 기체를 가열하면 열기구가 부풀어 올라 공중으로 떠오르는 것은 온도 증가로 인해 기체 분자의 운동이 활발해지면서 기체의 부피가 증가하여 밀도가 작아져 뜨는 원리이다.
① 탄산 음료에는 이산화 탄소가 녹아있으며, 뚜껑을 열면 압력이 작아져 기포 형태로 기체가 발생한다.
② 수돗물을 가열하면 수돗물의 온도가 높아져 기체의 용해도가 감소하므로 수돗물에 녹아있던 기체 형태의 소독약이 방출되어 없어진다.
③ 수조의 물이 더워지면 녹아있던 산소가 방출되어 부족해지므로 물고기들이 외부의 산소를 들이마시고자 뻐끔거린다.
④ 물속 깊은 곳에서는 압력이 커서 기체가 혈액에 많이 용해되어 있다가 갑자기 수면 위로 올라오면 혈액에 용해되어 있던 기체가 혈관 내로 방출되면서 혈관 등을 막아 잠수병을 일으킨다.

21. 20 % 설탕물 100 g에 들어있는 용질의 양을 구하면

$$\frac{x}{100} \times 100 = 20\ \%$$

따라서 용질의 양은 20 g이고 물은 80 g이다. 설탕 20 g이 들어 있는 5 % 설탕물이 되기 위한 용액의 질량을 구하면

$$\frac{20}{x} \times 100 = 5\ \%$$

용액의 질량은 400 g이 되어야 하는데 이때 물의 양은 380 g이다. 기존에 들어 있던 물의 양이 80 g이므로 물을 300 g 더 넣어야 한다.

22. 60 ℃에서 물에 대한 붕산의 용해도가 14.9이므로 60 ℃의 물 200 g에는 붕산이 29.8 g까지 녹을 수 있다. 따라서 물 200 g에 붕산 25 g 은 충분히 녹는다.
이 용액을 20 ℃로 냉각하면 20 ℃에서 물에 대한 붕산의 용해도가 5.0이므로 20 ℃ 의 물 200 g에는 붕산이 10 g까지만 녹을 수 있다.
따라서 석출되는 붕산의 양은 25 g - 10 g = 15 g이다.

23. 그래프를 통해 100 ℃의 물에는 염화 나트륨 20 g과 붕산 20 g 이 충분히 용해된다는 것을 확인할 수 있다.
그리고 20 ℃에서 염화 나트륨의 용해도는 36 으로 물 100 g에 넣어준 염화 나트륨의 양이 용해도보다 적으므로 염화 나트륨은 석출되지 않는다.
반면에 20 ℃에서 붕산의 용해도는 5 이므로 20 ℃ 물 100 g에는 붕산 5 g 만 녹을 수 있다. 따라서 붕산 15 g 이 석출된다.

24. 용매의 질량이 모두 같으므로 퍼센트 농도가 크기 위해서는 용질의 질량이 커야 한다. 문제에서 포화 용액이라고 했으므로 60 ℃ 에 용해도가 가장 큰 물질이 퍼센트 농도가 가장 크다.
따라서 ① 질산 나트륨의 퍼센트 농도가 가장 크다.

25. ① 기포가 가장 적게 발생하는 것은 온도가 가장 낮고, 압력이

큰 B 시험관이다.

⑤ 압력이 높을수록 기체의 용해도는 증가한다.

[바로알기] ② 기체의 용해도는 압력이 높을수록 증가한다.

③ 온도가 낮을수록 (액체가 아닌) 기체의 용해도는 증가한다.

④ 온도가 낮을수록 기체의 용해도는 증가한다.

26. 답 15 % 소금물 200 g에 들어있는 소금(용질)의 양을 구하면

$$\frac{x}{200} \times 100 = 15\ \%$$

따라서 x (소금(용질)의 양)은 30 g 이다. 소금 30 g 이 들어있는 20 % 의 소금물이 되기 위해 더 넣어 주어야 하는 소금의 양을 x' 라고 하고, 다음과 같이 식을 세워서 구하면

$$\frac{(30+x')}{(200+x')} \times 100 = 20\ \%$$

x' 는 12.5 가 된다. 따라서 12.5 g 의 소금을 더 녹여야 한다.

27. 답 A 용액을 용질의 양을 변화시키지 않고 포화 용액으로 만들기 위한 방법은 다음과 같다.

① 80 ℃ 용액을 60 ℃ 로 냉각시킨다. (60 ℃에서는 포화 용액이다.)

② A 용액을 가열하여 용매를 증발시킨다. (용매의 양이 줄므로 포화 용액이 될 수 있다.)

28. 답 용해도 : 180, (풀이 과정) 30 ℃에서 물 25 g에 고체 A 50 g을 녹였더니 5 g 이 녹지 않았으므로 30 ℃에서 물 25 g에는 고체 A가 최대 45 g 녹는다. 용해도는 용매 100 g에 최대로 녹을 수 있는 용질의 질량이므로 30 ℃ 에서 물 100 g 에 대한 고체 A의 용해도는 45 × 4 = 180이다.

29. 답 온도가 기체의 용해도에 미치는 영향을 알아보기 위해서는 압력은 같아야 한다. 따라서 뚜껑을 닫지 않은 A, C, E 시험관끼리 비교하거나 뚜껑을 닫은 B, D, F 시험관끼리 비교해야 한다.

30. 답 압력이 낮아지면 기체의 용해도가 감소하는데 탄산 음료의 마개를 따면 마개를 따기 전보다 탄산 음료 내부의 압력이 감소한다. 따라서 마개가 열리면 탄산 음료에 녹아 있던 이산화 탄소의 용해도가 감소하여 기포 형태로 용액으로부터 빠져나오기 때문에 거품이 발생한다.

31. 답 냉장고는 상온보다 온도가 낮으므로 기체가 물에 잘 녹아 있는데, 물이 들어 있는 유리 컵을 밖으로 꺼내두면 물의 온도가 높아지면서 기체의 용해도가 감소하기 때문에 물에 녹아 있던 기체가 빠져나와 기포가 생기는 것이다.

32. 답 ① 용질 A 50 g과 용질 B 50g의 혼합물 100 g 을 물 100 g 에 녹여 100 ℃ 로 유지하며 거른다. 그러면 용질 A 만 50 - 39.8 = 10.2 g 이 석출된다.

② 남은 용액을 0 ℃ 까지 낮춘다. 그러면 용질 A 는 39.8 - 35.7 = 4.1 g, 용질 B 는 50 - 27.6 = 22.4 g 이 석출된다.

③ 과정 ②에서 석출된 용질 A 4.1 g 과 용질 B 22.4 g 을 물 10 g 에 녹이고 0 ℃ 에서 걸러낸다. 그러면 용질 A는 4.1 - 3.57 = 0.53 g, 용질 B 는 22.4 - 2.76 = 19.64 g이 석출된다.

④ 과정 ③에서 석출된 시료에 과정 ①에서 걸러낸 시료 A 의 10.2 g 중 약 1.4 g을 섞어준다. 그러면 용질 A는 0.53 + 1.4 = 1.93 g 이 되고 용질 B 는 19.64 g이므로 용질 A : 용질 B ≒ 1 : 10 이 된다.

⑤ 용질 A 1.93 g과 용질 B 19.3 g을 섞어 질량비가 1 : 10인 혼합물을 얻는다.

11강. Project 3

서술 186~187쪽

Q1

① 해저의 갈라진 틈에서 거대한 메탄 거품이 대량으로 발생한다.
② 메탄 거품이 수면으로 상승하면서 사방으로 팽창하는 거대한 메탄 거품이 생성된다.
③ 거품의 밀도와 크기가 매우 크다면, 매우 많은 양의 메탄 가스가 발생하여 하늘에 떠 있는 항공기를 덮쳐 항공기가 추락하게 된다.

해설 버뮤다 심해저에는 메탄하이드레이트 층이 존재한다. 이 하이드레이트 층이 갑자기 붕괴된다면 가스가 포함된 저밀도의 진흙이 분출되어 엄청난 위력을 발휘할 수 있다.

탐구-1 온도와 압력에 따른 기체의 용해도 188~189쪽

탐구 결과

1. (1) 압력을 가하는 효과를 주기 위해서이다.
(2) 기포가 많이 발생할수록 용해도는 작다.
(3) ① : C, ② : D
(4)

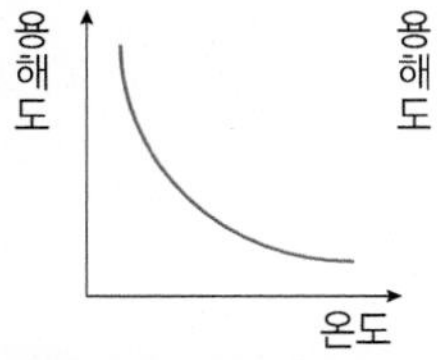

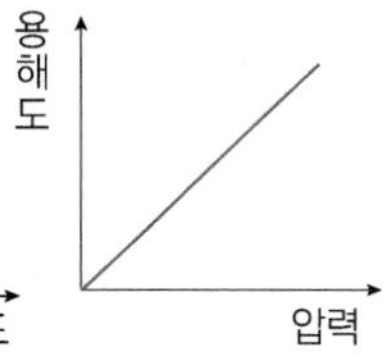

탐구 문제 189쪽

1. ③, ④, ⑤

해설 ③ 온도가 높으면 탄산의 용해도가 줄어든다.
④ 샴페인의 뚜껑을 열면 샴페인 내부의 압력이 갑자기 낮아져서 기체의 용해도가 줄어들기 때문에 샴페인에 녹아 있던 기체가 밖으로 방출된다.
⑤ 온도가 높으면 물에 대한 산소의 용해도가 줄어든다.
① [바로알기] 풍선이 위로 뜸 → 밀도가 작음
② [바로알기] 설탕이 따뜻한 물에 더 잘 녹음 → 고체의 용해도

탐구-2 온도에 따른 고체의 용해도 190~191쪽

탐구 결과

1.

질산칼륨의 양(g)	2	4	6	8
온도(℃)	24.5	46.8	64.0	73.6
용해도(g/물100g)	40	80	120	160

2.

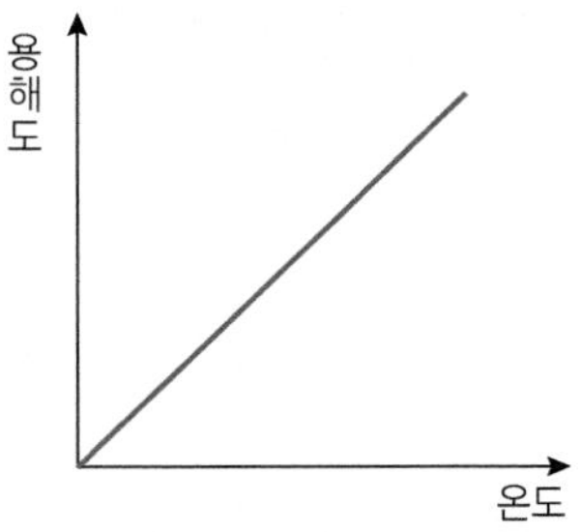

탐구 문제 191쪽

1. 더 이상 용질(질산 칼륨)이 녹을 수 없기 때문
2. 불포화, 포화
3. 결정이 석출되는 온도가 낮아진다.

해설 불포화 상태 : 용매에 용질을 더 녹일 수 있는 상태이다.(용해도 값 〉 용질의 양)
포화 상태 : 용매에 용질이 최대한 녹아 있는 상태이다. (용해도 값 = 용질의 양)
과포화 상태 : 용매에 용질이 포화 상태보다 많이 녹아 있는 상태이다. (용해도 값 〈 용질의 양)

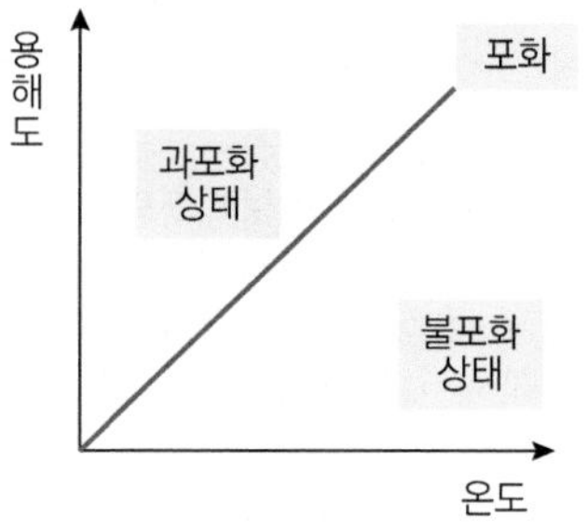

창의력과학

세페이드

시리즈